Hubert Grashey

Die Wellenbewegung - elastischer Röhren und der Arterienpuls des Menschen

Hubert Grashey

Die Wellenbewegung - elastischer Röhren und der Arterienpuls des Menschen

ISBN/EAN: 9783743403659

Hergestellt in Europa, USA, Kanada, Australien, Japan

Cover: Foto ©berggeist007 / pixelio.de

Manufactured and distributed by brebook publishing software (www.brebook.com)

Hubert Grashey

Die Wellenbewegung - elastischer Röhren und der Arterienpuls des Menschen

DIE WELLENBEWEGUNG ELASTISCHER RÖHREN

UND DER

ARTERIENPULS DES MENSCHEN

Sphygmographisch untersucht

VON

Dr. HUBERT GRASHEY.

DIRECTOR DER IRRENANSTALT ZU DEGGENDORF.

MIT 237 ABBILDUNGEN.

LEIPZIG,
VERLAG VON F. C. W. VOGEL.
1881.

VORWORT.

Vor zwanzig Jahren schon construirte Marey seinen Sphygmographen, und obwohl seitdem zahlreiche Forscher mit diesem vorzüglichen Instrument an elastischen Schläuchen, Thieren, gesunden und kranken Menschen experimentirt haben, so ist doch die Deutung der erhaltenen Curven und insbesondere die Deutung der menschlichen Pulscurven noch eine ziemlich mangelhafte. Als O. J. B. Wolff seine kühnen Sätze über den Puls Geisteskranker aufstellte, begann ich die Sache nachzuuntersuchen, kam aber bald zu der Ueberzeugung, dass die menschliche Pulscurve ohne die Kenntniss der Wellenbewegung mit Flüssigkeit gefüllter, elastischer Röhren ein unlösbares Räthsel sei. Wer den Sphygmographen am Krankenbett ohne diese Vorkenntniss verwendet, kann leicht Tausende von Pulscurven zeichnen und doch über die Auffindung gewisser typischer Curven nicht hinauskommen.

Manche haben an elastischen Schläuchen und mehr oder weniger zusammengesetzten Apparaten experimentirt und durch Aenderung der Versuchsbedingungen künstliche, den menschlichen Pulscurven möglichst ähnliche Zeichnungen zu gewinnen versucht und die gemachten Erfahrungen bei Beurtheilung der Pulscurven verwerthet. Dieser Weg führt zu einem unklaren Variiren der Versuchsanordnung und schliesslich doch nur zu unrichtigen Sätzen über die menschliche Pulscurve. Den richtigen Weg haben nach meiner Meinung Mach, Landois, Rive, Moens und Andere eingeschlagen, indem sie zuerst die Leistungsfähigkeit des Sphygmographen prüften, dann die Gesetze der Wellenbewegung elastischer Röhren studirten und an der Hand dieser Gesetze die Pulscurven analysirten. Wenn dieser Weg noch nicht zum erwünschten Ziel geführt hat, so liegt dies theils an der Schwierigkeit des Gegenstandes, theils an kleinen Mängeln des Instruments, theils an zu complicirten Untersuchungsmethoden.

Von dieser Ansicht ausgehend habe ich den Marey'schen Sphygmographen nochmals einer Prüfung unterworfen, seine Zeitangaben durch Anwendung des Ruhmkorff'schen Funkeninductors (die nähere Beschreibung dieses Verfahrens habe ich in Virchow's Archiv, Bd. 62. Hft. 4 veröffentlicht) zuverlässiger und genauer gemacht, die Wellenbewegung elastischer, mit Flüssigkeit gefüllter Röhren möglichst eingehend durch Versuche studirt und an der Hand der gefundenen Resultate die an Schläuchen gewonnenen Curven und schliesslich die menschliche Pulscurve analysirt.

Auf diese Weise glaube ich eine sichere physikalische Erklärung der Schlauchcurven und eine präcise Erklärung der menschlichen Pulscurven gewonnen zu haben.

INHALTSVERZEICHNISS.

I. PHYSIKALISCHER THEIL.

Seite

A. Experimentelle Prüfung des Marey'schen Sphygmographen . . . 1

- § 1. Schwingungszahl der freien Fühlfeder 1
- § 2. Schwingungszahl der mit dem Zeichenhebel verbundenen Fühlfeder . . . 1
- § 3. Gleichgewichtslage der freien Fühlfeder 2
- § 4. Gleichgewichtslage der mit dem Zeichenhebel belasteten Fühlfeder . . . 2
- § 5. Begriff der Nachschwingungen einer elastischen Feder 3
- § 6. Entstehungsbedingungen der Nachschwingungen einer elastischen Feder . . 3
- § 7. Disposition der freien und der mit dem Zeichenhebel belasteten Fühlfeder zu Nachschwingungen 3
- § 8. Der Marey'sche Sphygmograph entspricht nur dann den Anforderungen eines Wellenzeichners wenn sein Schreibapparat zu Nachschwingungen disponirt ist 4
- § 9. Langsame Bewegungen zeichnet der Sphygmograph genau, rasche dagegen unter Umständen zu gross 4
- § 10. Der Sphygmograph zeichnet zu gross, wenn sein Zeichenstift eine gewisse Geschwindigkeit überschreitet 5
- § 11. Der Sphygmograph verlangsamt die Schwingungen seiner Unterlage . . . 6
- § 12. Der Sphygmograph verlangsamt auch die Schwingungen einer elastischen Röhrenwand 7
- § 13. Sphygmograph und schwingende Unterlage sind als ein Ganzes zu betrachten 8
- § 14. Nachschwingungen einer elastischen Röhrenwand 8

B. Positive Wellen. Methoden der Wellenerregung. Negative Wellen . . . 12

- § 15. In den sphygmographischen Curven bedeutet eine Ascensionslinie Drucksteigerung, eine Descensionslinie Druckminderung, eine horizontale Gerade gleichbleibenden Druck 12
- § 16. Positive Welle 12
- § 17. Ascensionslinie = positive Welle 12
- § 18. Eintheilung der Versuchsbedingungen 12
- § 19. Unterscheidungsmomente der Wellenerregungsmethoden 12
- § 20. Versuchsbedingungen, welche durch den Schlauch, seinen Inhalt und durch den Sphygmographen gegeben sind 12

		Seite
§ 21.	Formeln der angewandten Versuchsbedingungen	13
§ 22.	Erste Wellenerregungsmethode	15
§ 23.	Zweite Wellenerregungsmethode	16
§ 24.	Dritte Wellenerregungsmethode	18
§ 25.	Vierte Wellenerregungsmethode	19
§ 26.	Fünfte Wellenerregungsmethode	20
§ 27.	Ob und wie bald einer Ascensionslinie eine entsprechend grosse Descensionslinie folgt, hängt vom eingetriebenen Flüssigkeitsquantum ab	25
§ 28.	Je kleiner das in den Schlauch eingetriebene Flüssigkeitsquantum ist, um so früher folgt der Ascensionslinie eine Descensionslinie	26
§ 29.	Negative Welle	26
§ 30.	Descensionslinie = negative Welle	27
§ 31.	Je kleiner das aus dem Schlauch abgeflossene Flüssigkeitsquantum ist, um so früher folgt der Descensionslinie eine Ascensionslinie	28
§ 32.	Negative Welle hervorgerufen durch Unterbrechung eines gleichmässigen Flüssigkeitsstroms	29
§ 33.	Druckverhältnisse im elastischen Schlauch während eines gleichmässigen Flüssigkeitsstroms	29
§ 34.	Bei Unterbrechung eines gleichmässigen Stroms entsteht eine negative Welle in Folge des Beharrungsvermögens der strömenden Flüssigkeit	30
§ 35.	Diese negative Welle verläuft centrifugal	31
§ 36.	Die bei Unterbrechung eines gleichmässigen Flüssigkeitsstroms entstehende negative Welle ist um so tiefer, je schneller die Flüssigkeit strömt, und umgekehrt	32
§ 37.	Eine negative Welle bedeutet keineswegs negativen Druck, sondern lediglich Druckabnahme	33
§ 38.	Unterschied zwischen gleichmässigem und ungleichmässigem Strom	33
§ 39.	Geschwindigkeit eines ungleichmässigen Stroms	34
§ 40.	Negative Welle durch Unterbrechung eines ungleichmässigen Stroms	34
§ 41.	Negative Welle durch Erschöpfen des Flüssigkeitsvorraths. Negative Welle durch Nachlass der eintreibenden Kraft	38
§ 42.	Läuft eine positive Welle centrifugal gegen das vollständig offene periphere Schlauchende, so entsteht daselbst im Moment der Ankunft der positiven Welle eine negative, centripetal verlaufende Welle	40
§ 43.	Bei der fünften Wellenerregungsmethode entsteht im Moment des Abhebens der Leiste eine negative, von der Verschlussstelle centripetal verlaufende Welle	41

C. Rückstosswellen (reflectirte Wellen oder Reflexwellen) 42

		Seite
§ 44.	Positive Wellen verlieren auf ihrem Wege durch einen elastischen Schlauch an Höhe, negative Wellen an Tiefe	42
§ 45.	Begriff der Rückstosswellen	43
§ 46.	Am vollständig geschlossenen Schlauchende verwandeln sich die primären Wellen in gleichnamige Reflexwellen	43
§ 47.	Am vollständig offenen Schlauchende verwandelt sich jede primäre Welle in eine ungleichnamige Reflexwelle	44
§ 48.	Am unvollständig geöffneten Schlauchende verwandelt sich jede primäre Welle in zwei unter sich ungleichnamige, miteinander in gleicher Richtung verlaufende Reflexwellen	45
§ 49.	Gleichnamige Reflexwelle, an der Verbindungsstelle zweier Schläuche entstanden	45
§ 50.	Ungleichnamige Reflexwelle, an der Verbindungsstelle zweier Schläuche entstanden	47

Inhaltsverzeichniss. VII

§ 51. Beziehung der Inhaltsdifferenz eines Schlauchs zu seiner reflectirenden Wirkung 49
§ 52. Reflectirende Wirkung einer starren, mit Wasser gefüllten Röhre 50
§ 53. Reflectirende Wirkung mehrerer starren Röhren 52
§ 54. Reflectirende Wirkung mehrerer elastischen Schläuche 53
§ 55. Je kleiner die Entfernung des Sphygmographen vom reflectirenden Schlauchende, desto kleiner die Distanz zwischen primärer Welle und Reflexwelle in der Zeichnung 54
§ 56. Sätze über Rückstosswellen, aus § 46 und 47 abgeleitet 54
§ 57. Die Sätze über Rückstosswellen an sphygmographischen Curven nachgewiesen 56

D. Gestalt und Länge der primären Wellen 61

§ 58. Länge der primären positiven Wellen 61
§ 59. Länge der primären negativen Wellen 63
§ 60. An der Curve jeder positiven primären Welle kann man unterscheiden eine Anstiegs- und eine Gipfellinie, an der Curve jeder negativen primären Welle eine Abstiegs- und eine Thallinie 64
§ 61. Form der Gipfellinie 64
§ 62. Factoren, welche die Steigung der Gipfellinie beeinflussen 65

E. Interferenzerscheinungen 70

§ 63. Die für Wasserwellen mit freier Oberfläche giltigen Sätze über Durchkreuzung, Verstärkung und Verkleinerung der Wellen lassen sich auch für Schlauchwellen nachweisen 70
§ 64. Durchkreuzung der Wellen 71
§ 65. Gleichnamige Wellen verstärken sich am Orte ihres Zusammentreffens . . 76
§ 66. Ungleichnamige Wellen verkleinern sich am Orte ihres Zusammentreffens und heben sich auf, wenn sie gleich gross sind 77
§ 67. An den Schlauchenden finden Interferenzerscheinungen regelmässig statt zwischen primären Wellen und Reflexwellen 79
§ 68. Am geschlossenen Schlauchende wird jede primäre Welle durch Interferenz erheblich verstärkt 79
§ 69. Am vollständig offenen Schlauchende wird jede primäre Welle durch Interferenz aufgehoben 81
§ 70. Reflexwellen, welche am vollständig offenen Schlauchende durch Interferenz mit primären Wellen verschwinden, werden nicht vernichtet, sondern treten später wieder auf 83
§ 71. Die vom unvollständig geöffneten Schlauchende ausgehenden, ungleichnamigen Reflexwellen verkleinern sich an allen Stellen des Schlauchs 84
§ 72. Sind diese Reflexwellen gleich gross, so vernichten sie sich 84
§ 73. Für jedes Ende einer elastischen Röhre existirt ein Verengungsgrad, welcher die Reflexwellen vernichtet 86

F. Wellenbewegung in zusammengesetzten (verzweigten) elastischen Schläuchen 86

§ 74. Einfacher Schlauch mit einem Seitenzweig. Gabelförmig getheilter Schlauch 86
§ 75. Reflexwellen an der Theilungsstelle eines Schlauchs 87
§ 76. Verlauf zweier gleichen Wellen, welche gleichzeitig von den peripheren Enden zweier Zweigröhren ausgehen 88
§ 77. Uebersicht der erhaltenen Resultate 91
§ 78. Mehrfach verzweigte Röhren. Anwendung auf das arterielle Gefässsystem 91

	Seite
G. Abnahme und Erlöschen der Wellenbewegung in einfachen elastischen Schläuchen	96
§ 79. Eine Welle durchläuft um so grössere Schlauchlängen, je grösser ihre bewegende Kraft und je kleiner die zu überwindenden Widerstände sind	96
§ 80. Die bewegende Kraft der Welle ist um so grösser, je grösser die Flüssigkeitsmenge ist, durch deren Eintritt in den Schlauch die Welle entsteht	96
§ 81. Die bewegende Kraft der Welle ist um so grösser, je grösser der Durchmesser und je grösser die Dehnbarkeit des Schlauchs ist	97
§ 82. Die Schlauchlänge, welche eine Welle bis zu ihrem Erlöschen durchlaufen kann, ist abhängig vom Querschnitt und von der Mantelfläche des Schlauchs	97
H. Abnahme und Erlöschen der Wellenbewegung in zusammengesetzten, elastischen Schläuchen	97
§ 83. Der Weg, welchen eine Welle in zusammengesetzten, elastischen Schläuchen bis zu ihrem Erlöschen durchlaufen kann, ist abhängig von den Querschnitten und Mantelflächen der einzelnen Schläuche	97
§ 84. Jede Verästlung eines Schlauchs beschleunigt die Abnahme der Wellenbewegung	99
J. Seitendruck im einfachen elastischen Schlauch bei gleichmässigem Flüssigkeitsstrom	100
§ 85. Die Höhen des Seitendrucks verhalten sich zu einander wie die Längen der zugehörigen Schlauchtheile	100
K. Seitendruck in zusammengesetzten, elastischen Schläuchen bei gleichmässigem Flüssigkeitsstrom	101
§ 86. Der Seitendruck, welchen ein oder mehrere Schläuche verursachen, ist gleich ihrer Mantelfläche, dividirt durch den Cubus ihres Querschnitts	101
L. Seitendruck im einfachen, elastischen Schlauch bei ungleichmässigem Flüssigkeitsstrom	106
§ 87. Gruppirung der ungleichmässigen Flüssigkeitsströme	106
§ 88. Versuchsanordnung und Curven der verschiedenen ungleichmässigen Ströme	106
§ 89. Stehende Wellen, bedingt durch Seitendrucksschwankungen in Folge ungleichmässiger Ströme von wechselnder Richtung (Stromesschwankungen, intermittirender Ströme)	112
§ 90. Stehende und fortschreitende Wellen, bedingt durch ungleichmässige Ströme	115
§ 91. Allgemeine Sätze über den Seitendruck ungleichmässiger Ströme	116
M. Verhältniss zwischen Wellenbewegung und Strombewegung in elastischen Schläuchen	120
§ 92. Ströme von unbegrenzter Dauer. Ströme von begrenzter Dauer. Intermittirende Ströme	120
§ 93. Das Ausströmen des Wassers an eine fortschreitende Welle gebunden	120
§ 94. Das Einströmen des Wassers an eine fortschreitende Welle gebunden	122
§ 95. Ende des Ausströmens und Beginn des Einströmens des Wassers am peripheren Schlauchende sind auch bei Unterbrechung eines gleichmässigen centrifugalen Stroms abhängig von fortschreitender Wellenbewegung	122
§ 96. Ströme zwischen zwei gleichen, durch einen gleich weiten Schlauch verbundenen Reservoiren und ihre Beziehungen zu fortschreitender und stehender Wellenbewegung	124

§ 97. Ströme zwischen zwei Reservoiren, von denen das eine am unteren Ende enger ist als der Schlauch, und ihre Beziehungen zu fortschreitender und stehender Wellenbewegung 130

§ 98. Ströme zwischen einem am peripheren Ende geschlossenen Schlauch und einem Reservoir, das mindestens ebenso weit ist als der Schlauch, und ihre Beziehungen zu fortschreitender und stehender Wellenbewegung . . . 131

§ 99. Aenderung der Reservoirmündung während der Stromesdauer und ihre Beziehungen zur fortschreitenden Wellenbewegung 135

N. Kritische Bemerkungen 139

§ 100. Die von Isebree Moens beschriebenen Schliessungswellen und Oeffnungswellen 139

§ 101. Die von Landois beschriebenen Rückstosswellen 147

§ 102. Die von Landois beschriebenen Elasticitätselevationen . . . 147

§ 103. Sommerbrodt's Oscillationen der Gefässwand 159

§ 104. Die von Landois beschriebenen Ausgleichsschwankungen . . 159

II. PHYSIOLOGISCHER THEIL.

§ 105. Jede Herzsystole schickt durch das Arteriensystem eine positive centrifugale Welle 161

§ 106. Blutstrom vom Herzen zur Aorta oder Herz-Aortenstrom . . . 162

§ 107. Centrifugaler Blutstrom im Arteriensystem oder Arterienstrom . 162

§ 108. Unterbrechung des Herz-Aortenstroms 162

§ 109. Erste diastolische Thalwelle d. h. centrifugale Thalwelle durch Unterbrechung des Herz-Aortenstroms entstanden 162

§ 110. Zweite diastolische Thalwelle d. h. centrifugale Thalwelle, entstanden durch das Rückströmen des Blutes in der Aorta gegen das Herz . . . 164

§ 111. Positive Klappenwelle oder dicrotische Welle d. h. centrifugale, positive Welle durch Hemmung des in der Aorta gegen das Herz gerichteten Blutstroms entstanden 165

§ 112. Experimenteller Nachweis der positiven Klappenwelle 166

§ 113. Weiteres Schicksal der vier central entstehenden Wellen . . . 169

§ 114. Fortpflanzungsgeschwindigkeit der Wellen im Arteriensystem . . 170

§ 115. Abnahme und Erlöschen der Wellen im Arteriensystem . . . 174

§ 116. Reflexion der Wellen im Arteriensystem 174

§ 117. Verlauf der reflectirten Wellen 176

§ 118. Interferenz der im Arteriensystem auftretenden Wellen . . . 177

§ 119. Der Einfluss der Welleninterferenz auf den Dicrotismus, an schematischen Pulscurven nachgewiesen 181

§ 120. Ursachen des Dicrotismus der Pulscurven 184

§ 121. Theorien über die Entstehung der dicrotischen Welle oder des doppelschlägigen Pulses. Kritik dieser Theorien 187

§ 122. Die „erste secundäre Welle" Wolff's ist weder eine Elasticitätserhebung noch eine selbstständige Welle, sondern ein kleiner Rest der Gipfellinie der primären positiven Welle 196

§ 123. Die sogenannte „erste secundäre Welle" kann verschwinden, wenn die Herzsystole von kurzer Dauer ist 200

§ 124. Die sogenannte „erste secundäre Welle" kann verschwinden, wenn der Sphygmograph einen grossen, künstlichen Curvengipfel zeichnet 201

	Seite
§ 125. Physiologische Bedeutung der einzelnen Pulscurventheile	202
§ 126. Dauer des Blutzuflusses aus dem Herzen in die Aorta	203
§ 127. Zeitintervall zwischen Ende des Herz-Aortenstroms und Schluss der Semilunarklappen	205
§ 128. Gleichzeitig gezeichnete Pulscurven verschiedener Arterien eines Individuums ergeben übereinstimmende Werthe für die Dauer des Herz-Aortenstroms und für das Zeitintervall zwischen Ende dieses Stromes und Semilunarklappenschluss	205

I. Physikalischer Theil.

A. Experimentelle Prüfung des Marey'schen Sphygmographen.

Schwingungszahl der freien Fühlfeder. § 1. Wird das eine Ende der Fühlfeder eingeklemmt, während das die Pelotte tragende, andere Ende frei ist, so vermag der geringste Stoss die Feder aus ihrer Gleichgewichtslage zu bringen und zu Schwingungen zu veranlassen.

Die von mir benützten Instrumente (neuere Pariser Instrumente mit der Mach-Behier'schen Modification versehen) haben gleich lange Fühlfedern. Die des ersten wiegt sammt Zahnstäbchen 13,18 Grm., die des zweiten 13,21 Grm.

Ist das hintere Ende der Fühlfeder nur mit einer einzigen Schraube befestigt, so schwingt die des ersten Instruments 18 mal in der Secunde, die des zweiten 21 mal.

Sind am hinteren Ende der Feder zwei Schrauben eingesetzt, wodurch also der freischwingende Theil verkürzt wird, so schwingt die Feder des ersten Instruments 24,5 mal, die des zweiten 27,8 mal in der Secunde. — Dabei war das Zahnstäbchen gegen die Feder umgelegt.

Schwingungszahl der mit dem Zeichenhebel verbundenen Fühlfeder. §. 2. Es ist klar, dass die Fühlfeder um so langsamer schwingt, je mehr man ihr freies Ende belastet. Setzt man den Zeichenhebel mittelst des Zahnstäbchens auf's freie Ende derselben auf, so wird sie langsamer schwingen als für sich allein, eben weil der Zeichenhebel die Feder belastet. Es fragt sich nun, wie gross ist diese Last?

Es wäre ein Irrthum, wollte man einfach das Gewicht des Zeichenhebels bestimmen, dann ein gleichgrosses Gewicht an der Fühlfeder befestigen, die Schwingungszahl der so belasteten Feder feststellen und diese Zahl als Schwingungszahl der mit dem Zeichenhebel verbundenen Fühlfeder ansehn. Man muss bedenken, dass der Zeichenhebel ein einarmiger Hebel ist, welcher bei gleichbleibender horizontaler Lage mit verschiedener Kraft gegen die Fühlfeder drückt, je nach der Lage des Angriffspunktes des Zeichenhebels. Je näher dieser Angriffspunkt dem Drehpunkt des Hebels liegt, um so grösser ist die Kraft des Hebels.

An den von mir benutzten Instrumenten ist der Angriffspunkt des Zahnstäbchens 2,25 Mm. vom Drehpunkt entfernt. An dieser Stelle drückt der Zeichenhebel des ersten Instruments mit einer Kraft = 36 Grm., der des zweiten Instruments mit einer Kraft = 37 Grm. auf die Fühlfeder, obwohl jeder Zeichenhebel (aus Hartkautschuk) nur 1,25 Grm. wiegt.

Diese Belastung ist bedeutend und muss eine erhebliche Verkleinerung der Schwingungszahl zur Folge haben.

Letztere ist leicht direct zu bestimmen; man braucht nur das Zahnstäbchen und mit diesem die Fühlfeder und den Zeichenhebel einem Elektromagneten mit selbstthätiger Unterbrechungsvorrichtung auszusetzen, welcher das Zahnstäbchen abwechselnd emporhebt und wieder sinken lässt. *Fig. 1* zeigt die so erhaltenen Schwingungen des ersten Instruments. Die Zeichnung ist auf die oben erwähnte Weise in 1/8 Sekunden eingetheilt.

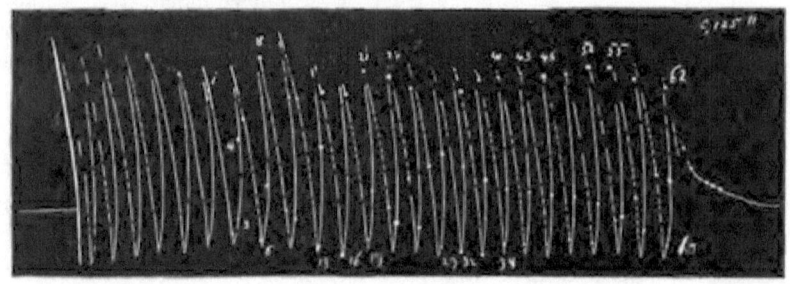

Man sieht daraus, dass die Fühlfeder in Verbindung mit dem Zeichenhebel in der That viel langsamer schwingt als für sich allein und nur 2,5 ganze Schwingungen in der Sekunde macht, nämlich 19 Schwingungen in 6¹/₈ Sekunden, also eine Schwingung in 0,4 Sekunden.

Gleichgewichtslage der freien Fühlfeder. § 3. Die Gleichgewichtslage der freien Fühlfeder ist auf eine einzige Linie beschränkt. Jede, auch noch so kleine Verdrängung der Feder aus dieser Linie ruft das Bestreben derselben hervor, in die frühere Lage zurückzukehren.

Gleichgewichtslage der mit dem Zeichenhebel belasteten Fühlfeder. § 4. Die mit dem Zeichenhebel verbundene Fühlfeder dagegen hat eine ausgedehntere Gleichgewichtslage. Die Spitze des Zeichenhebels kann ein Bogensegment von etwa 4 Cm. Sehnenlänge zurücklegen und bleibt, sich selbst überlassen, auf jedem Punkt dieses Segments stehen ohne in die frühere Lage zurückzukehren.

Bedingt ist dies Verhalten erstens durch die Reibung, welche zwischen Zahnstäbchen der Fühlfeder und Zahnrad des Zeichenhebels stattfindet und zweitens durch folgenden Umstand: Der Zeichenhebel belastet die Fühlfeder am meisten, wenn er sich in horizontaler Lage befindet; diese Belastung nimmt ab, wenn der Hebel sich aufwärts bewegt und sich der senkrechten Lage nähert (unter die horizontale Linie kann der Hebel nicht sinken; dies verhütet der Bau des Instruments); steht der Zeichenhebel senkrecht, so ruht sein ganzes Gewicht auf seiner Achse, und die Belastung der Fühlfeder ist gleich Null. Andererseits liegt auch das freie Ende der Fühlfeder um so höher, je weniger es belastet ist; eine Entlastung der Fühlfeder hat somit eine Aufwärtsbewegung ihres freien Endes zur Folge. So wird es begreiflich, dass die mit dem Zeichenhebel verbundene Fühlfeder eine gewisse Strecke aufwärts bewegt werden kann, ohne aus ihrer Gleichgewichtslage zu kommen; sie rückt gewissermassen während der Aufwärtsbewegung stetig in ihre neue Gleichgewichtslage ein. Umgekehrt wird bei der Abwärtsbewegung (Annäherung an die horizontale Lage) die mit dem Zeichenhebel verbundene Fühlfeder mehr und mehr belastet, die Gleichgewichtslage der Feder dadurch nach unten verschoben und dem Bestreben der Feder, in die frühere Lage zurückzukehren, vorgebeugt. Selbstverständlich kann dies nur innerhalb gewisser Grenzen Geltung haben, solange eben die Fühlfeder nicht weiter aufwärts geführt wird als sie in Folge der damit verbundenen Entlastung von selbst steigen würde.

Begriff der Nachschwingungen einer elastischen Feder. § 5. Man spricht von Nachschwingungen oder Eigenschwingungen einer elastischen Feder, wenn sie einen auf sie wirkenden Stoss nicht mit einer einzigen, ausweichenden Bewegung, sondern mit einem oder mehreren Hin- und Hergängen beantwortet.

Entstehungsbedingungen der Nachschwingungen einer elastischen Feder. § 6. Nachschwingungen treten auf, wenn ein momentaner Stoss die Feder aus ihrer Gleichgewichtslage bringt oder die bereits aus ihrer Gleichgewichtslage verdrängte Feder noch weiter von derselben entfernt. Denn eine aus ihrer Gleichgewichtslage gebrachte Feder versucht vermöge ihrer Elasticität von selbst wieder in dieselbe zurückzukehren, beantwortet also einen momentanen Stoss wenigstens mit einem Hingang und einem Hergang.

Disposition der freien und der mit dem Zeichenhebel belasteten Fühlfeder zu Nachschwingungen. § 7. Die freie Fühlfeder des Sphygmographen ist in hohem Grad zu Nachschwingungen disponirt, weil ihre Gleichgewichtslage auf eine einzige Linie beschränkt ist, aus der sie auch ein ganz leiser Stoss entfernen kann (§ 3). Dagegen wird die mit dem Zeichenhebel verbundene Fühlfeder weniger leicht Nachschwingungen machen, weil ihre Gleichgewichtslage auf eine Fläche ausgedehnt ist, über welche hinaus sie nur ein Stoss von einer gewissen Stärke bringen kann (§ 4). Ist aber die mit dem Zeichenhebel verbundene Fühlfeder vor Einwirkung des momentanen Stosses bereits aus ihrer Gleichgewichtslage verdrängt, so beantwortet sie natürlich unter allen Umständen denselben mit einer Nachschwingung d. h. mit einer Hin- und Herbewegung.

Der Marey'sche Sphygmograph entspricht nur dann den Anforderungen eines Wellenzeichners, wenn sein Schreibapparat zu Nachschwingungen disponirt ist. § 8. Befindet sich der Schreibapparat des Sphygmographen (die mit dem Zeichenhebel verbundene Fühlfeder) im Gebiet seiner Gleichgewichtslage, so entspricht er den Anforderungen eines Wellenzeichners nicht. Ein Wellenzeichner muss aufwärts und abwärts gerichtete Bewegungen in beliebiger Aufeinanderfolge registriren können. Berührt z. B. die Fühlfeder des Sphygmographen einen beweglichen Stab, so wird sie innerhalb des Gebiets ihrer Gleichgewichtslage wohl eine Aufwärtsbewegung des Stabs, nicht mehr aber eine darauffolgende Abwärtsbewegung verzeichnen.

Soll der Schreibapparat dies vermögen, so muss er entweder aus seiner Gleichgewichtslage nach oben verdrängt und somit zu Nachschwingungen disponirt sein, oder seine Fühlfeder muss mit dem Stab fest verbunden werden. Zwischen Fühlfeder und menschlicher Arterie ist eine feste Verbindung nicht herzustellen; somit suchte Marey den Contact zwischen Gefässwandung und Fühlfeder durch eine starke, aus ihrer Gleichgewichtslage nach oben verdrängte Fühlfeder zu sichern. Damit aber befähigte er sein Instrument zu Nachschwingungen.

Langsame Bewegungen zeichnet der Sphygmograph genau, rasche dagegen unter Umständen zu gross. § 9. In vorstehenden Paragraphen ist das Verhalten des Sphygmographen gegen momentane Stösse besprochen und gezeigt, dass der praktisch brauchbare Sphygmograph (dessen Zeichenapparat aus seiner Gleichgewichtslage nach oben verdrängt ist) jeden momentanen Stoss mit einer Nachschwingung beantworten muss. Streng genommen gibt es aber in Wirklichkeit keinen momentanen Stoss, es liegt daher nahe, zu untersuchen, wie das Instrument aufwärts gerichtete Bewegungen von verschiedener Geschwindigkeit und verschiedener, relativ grosser Dauer registrirt.

Um ein Urtheil über die Zuverlässigkeit des Instruments in dieser Beziehung zu bekommen, genügt es, folgenden Fall experimentell zu untersuchen: Der Körper, dessen Bewegung gezeichnet werden soll, bewegt sich aufwärts mit verschiedener Geschwindigkeit, wird aber in einer bestimmten Höhe jedesmal plötzlich festgehalten, d. h. seine Geschwindigkeit wird an einem bestimmten Punkte plötzlich Null.

Die Versuchsanordnung ist folgende: Ein Stab von hartem Holz, 38 Cm. lang, 4 Cm. breit und 2,2 Cm. dick, kann um eine starke, unbewegliche Achse, welche sein eines Ende durchbohrt, auf und ab bewegt werden. Schliesst man nun das freie Ende des Stabs zwischen zwei unbewegliche Stifte so ein, dass es einen Spielraum von etwa 2 bis 3 Mm. behält, so legt jeder Punkt des Stabs immer einen ganz bestimmten Weg zurück, wenn das freie Stabende von einem Stift, zum andern gehoben oder gesenkt wird, mag dies schnell oder langsam geschehen. Der Sphygmograph wird über dem Stab so befestigt, dass seine Fühlfeder denselben 6,5 Cm. von seinem Drehpunkt entfernt berührt: dann beantwortet der Zeichenhebel die Bewegung des Stabs immer mit einer gleichgrossen Bogenlinie, solange Eigenschwingungen des Instruments nicht auftreten. Einen grösseren Bogen kann das Instrument nur dann zeichnen, wenn entweder seine Fühlfeder in Folge des Beharrungsvermögens weiter schwingt und sich vom Stabe abhebt, oder wenn der Zeichenhebel in Folge des Beharrungsvermögens weiter schwingt; denn obgleich der Zeichenhebel durch die Mach'sche Modification mit der Fühlfeder fest verbunden ist und sich von derselben nicht abhebt, so können doch kleine Schwingungen des Zeichenhebels in vertikaler Richtung vermöge der Elasticität des Zeichenhebels stattfinden.

Durch den Versuch findet man nun alsbald, dass der Schreibapparat des Sphygmographen immer denselben Bogen zeichnet, solange die Bewegung des Stabs über eine gewisse Geschwindigkeit nicht hinausgeht. Langsame Bewegungen registrirt das Instrument genau, rasche dagegen zeichnet es häufig zu gross. Das Experiment lehrt also, dass rasche Bewegungen des Instruments zu Eigenbewegungen oder Eigenschwingungen veranlassen. Ferner zeigt sich, dass diese Eigenbewegungen sowohl durch Abheben der Fühlfeder als auch durch Eigenschwingungen des Zeichenhebels zu Stande kommen; denn bindet man die Fühlfeder an den Holzstab fest, so zeichnet das Instrument zwar weniger leicht einen zu grossen Bogen, aber rasche Bewegungen werden gleichwohl noch zu gross registrirt, ein Beweis, dass beide Faktoren im Spiele sind. Ferner sieht man sofort, dass die stark gespannte Fühlfeder weniger leicht abgehoben wird, als die schwächere Feder.

Der Sphygmograph zeichnet zu gross, wenn sein Zeichenstift eine gewisse Geschwindigkeit überschreitet.

§ 10. Welches ist nun aber die Geschwindigkeit des Zeichenhebels, bei welcher die Zuverlässigkeit des Instruments aufhört, bei welcher es in Folge des Beharrungsvermögens Eigenschwingungen macht und demnach zu gross zeichnet?

Fig. 2 beantwortet diese Frage sofort. Wenn man bei ruhender Zeichentafel den Stab ganz langsam von einem Stift zum andern bewegt, so beschreibt der Zeichenhebel die 9 Mm. lange Bogenlinie *a*.

Die folgenden Curven sind auf die bekannte Weise in $1/40$ Sekunden eingetheilt; die Fühlfeder war ganz entspannt und nur durch das Gewicht des Zeichenhebels abwärts gedrückt. Die Ascensionslinie a' ist beschrieben mit einer Maximalgeschwindigkeit von 2,25 Mm. in 0,025″, also 90 Mm. in der Sekunde. Bei dieser Maximalgeschwindigkeit zeichnet der Zeichenstift kaum merklich zu gross. Die Ascensionslinie a'' ist mit erheblich kleinerer Geschwindigkeit beschrieben, man sieht daher Nichts von einer Eigenschwingung des

Instruments. Die Ascensionslinie a''' dagegen ist mit der Maximalgeschwindigkeit von 17 Mm. in 0,025″, also 680 Mm. in der Sekunde beschrieben, der Zeichenstift wird demgemäss 27 Mm. hoch geschleudert, während der Holzstab selbst nach wie vor die gleiche Bewegung ausführte; statt eines 9 Mm. langen Bogens hat also das Instrument einen 27 Mm. langen Bogen gezeichnet. Bei stärkerer Spannung der Fühlfeder verträgt das Instrument grössere Geschwindigkeit des Zeichenstifts, ehe es zu Eigenschwingungen kommt. Auf die eben beschriebene Weise findet man, dass bei stärkster Federspannung (mittelst der zweiten Schraube erzielt) der Zeichenstift eine Maximalgeschwindigkeit von 3 Mm. in 0,025″, also von 120 Mm. in der Sekunde erreichen kann, ehe er zu gross zeichnet.

Fig. 2.

Solange also die Maximalgeschwindigkeit des Zeichenstifts unter 90 Mm. in der Sekunde beträgt, ist die Zeichnung des Instruments für alle Fälle zuverlässig, d. h. es gibt die Bewegung seiner Unterlage in richtiger Grösse wieder. Beträgt dagegen die Maximalgeschwindigkeit mehr als 120 Mm. in der Sekunde, so zeichnet das Instrument sicher zu gross.

Da in letzterem Fall der emporgeschleuderte Schreibapparat wieder zurücksinkt, so zeichnet er statt einer Ascensionslinie mit darauffolgender horizontaler Linie eine Ascensionslinie mit darauffolgender Descensionslinie. Diese Descensionslinie ist reines Kunstprodukt; die Aufwärtsbewegung der Unterlage wurde nicht mit einer Aufwärtsbewegung des Zeichenstifts, sondern mit einer Auf- und Abwärtsbewegung d. h. mit einer Nachschwingung beantwortet.

Der Sphygmograph verlangsamt die Schwingungen seiner Unterlage.

§ 11. Bei der im § 9 beschriebenen Versuchsanordnung ist die Bewegung, welche der Sphygmograph zu registriren hat, genau bekannt; es lässt sich also leicht unterscheiden, in welchem Grade die vom Sphygmographen gelieferte Zeichnung der Wirklichkeit entspricht. Wenn aber eine an und für sich unbekannte Bewegung registrirt werden soll, z. B. die Schwingung einer elastischen Unterlage oder die Wellenbewegung einer elastischen Röhrenwand, dann muss man vor Beurtheilung der vom Sphygmographen gelieferten Zeichnung fragen, ob und in welcher Weise der Schreibapparat desselben die zu registrirende Bewegung modificire.

Manche scheinen geneigt, die vom Sphygmographen gelieferten Curven als treue Bilder der Bewegungen seiner Unterlage anzunehmen. Um hierüber in's Klare zu kommen, soll zunächst der gegenseitige Einfluss zweier elastischer, regelmässig schwingender Körper, welche sich berühren, untersucht werden: das freie Ende einer eingeklemmten elastischen Feder, welche 24,5 Schwingungen in der Sekunde macht, wird auf einen 67,8 Cm. langen, in der Sekunde 8 Schwingungen machenden Eisenstab aufgesetzt, so dass erstere den Stab 40 Cm. von seinem Einklemmungspunkte entfernt berührt; dieselben schwingen nun gemeinsam und zwar 9,25 mal in der Sekunde.

Man sieht daraus, dass sich beide gegenseitig beeinflussen, und zwar beschleunigt die schneller schwingende, kleine Feder die Schwingungen des Stabs, während umgekehrt letzterer die Schwingungen der Feder verlangsamt.

Der beschleunigende Einfluss der kleinen Feder wächst, wenn man dieselbe dem freien Ende des Stabes nähert und nimmt ab, wenn man sie gegen das eingeklemmte Ende desselben verschiebt, aber beschleunigend wirkt sie an jedem Punkt. Die Schwingungszahl zweier gemeinsam schwingenden Körper liegt also zwischen den Schwingungszahlen der isolirt schwingenden Körper. Nun ist aus § 2 bekannt, dass die mit dem Zeichenhebel verbundene Fühlfeder des Sphygmographen nur 2,5 Schwingungen in der Sekunde macht; setzt man also den Schreibapparat des Sphygmographen auf den eben genannten Eisenstab, so wird die gemeinsame Schwingungszahl beider zwischen 2,5 und 8 Schwingungen in der Sekunde liegen. In der That zeigt der Versuch, dass der Stab nur 5,66 Schwingungen in der Sekunde macht, wenn man den Sphygmographen 40 Cm. vom Einklemmungspunkte des Stabs aufsetzt. Der Schreibapparat des Sphygmographen wirkt also auf die Schwingungen des Stabs verlangsamend, weil seine Schwingungszahl kleiner ist als die des Stabs. Da nun der Sphygmograph wohl niemals auf eine Unterlage aufgesetzt wird, welche weniger als 2,5 Schwingungen in der Sekunde macht, so kann man allgemein sagen: der Sphygmograph verlangsamt die Schwingungen seiner Unterlage.

Der Sphygmograph verlangsamt auch die Schwingungen einer elastischen Röhrenwand.

§ 12. Wird der Sphygmograph auf einen mit Wasser gefüllten Kautschukschlauch von 2 Mm. Wanddicke und 7 Mm. lichtem Durchmesser aufgesetzt, und stösst man die Fühlfeder desselben plötzlich abwärts, so geräth die Schlauchwandung sammt dem Schreibapparat in Schwingung. Die Dauer einer so erhaltenen, ganzen Schwingung liegt zwischen 0,12″ und 0,16″; die Schwingungszahl der mit dem Sphygmographen gemeinsam schwingenden Schlauchwandung liegt somit zwischen 6 und 8 Schwingungen in der Sekunde. Da also durch die Röhrenwandung die Schwingungen des Sphygmographen erheblich beschleunigt werden, so ist nach § 11 klar, dass der Sphygmograph seinerseits auf die Bewegungen der Schlauchwand verlangsamend wirkt und dass letztere für sich allein nicht unter 6 Schwingungen in der Sekunde macht.

Sphygmograph und schwingende Unterlage sind als ein Ganzes zu betrachten. § 13. Nach den vorausgehenden Paragraphen zeichnet also der Sphygmograph, streng genommen, nicht die Bewegungen der elastischen Röhrenwand, sondern die Bewegungen, welche Röhrenwand und Sphygmograph, als ein Ganzes betrachtet, auf gewisse Impulse hin ausführen. Diese Impulse sind die Druckschwankungen innerhalb der elastischen Röhre.

Nachschwingungen einer elastischen Röhrenwand. § 14. Was in § 5 und 6 von einer elastischen Feder und in § 8 und 9 vom Sphygmographen gesagt wurde, gilt mut. mutand. auch von einer elastischen Röhrenwand; dieselbe wird einen momentanen Stoss, der sie aus ihrer Gleichgewichtslage bringt, ebenfalls mit einer Nachschwingung beantworten; aufwärts oder abwärts gerichtete Bewegungen von verschiedener Geschwindigkeit und verschiedener Dauer dagegen wird die elastische Röhrenwand ebenfalls je nach der grösseren oder geringeren Geschwindigkeit mit einer Nachschwingung oder nur mit einer einzigen Aufwärts- oder Abwärtsbewegung beantworten; denn man kann sich ohne Weiteres eine elastische Röhrenwand so langsam nach oben oder nach unten gedehnt denken, dass die Wand absolut keine Schwingung macht; andererseits wird bei zunehmender Geschwindigkeit dieser Dehnung ein Grad eintreten müssen, bei welchem und über welchen hinaus die Röhrenwand jedesmal in Schwingungen geräth. Man könnte sich nun die Aufgabe stellen, diese Geschwindigkeitsgrenze für eine bestimmte Röhrenwand zu ermitteln; da man es aber in der Sphygmographie nicht mit einer elastischen Röhrenwand allein, sondern mit einer durch den Schreibapparat des Sphygmographen belasteten und überdies einem mit Flüssigkeit gefüllten Schlauch angehörenden Röhrenwand zu thun hat, so ist es praktischer, zu untersuchen, bei welcher Dehnungsgeschwindigkeit die so belastete Wand eines mit Wasser gefüllten Schlauchs Eigenschwingungen macht. Die Prüfung ergibt, dass der Sphygmograph, wenn er auf einen mit Wasser gefüllten Schlauch aufgesetzt ist, früher, d. h. bei geringerer Geschwindigkeit, Nachschwingungen zeichnet, als wenn er eine nicht schwingungsfähige Unterlage hat, und es folgt daraus, dass die elastische Röhrenwand früher Nachschwingungen macht als der Zeichenapparat des Sphygmographen. Für einen Schlauch von 2 Mm. Wanddicke und 10 Mm. lichtem Durchmesser wurde speciell Folgendes gefunden: Hat der Zeichenstift eine Maximalgeschwindigkeit von 73 Mm., so zeigen sich am oberen Ende der Ascensionslinie *a* (*Fig. 3*) schon deutliche Nachschwingungen bei stärkster Federspannung. Zur Bestmimung der Maximalgeschwindigkeit wurden mehrere der Fig. 3 gleiche Curven gezeichnet und mit $1/100$ Secundeneintheilung versehen. Da sich aber an so

Fig. 3.

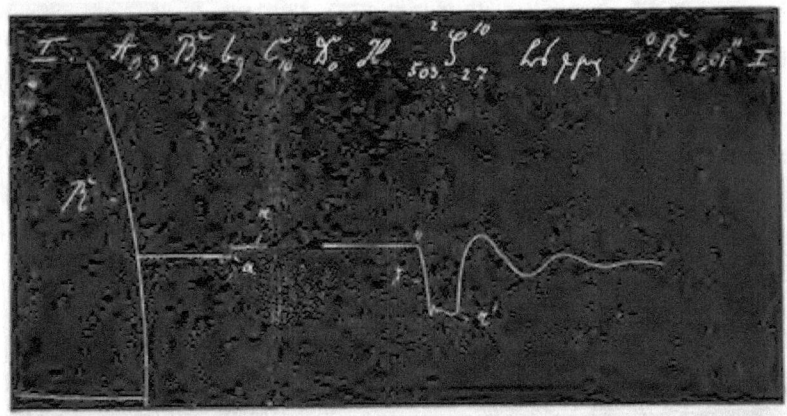

kleinen Curven die Abstände der Funkenmarken mit blossem Auge schwer messen lassen, so wurden die Abstände der sehr scharfen und kleinen Löcher, welche kräftige Inductionsfunken durch das Papier schlagen, unter dem Mikroskop gemessen; auf diese Weise wurde der Werth von 73 Mm. gefunden.

Fig. 4.

Mit blossem Auge sieht man nur eine ununterbrochene Reihe von Funkenmarken auf der Zeichnung, die sich daher zur Abbildung nicht eignet. Steigert sich die Maximalgeschwindigkeit des Zeichenstifts, so werden die Nachschwingungen immer grösser; *Fig. 4* und *5* z. B. sind gezeichnet mit einer Maximalgeschwindigkeit von 1007 Mm. in der Secunde. Man kann also sagen:

Der Schlauch macht bei einer Maximalgeschwindigkeit von 73 Mm. in der Secunde schon deutliche Nachschwingungen, diese werden dem Zeichenapparat des Sphygmographen mitgetheilt und von diesem modificirt d. h. verlangsamt; steigert sich die Maximalgeschwindigkeit auf 120 Mm. in der Secunde, so treten zu den Eigenschwingungen der belasteten Schlauchwand die Eigenschwingungen des Zeichenapparats des Sphygmographen hinzu (§ 10) und modificiren sich gegenseitig.

Fig. 5.

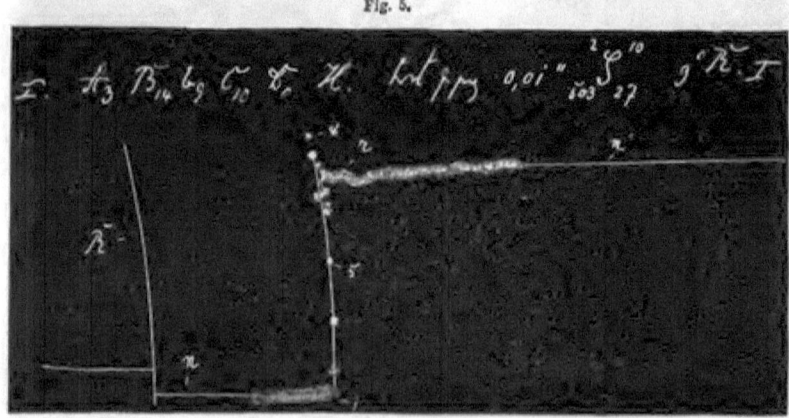

Will man derartige Eigenschwingungen graphisch darstellen, so muss an langen Schläuchen experimentirt werden, damit die Reflexwellen nicht störend einwirken. An Fig. 3. 4 und 5 sieht man auch, dass die Eigenschwingungen der Röhrenwand und des Sphygmographen auch bei sehr grosser Geschwindigkeit des Zeichenstifts nur am oberen Ende der Ascensionslinie und nicht im Verlauf dieser Linie auftreten. An den Descensionslinien treten die Eigenschwingungen nur am unteren Ende und nicht im Verlauf dieser Linien auf.

Kritische Bemerkungen. Landois versucht in seiner Experimentalkritik des Marey'schen Sphygmographen (die Lehre vom Arterienpuls § 16) nachzuweisen, dass die Nachschwingungen der Feder des Sphygmographen erlöschen müssen, wenn derselbe auf eine Arterienwand aufgesetzt wird. Er zeigt, dass die mit dem Schreibhebel verbundene, im Uebrigen freibewegliche Feder einen kurzen, brüsken Stoss allerdings mit deutlicher Nachschwingung beantwortete (Fig. 8 A), dass sie aber einen schwächeren Stoss, wie er durch ein an einem Faden befestigtes, niederfallendes Gewicht von 50 Grm. auf das Ende der Feder ausgeübt wird, nicht mehr mit einer Nachschwingung beantwortete (Fig. 8 B). Das auf die Schlagader applicirte Federende schwinge nun niemals frei, sei in innigem Contact mit der Haut und erfahre dadurch eine Dämpfung seiner Vibrationen. Hierzu komme noch ein zweites Moment; die Arterienwand habe ausser dem primären Pulsstosse noch eigenthümliche Bewegungserscheinungen, die sich der

Feder mitzutheilen suchten. So legen sich zwei Schwingungen übereinander, die eine von der Periode der Eigenschwingungen der Feder, die andere von der der Blutdruckschwankungen. Unter diesen Verhältnissen müssten die Eigenschwingungen der Feder unbedingt erlöschen.

Diesen Erörterungen gegenüber muss ich behaupten, dass der Marey'sche Sphygmograph auch an der Arterienwand des Menschen Nachschwingungen machen könne. Die Fühlfeder wird trotz des innigen Contacts mit der Haut Schwingungen machen, diese Schwingungen aber werden durch den Contact mit der Haut beschleunigt. Die Schwingungen der Arterienwand ferner werden auf die Schwingungen der Fühlfeder ebenfalls nur beschleunigend wirken können nach den Auseinandersetzungen, welche ich in § 11, 12 und 13 gegeben habe. Man muss bedenken, dass die Fühlfeder mit ihrer Unterlage in innigem Contact ist, dass beide also aus ihrer Gleichgewichtslage gebracht sind und dass sie gleichzeitig und in gleicher Richtung in Bewegung gesetzt werden. Wenn ich zwei Federn von gleicher Schwingungszahl so befestige, dass ihre freien Enden einander sehr nahe sind, ohne aus der Gleichgewichtslage verdrängt zu sein, so werden die Schwingungen dieser Federn sich aufheben, wenn beide Federn gleichzeitig und gleich stark in entgegengesetzter Richtung in Bewegung gesetzt werden; werden sie aber gleichzeitig in gleicher Richtung in Bewegung gesetzt, so stören sich ihre Schwingungen nicht. Haben die beiden Federn aber verschiedene Schwingungszahlen, so werden sie sich in ihren Schwingungen stören, solange sie nicht in innigem Contact miteinander sind. Sind sie aber in innigem Contact, und werden sie gleichzeitig in gleicher Richtung in Bewegung gesetzt, so schwingen sie gleichmässig mit einander, jedoch mit anderer Schwingungszahl. Jedermann weiss, dass die Wellen im Wasser mit freier Oberfläche sich langsamer fortpflanzen als in einem mit Wasser gefüllten, elastischen Schlauche. Da die Wassertheilchen mit der Schlauchwand in innigem Contact sind, so schwingen sie gleichmässig mit einander, d. h. Wassertheilchen und Schlauchwand modificiren gegenseitig ihre Schwingungszahlen, stören sich aber keineswegs in ihren Schwingungen; wäre dies nicht der Fall, so müsste sich eine Welle im Medium des Wassers mit anderer Geschwindigkeit fortpflanzen als in der Schlauchwand, jede Welle würde sich alsbald in zwei hintereinander laufende Wellen sondern, und Volkmann, welcher meinte, dass der Pulsus dicrotus auf diese Weise entstehe, könnte dann in dieser Beziehung noch Recht bekommen. Jedoch Landois selbst sagt über diese Ansicht Volkmann's (a. a. O. S. 208): „Es lässt sich nicht läugnen, dass diese Interpretation geistreich ist, allein schon Vierordt behauptete, dass solche Annahme den Fundamentalsätzen der Wellenlehre widerspreche."

B. Positive Wellen. Methoden der Wellenerregung. Negative Wellen.

In den sphygmographischen Curven bedeutet eine Ascensionslinie Drucksteigerung, eine Descensionslinie Druckminderung, eine horizontale Gerade gleichbleibenden Druck.

§ 15. Setzt man den Sphygmographen auf einen elastischen, mit Wasser gefüllten Schlauch, so beantwortet er eine Drucksteigerung innerhalb des Schlauchs mit einer aufsteigenden Linie (Ascensionslinie), eine Druckminderung mit einer absteigenden Linie (Descensionslinie), gleichbleibenden Druck mit einer horizontalen Geraden.

Positive Welle. § 16. Wird in das eine Ende eines mit Wasser gefüllten, elastischen Schlauchs eine neue Flüssigkeitsmenge getrieben, so pflanzt sich bekanntlich eine Drucksteigerung durch den Schlauch nach dem andern Ende desselben fort, und gleichzeitig wird der Inhalt des Schlauchs nach gleicher Richtung (aber nicht mit gleicher Geschwindigkeit) fortgeschoben, oder mit anderen Worten: Eine positive Welle läuft durch den Schlauch (vgl. A. Fick, Med. Physik 1866. S. 101).

Ascensionslinie = positive Welle. § 17. Folgerichtig zeichnet der Sphygmograph jedesmal eine Ascensionslinie, wenn in den Schlauch auf irgend eine Weise eine neue Flüssigkeitsmenge getrieben und dadurch eine positive Welle erregt wird. (Nur wenn der Sphygmograph am offenen peripheren Schlauchende angebracht ist, bleibt die Ascensionslinie aus; es ist dies eine Interferenzerscheinung.) Auf welche Weise das Eintreiben der Flüssigkeit geschieht, ist hierbei gleichgiltig. Ob aber, wenn in den Schlauch eine neue Flüssigkeitsmenge getrieben wird, auf die Ascensionslinie eine Descensionslinie oder eine horizontale Gerade folgt, lässt sich nicht allgemein sagen; beide Fälle sind möglich; es kommt hierbei auf die näheren Versuchsbedingungen an.

Eintheilung der Versuchsbedingungen. § 18. Die Versuchsbedingungen theilen sich in zwei Gruppen:
 a. solche, welche der Methode der Wellenerregung angehören.
 b. solche, welche durch den Schlauch, seinen Inhalt und den Sphygmographen selbst gegeben sind.

Unterscheidungsmomente der Wellenerregungsmethoden. § 19. Die Methoden der Wellenerregung unterscheiden sich von einander in Bezug auf Druckhöhe und Zuflussdauer. Es gibt Methoden mit fast momentanem Zufluss, andere mit beliebig langer Zuflussdauer. Bei manchen ist die Druckhöhe während des Zuflusses variabel, bei anderen constant. Die gebräuchlichsten sollen weiter unten näher analysirt werden.

Versuchsbedingungen, welche durch den Schlauch, seinen Inhalt, und durch den Sphygmographen gegeben sind. § 20. Am Schlauch muss man unterscheiden: Länge, lichten Durchmesser, Wanddicke, Durchmesser der beiden Endstücke, Material, aus welchem er besteht, ferner die

Temperatur des in ihm enthaltenen Wassers. Am Sphygmographen sind zu berücksichtigen: die Kraft, mit welcher seine Fühlfeder auf den Schlauch drückt und, als sehr wesentlich, die Applikationsstelle am Schlauch, d. h. die Entfernung des Instruments von den beiden Endpunkten des Schlauchs.

Formeln der angewandten Versuchsbedingungen. § 21. Für die Beurtheilung und Vergleichung der sphygmographischen Curven ist es bequem, alle Faktoren der Versuchsanordnung mit Buchstaben zu bezeichnen und im Index der Buchstaben den jeweiligen quantitativen Werth derselben anzugeben, ebenso die Methode der Wellenerregung zu benennen. Die Zahlen I bis V sollen die verschiedenen Wellenerregungsmethoden bezeichnen; I = erste Methode u. s. w.

A bezeichne die drückende Wassersäule und der Index von A die Höhe der Wassersäule in Metern;

B das centrale Ende des Ansatzrohres, welches den Schlauch mit dem Wassergefäss verbindet und sein Index den lichten Durchmesser desselben in Millimetern;

b das periphere Ende des Ansatzrohres und sein Index den lichten Durchmesser desselben in Millimetern.

Das centrale Ende des Ansatzrohres mündet in's Wassergefäss ein, am peripheren wird der Schlauch befestigt; das Ansatzrohr ist 19 Cm. lang.

D bezeichne den Druck, welcher vor Beginn der Wellenerregung im Schlauch stattfindet und der Index von D die Höhe der drückenden Wassersäule in Metern.

S bedeute den Schlauch, an welchem experimentirt wird; der linke Exponent die Wanddicke, der rechte Exponent den lichten Durchmesser des Schlauchs in Millimetern. Durch die Indices von S ist die Stelle des Schlauchs näher bezeichnet, an welcher der Sphygmograph applicirt wurde, und zwar bedeutet der rechts stehende Index die Entfernung des Sphygmographen vom centralen Schlauchende, welches mit dem Ansatzrohr verbunden ist, der links stehende Index die Entfernung des Sphygmographen vom peripheren Schlauchende in Centimetern.

H bedeutet (bei der ersten und zweiten Methode), dass ein Metallhahn angewendet wurde, um die Verbindung zwischen Schlauch und Metallcylinder (Wassergefäss) zu öffnen und zu schliessen;

V dass ein Luftventil am oberen Ende des Metallcylinders benützt wurde, um das Einströmen der Flüssigkeit in den Schlauch einzuleiten und zu hemmen (kommt nur bei der ersten Methode zur Anwendung);

$V\,II$ dass das Zuströmen der Flüssigkeit durch Eröffnung des Ventils, der Abschluss der Flüssigkeit dagegen durch den Hahn herbeigeführt wurde. Ferner ist der Druck, welchen die Fühlfeder des Sphygmographen auf den Schlauch ausübte, in Gramm angegeben, die Temperatur des Wassers, welches den Schlauch füllte oder durchströmte, in Réaumur-Graden, die Zeiteintheilung, mit welcher die Curve versehen wurde, in Decimalbrüchen einer Sekunde.

Da mehrere Sphygmographen zur Anwendung kamen, so ist am Schluss der Versuchsformel durch eine römische Zahl angedeutet, mit welchem Instrument die Curve gezeichnet wurde. Instrument I und II sind Marey'sche Sphygmographen mit der Mach-Behier'schen Modification; Instrument III ist ein von Sommerbrodt angegebener Sphygmograph; Instrument IV ist ein von mir construirter Sphygmograph, der sich besonders zur Aufnahme der Caroticcurven eignet, im Grossen und Ganzen dem Sommerbrodt'schen Instrument nachgebildet ist, sich von demselben aber durch einen vollständig äquilibrirten und leichter einstellbaren Zeichenhebel und durch eine Vorrichtung unterscheidet, welche die Schwingungen der angewandten Gewichte verhütet.

Fig. 6

Die Formel:

I. $A_3 B_{14} b_9 C_7 D_0$ H 200 Gr. 17° R. I $_{870}{}^2S^7{}_{100}$ 0,01''

der *Fig. 6* sagt daher Folgendes über die Versuchsanordnung, unter welcher die Curve der Fig. 6 entstand, aus: Es wurde die erste Methode der Wellenerregung angewendet (I).

Höhe der Wassersäule im Metallcylinder = 3 Meter (A_3).
Lichter Durchmesser des centralen Endes des Ansatzrohrs 14 Mm. (B_{14}).
Lichter Durchmesser des peripheren Endes des Ansatzrohres = 9 Mm. (b_9).
Lichter Durchmesser des peripheren Schlauchendes = 7 Mm. (C_7).
Druck im Schlauch vor der Wellenerregung = 0 (D_0).
Wanddicke des Schlauchs = 2 Mm. (^2S).
Lichter Durchmesser des Schlauchs = 7 Mm. (S^7).
Entfernung des Sphygmographen vom centralen Schlauchende = 100 Cm. (S_{100}).
Entfernung des Sphygmographen vom peripheren Schlauchende = 870 Cm. ($_{870}S$).
Das Zuströmen des Wassers wurde durch Oeffnen eines Metallhahns eingeleitet und durch Schliessen desselben unterbrochen (H).

Der Druck der Fühlfeder auf den Schlauch betrug 200 Grm.
Das den Schlauch durchströmende Wasser hatte eine Temperatur von 17° R.
Es wurde das Instrument Nr. I angewendet (I).
Die Curve ist in $1/100$ Sekunden eingetheilt (0,01″).

Erste Wellenerregungsmethode. § 22. Erste Wellenerregungsmethode: Zuflussdauer beliebig lang, Druckhöhe während des Zuflusses constant.

Der hierbei verwendete Apparat besteht aus einem Metallcylinder von drei Meter Höhe und 4,8 Cm. lichtem Durchmesser; der Cylinder mündet mit seinem oberen Ende in ein grosses, flaches Blechgefäss. Ein kurzes Ansatzrohr aus Metall verbindet das untere Ende des Cylinders mit dem Kautschukschlauch; die Communikation zwischen beiden regulirt ein Metallhahn. — Der Apparat gestattet, Wasser in beliebiger Quantität unter constantem Druck in den Schlauch einströmen zu lassen; wird der Hahn plötzlich geöffnet, so pflanzt sich eine positive Welle durch den Schlauch fort und das Einströmen der Flüssigkeit dauert so lange unter constantem Druck fort als der Hahn geöffnet bleibt. Am oberen Ende des Cylinders lässt sich auch ein Luftventil anbringen. Ist dasselbe geschlossen, so kann der Metallhahn am unteren Ende dauernd offen sein, ohne dass Wasser in den Schlauch eintritt; bei Eröffnung des Ventils stürzt das Wasser in den Schlauch. Kommt es darauf an, das Wasser plötzlich und bei verschiedenen Versuchen immer mit gleicher Geschwindigkeit in den Schlauch eintreten zu lassen, so ist das Ventil dem Metallhahn vorzuziehen. *Fig. 7* ist nach dieser Methode gezeichnet und zeigt, dass der Zeichenhebel vor Beginn der Wellenerregung vollständig in Ruhe ist und die horizontale Gerade *n* zeichnet. Bei dem Zeichen (') wird derselbe durch die ankommende positive Welle rasch gehoben und beschreibt die Ascensionslinie *a*.

Fig. 7.

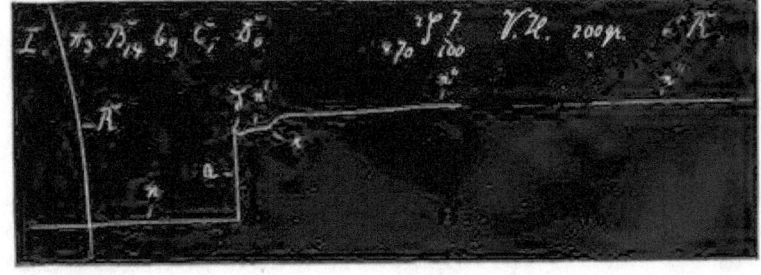

Der Zufluss des Wassers wurde vor Ablauf des Uhrwerks des Sphygmographen nicht unterbrochen, geschah also während der ganzen Versuchsdauer unter constantem Druck; daher bleibt der Zeichenhebel auf beträchtlicher Höhe.

An die Ascensionslinie schliesst sich aber nicht unmittelbar die horizontale Gerade n'', sondern erst nach einigen Schwankungen. Dies beweist, dass an der untersuchten Schlauchstelle der Druck erst nach einiger Zeit constant wird, obwohl der Zufluss aus dem Standgefäss unter gleichbleibendem Druck geschieht. — Wenn man in der Versuchsanordnung der Fig. 7 statt C_1 den Faktor C_7 setzt, d. h. wenn man das periphere Schlauchende von 1 Mm. auf 7 Mm. Durchmesser erweitert, so entsteht die Curve *Fig. 8*. Obwohl nun das

Fig. 8.

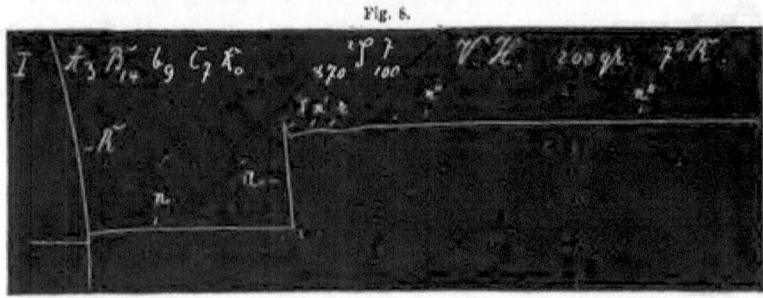

Wasser aus dem peripheren Schlauchende unbehindert abfliessen konnte, so war doch der Druck an der untersuchten Schlauchstelle während des Zuflusses ein beträchtlicher, constant wurde er gleichfalls erst nach einigen Schwankungen.

Zweite Wellenerregungsmethode. § 23. Zweite Wellenerregungsmethode: Zuflussdauer beliebig lang; Druckhöhe während des Zuflusses variabel.

Mittelst einer Pumpe, welche der von Koschlakoff (Virch. Archiv 30. Bd. 1. und 2. Heft) angegebenen nachgebildet ist, wird die Flüssigkeit in den Schlauch eingetrieben. Die Pumpe besteht aus einem 17 Cm. hohen und 6 Cm. weiten Metallcylinder, in welchem sich ein Kolben wasserdicht auf- und abbewegt. Die Kolbenstange steht in Verbindung mit einem einarmigen Hebel, dessen freies Ende durch die Hand oder durch angehängte Gewichte niedergedrückt wird. Die von Koschlakoff angegebenen Klappen-Apparate wurden weggelassen und das Ausströmen der Flüssigkeit durch einen Metallhahn regulirt.

Oberflächlich betrachtet gleicht dieser Apparat hinsichtlich seiner Leistungsfähigkeit dem der ersten Methode; wird nämlich der Hebelarm durch Gewichte beschwert, so pflanzt sich beim Eröffnen des Hahns eine positive Welle durch den Schlauch fort und die Flüssigkeit strömt in den Schlauch, solange der Hahn geöffnet ist. Aber der Druck im Cylinder ist bei dieser Methode **keineswegs constant**; die Bewegung des Kolbens ist aus naheliegenden Gründen verschiedenen Schwankungen und Unregelmässigkeiten unterworfen, das Ausströmen der Flüssigkeit daher durchaus nicht gleichmässig. — Koschlakoff hat sich vorzüglich dieses Apparats bei seinen experimentellen Untersuchungen über Marey's Sphygmographen bedient; desshalb ist diese Wellenbewegungsmethode hier näher besprochen.

Um ein Urtheil über den Gang des Kolbens zu gewinnen, wurde ein Zeichenstift an der Kolbenstange befestigt und eine berusste Tafel von dem Uhrwerk des Sphygmographen vorübergeführt, während der Kolben sank. *Fig. 9*

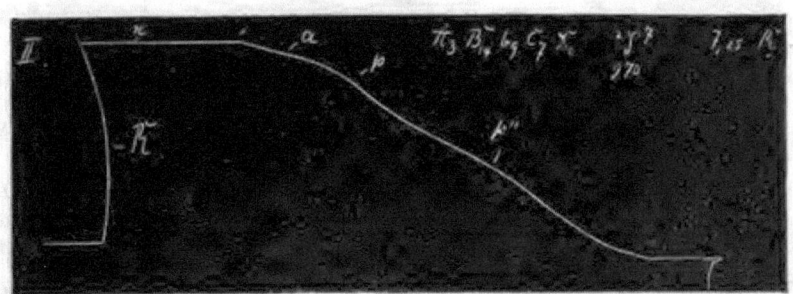

Fig. 9.

zeigt die Curve, welche die Kolbenstange der Pumpe beschreibt. Wurde der Kolben bei ruhender Zeichentafel abwärts bewegt, so zeichnete der Stift die Bogenlinie R. Setzte sich die Tafel in Bewegung, während der Kolben ruhte, weil der Metallhahn noch nicht geöffnet war, so zeichnete der Stift die gerade Horizontale n. Bei dem Zeichen (') wurde der Hahn rasch geöffnet, der Kolben, dessen Hebel mit 3 Kilogramm (A_2) belastet war, begann zu sinken, anfangs langsam die Linie a beschreibend, dann rascher bei p, dann wieder rascher bei p'' u. s. w. Während dieses Versuchs strömte das Wasser in den 970 Cm. langen Schlauch $^2S^7$ ein, wie die Formel der Fig. 9 näher angibt. Aus der Curve der Fig. 9 geht klar hervor, dass die Bewegung des Kolbens eine unregelmässige ist. — *Fig. 10* zeigt die Curve, welche der am Schlauch

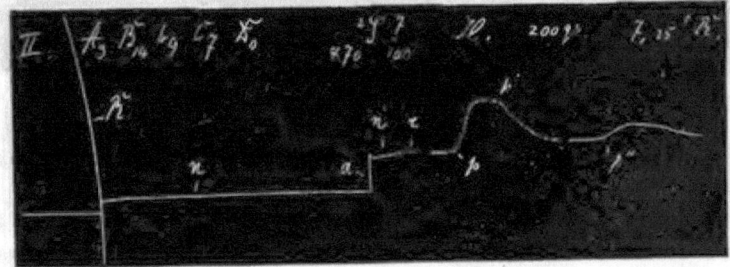

Fig. 10.

befestigte Sphygmograph während der eben beschriebenen Kolbenbewegung zeichnete. Diese Curve, zusammengehalten mit den Fig. 7 und 8, beweist, dass die Ascensionslinie *a* der Ausdruck der plötzlichen Drucksteigerung durch die positive Welle ist, dass die bedeutenden, durch p, p' und p'' bezeichneten Druckschwankungen aber nicht in der Versuchsanordnung, sondern in der Methode der Wellenerregung d. h. in dem unregelmässigen Gang des Kolbens begründet sind. Diese Methode ist daher zum Studium der Schlauchwellen nicht zu empfehlen.

Anmerkung. Der Buchstabe *A* bezeichnet bei dieser zweiten Methode die an der Hebelstange wirkende Last und der Index von *A* die Grösse dieser Last in Kilogramm. Die übrigen Buchstaben haben die oben angegebene Bedeutung.

Dritte Wellenerregungsmethode. § 24. Dritte Wellenerregungsmethode: Zuflussdauer sehr kurz, Druckhöhe während des Zuflusses unbestimmt.

Wird das verschlossene Ende eines mit Wasser gefüllten Schlauches mit einem flachen Gegenstand rasch comprimirt, so pflanzt sich eine positive Welle durch den Schlauch fort. Die Quantität der durch Compression verdrängten Flüssigkeit hängt unter sonst gleichen Umständen von der Länge des comprimirten Schlauchstücks ab, oder mit anderen Worten: von der Breite des comprimirenden Gegenstandes. Die Compression muss schnell und kräftig ausgeführt werden; die Druckhöhe ist somit gross, aber nicht näher bestimmt. Der Zufluss dauert nur sehr kurze Zeit, ist fast nur ein momentaner; denn nur so lange strömt in den freigebliebenen Schlauchtheil Flüssigkeit ein, bis die Compression vollendet ist. Man hat es also mit einem rasch ansteigenden und nach kurzer Zeit wieder auf Null sinkenden Druck zu thun. *Fig. 11* und *12*,

Fig. 11.

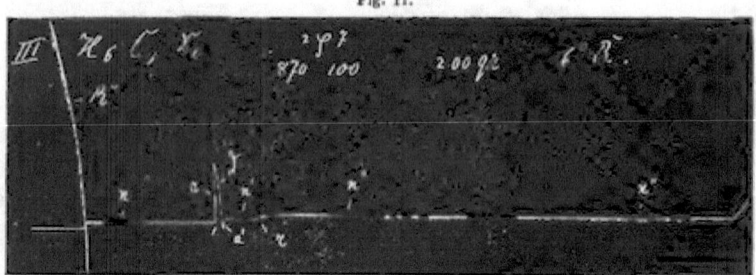

welche nach dieser Methode hergestellt wurden, zeigen, dass an die rasch ansteigende Ascensionslinie *a* sofort die fast eben so steile Descensionslinie *d* sich anschliesst, d. h. dass der Druck im Schlauch rasch steigt und nach sehr kurzer Zeit fast ebenso rasch wieder sinkt. Dabei ist es gleichgiltig, ob das periphere Schlauchende verengt wird oder nicht; Fig. 11 wurde bei verengtem Ausflussende gezeichnet (C, es war eine kurze Glasröhre von 1 Mm. lichtem Durchmesser eingesetzt), Fig. 12 dagegen bei vollständig offenem Ausflussende (C_2); in beiden Fällen ist das Verhalten von Ascensionslinie und Descensionslinie gleich. Fig. 11 und 12 beweisen also, dass die Ascensionslinie a der plötzlichen Drucksteigerung durch die positive Welle entspricht und dass die darauffolgende Descensionslinie d durch die sehr kurze Zuflussdauer, also durch eine Eigenthümlichkeit der angewandten Wellenerregungsmethode bedingt ist.

Fig. 12.

Anmerkung. Bei dieser dritten Methode (III.) bezeichnet H das comprimirende Holzstück und der Index von H seine Breite in Centimetern. Die Buchstaben B und b fallen hier weg, ebenso V; die übrigen Buchstaben C, D, und S haben dieselbe Bedeutung wie bei der ersten Methode.

Vierte Wellenerregungsmethode. § 25. Vierte Wellenerregungsmethode: Zuflussdauer kurz, Druckhöhe während des Zuflusses abnehmend.

Lässt man in einen an beiden Enden offenen Schlauch Wasser einströmen aus einer senkrecht stehenden Glasröhre, deren lichter Durchmesser dem des Schlauchs ungefähr gleichkommt, so läuft eine positive Welle durch den Schlauch; in der Glasröhre sinkt unter sonst gleichen Umständen der Wasserstand um so

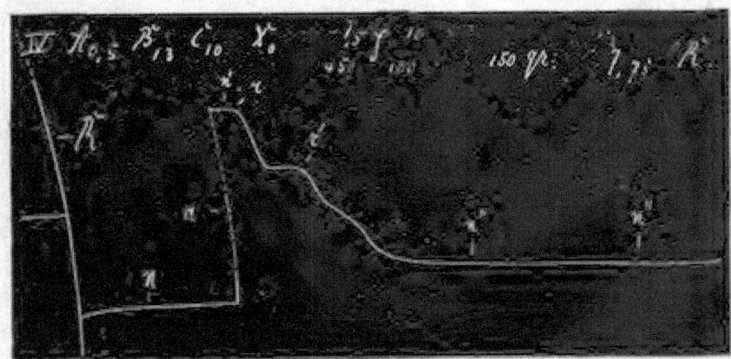

Fig. 13.

rascher, je weniger das periphere Schlauchende verengt ist. Die Druckhöhe nimmt also während des Zuflusses ab. *Fig. 13* wurde nach dieser Methode gezeichnet; bei dem Zeichen (') hebt die positive Welle den Zeichenhebel; derselbe beschreibt die Ascensionslinie a; alsbald (bei dem Buchstaben r) beginnt an der untersuchten Schlauchstelle das Sinken des Drucks, aber durchaus nicht gleichmässig, sondern in treppenförmigen Absätzen.

Anmerkung. Bei dieser vierten Methode (IV.) bezeichnet A die Wassersäule in der Glasröhre, und der Index von A die Höhe der Wassersäule in Metern bei Beginn des Versuchs; B bezeichnet die senkrecht stehende Glasröhre, und der Index von B den lichten Durchmesser derselben in Millimetern. C, D und S haben dieselbe Bedeutung wie bei der ersten Methode. Das obere Ende der Glasröhre wird vor Beginn des Versuchs durch den aufgelegten Finger verschlossen und das Einströmen der Flüssigkeit in den Schlauch durch plötzliches Abheben des Fingers eingeleitet.

Fünfte Wellenerregungsmethode. § 26. Fünfte Wellenerregungsmethode: Zuflussdauer beliebig lang, Druckhöhe während des Zuflusses constant.

Verwendet wird hier der gleiche Apparat wie bei der ersten Methode, der Zufluss jedoch nicht durch einen Hahn regulirt, sondern durch eine scharfe Leiste, welche an irgend einer Stelle zwischen Apparat und Sphygmograph den Schlauch comprimirt und dadurch den Zufluss verhindert. Bei dieser fünften Methode (V.) geschieht die Bezeichnung der Versuchsbedingungen in derselben Weise wie bei der ersten Methode. Nur bezüglich der Stellung des Sphygmographen ist eine besondere Bezeichnung erforderlich; es wurde jedesmal auch die Entfernung des Sphygmographen von der comprimirenden Leiste und die Entfernung der Leiste vom centralen Schlauchende durch je eine rechts unter dem Buchstaben S stehende Zahl angegeben.

$_{156}{}'S^{10}{}_{107\,(4)}$ sagt, dass der Sphygmograph 156 Cm. vom peripheren und 111 Cm. vom centralen Schlauchende entfernt war, und dass die comprimirende Leiste 107 Cm. vom Sphygmographen und 4 Cm. vom centralen Schlauchende entfernt aufgesetzt wurde. $_{156}{}'S^{10}{}_{111\,(104)}$ sagt: Sphygmograph 156 Cm. vom peripheren und 215 Cm. vom centralen Schlauchende entfernt; Leiste 111 Cm. vom Sphygmographen und 104 Cm. vom centralen Schlauchende entfernt. Sobald man die Leiste abhebt, pflanzt sich eine Bergwelle durch den Schlauch fort. — Diese Methode wurde vorzüglich von Landois angewendet. An Leistungsfähigkeit ist sie scheinbar identisch mit der ersten Methode; aber nur scheinbar; denn sie ist weniger einfach. Wird nämlich ein Schlauch durch irgend einen Gegenstand comprimirt, so wird je nach den Dimensionen dieses Gegenstandes eine grössere oder geringere Quantität des Schlauchinhalts verdrängt; selbst eine sehr scharfe Leiste vermag den Schlauch ohne Beeinträchtigung seines Inhalts nicht zu comprimiren. Wird nun eine solche Compression plötzlich aufgehoben, so pflanzt sich von der comprimirten Stelle nach beiden Seiten eine negative Welle fort, auch wenn der Schlauch lediglich mit Wasser gefüllt und vom Standgefässe vollkommen abgesperrt ist. Wird dagegen die

Compression durch Niederdrücken der Leiste plötzlich ausgeführt, so pflanzt sich nach beiden Schlauchenden eine positive Welle fort (s. *Fig. 14* und *15*). Beim Buchstaben *a* wurde die Leiste aufgehoben, beim Buchstaben *s* dagegen niedergedrückt; dementsprechend sieht man bei *a* eine negative, bei *s* eine positive Welle.

Fig. 14.

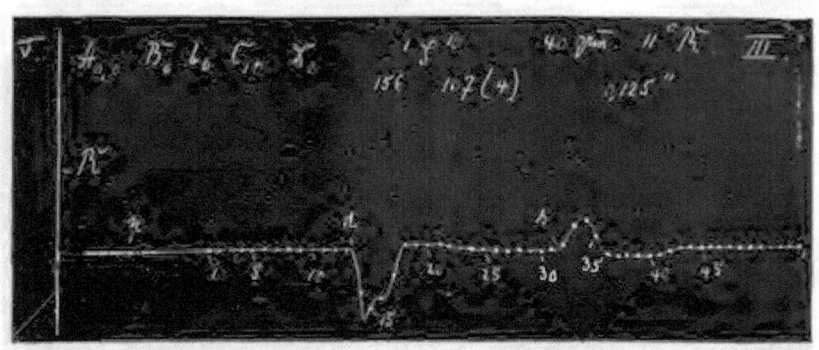

Diese Wellen treten nicht auf, und der Sphygmograph zeichnet lediglich eine horizontale, gerade Linie, wenn statt der Leiste ein Hahn an derselben Stelle des Schlauchs eingesetzt und abwechselnd geöffnet und geschlossen wird. Wenn also Landois, wie er S. 105 näher angibt, den Einbruch der Flüssigkeit in die Röhre dadurch veranlasst, dass er eine, die Röhre bis dahin comprimirende, scharfe Leiste plötzlich aufhebt, so erzeugt er zuerst eine kleine Thalwelle, auf welche erst die beabsichtigte Bergwelle folgt. Wird nach einiger Zeit plötzlich das Einströmen der Flüssigkeit unterbrochen, so entsteht zuerst eine kleine positive Welle, welcher die beabsichtigte negative Welle folgt.

Fig. 15.

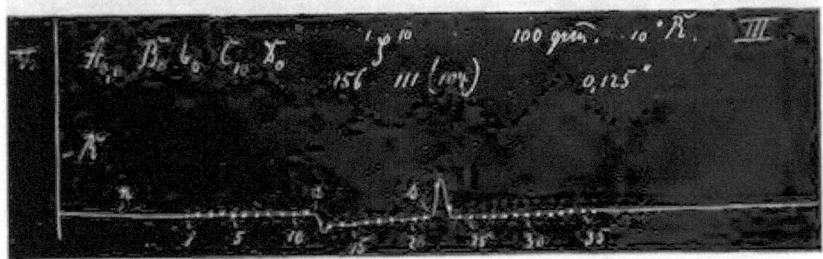

Diese von der Schlauchcompression herrührenden Wellen erschweren das Studium der übrigen Wellen und können die erhaltenen Curven compliciren. Arbeitet man mit dünnwandigen und weiten Röhren, bei welchen geringe

Druckdifferenzen schon merkliche Wellen erzeugen, wird die Leiste sehr rasch abgehoben oder niedergedrückt, und befindet sich die Verschlussstelle in der Nähe des Sphygmographen, so erscheinen sofort die erwähnten Nebenprodukte dieser Methode. Auf der Tafel C der von Landois gezeichneten Figuren Nr. 23 und 24 ist z. B. an den beiden letzten Curven (S. 122 und 124) vor der primären Bergwelle deutlich eine kleine Thalwelle zu erkennen, welche

Fig. 16.

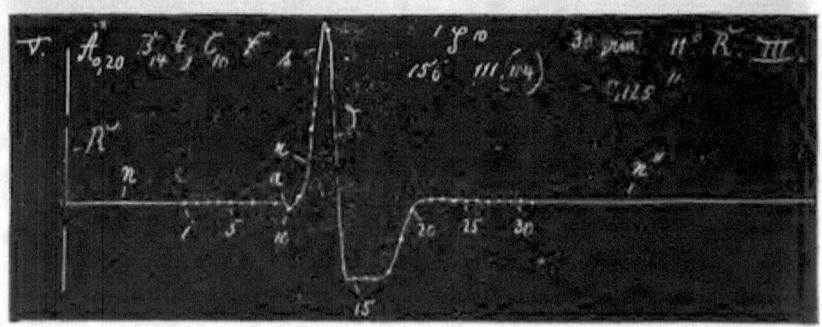

als Nebenprodukt der Methode aufzufassen ist. Ebenso sind die Gipfel vieler Curven, welche Landois gezeichnet hat, dadurch complicirt, dass beim Niederdrücken der Leiste eine kleine, positive Welle als Nebenprodukt erscheint und der beabsichtigten Descensionslinie vorhergeht. Hierher gehören Landois' 4. und 5. Curve der Fig. 21 S. 117; sämmtliche Curven der Tafel C Fig. 23 S. 122 und der Tafel C Fig. 24 S. 122 und mehrere andere.

Fig. 17.

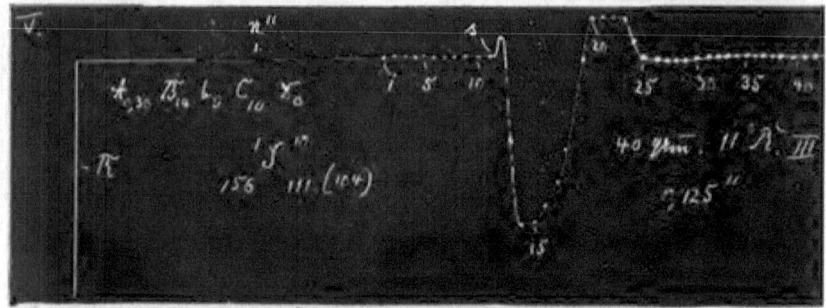

Den störenden Einfluss der Leiste lassen auch meine Curven *Nr. 16, 17, 18* und *19* deutlich erkennen: Fig. 16 hat in Folge des Abhebens der Leiste bei *a* eine kleine Thalwelle, Fig. 17 bei *s* in Folge des Niederdrückens der Leiste eine kleine Bergwelle. Letztere Bergwelle zeigen auch Fig. 18 und 19 bei *s*. Fig. 18 zeigt eine lange (2,5″) Zuflussdauer, Fig. 19 dagegen eine sehr kurze (ungefähr 0,2″); es ist daher in Fig. 19 die kleine Bergwelle *s* ganz ans obere Ende der Ascensionslinie herangerückt.

Fig. 18.

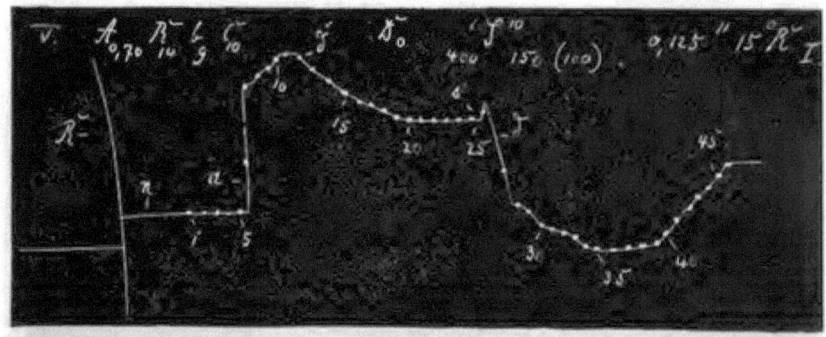

Ferner ist ein Theil des von Landois beschriebenen Anakrotismus lediglich Produkt dieser fünften Methode. Ein Blick auf die *Figuren 20* und *21* zeigt sofort den Unterschied der ersten und fünften Methode. Fig. 20 ist nach der ersten, Fig. 21 nach der fünften Methode gezeichnet. Im ersten Fall wurde durch Drehung eines Metallhahns am centralen Schlauchende das Einströmen

Fig. 19.

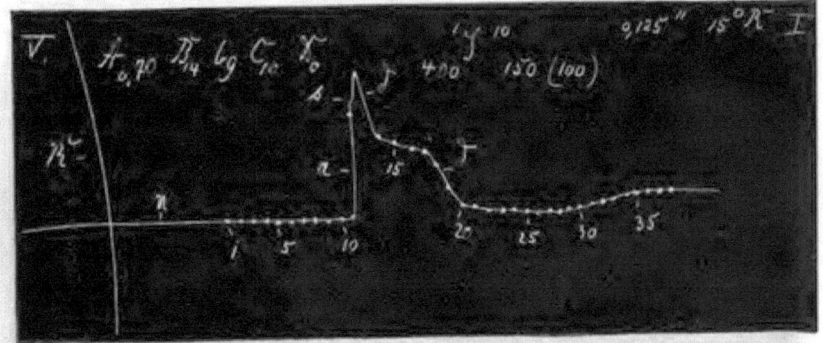

der Flüssigkeit eingeleitet, im zweiten Fall dagegen wurde 100 Cm. vom Sphygmographen centralwärts entfernt eine scharfe Leiste auf den Schlauch aufgesetzt und das Einströmen der Flüssigkeit durch plötzliches Abheben der Leiste bewirkt; im Uebrigen war die Versuchsanordnung in beiden Fällen vollständig gleich. Die Ascensionslinie der Fig. 20 ist eine ununterbrochene

Linie, die Ascensionslinie der Fig. 21 dagegen trägt eine Einbiegung bei *b*. Letztere Curve gehört somit nach Landois zu den anakroten Curven. Vorläufig genügt es, den Unterschied beider Methoden beschrieben zu haben.

Fig. 20.

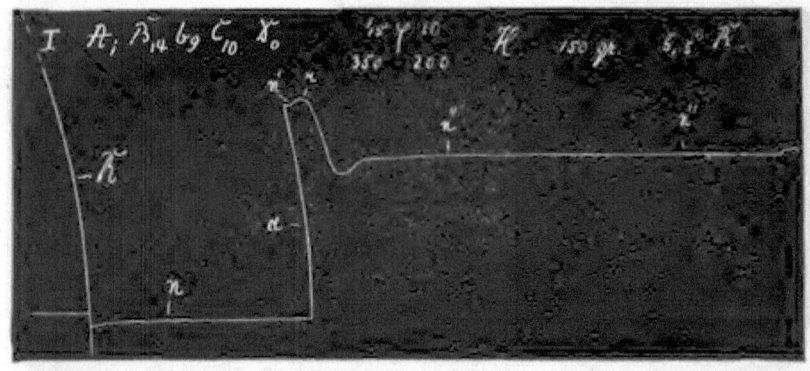

Später soll gezeigt werden, dass der Anakrotismus der Curve 21 auf Wellenreflexion beruht, und dass speciell die Linie *r* (obere Hälfte der Ascensionslinie) durch eine Reflexwelle bedingt ist. Die Curven Nr. 20 und 21 sind sehr gross, obwohl die drückende Wassersäule im Standgefäss nur 1 Meter hoch war (A_1); daran ist der Schlauch schuld; derselbe hatte nämlich 10 Mm. lichten Durchmesser und eine Wanddicke von nur 1,5 Mm. ($^{1,5}S^{10}$).

Fig. 21.

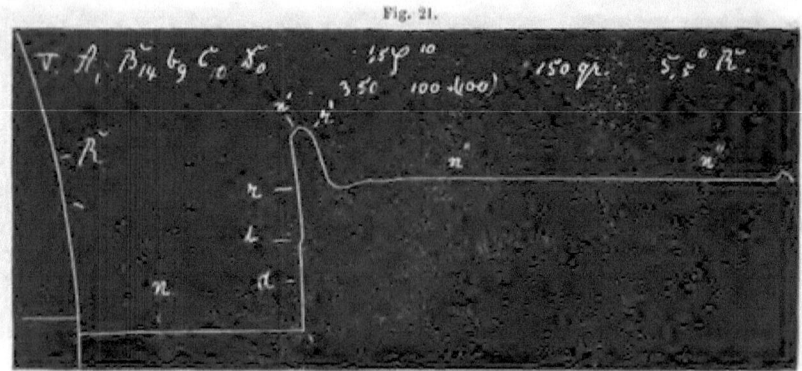

Dass aber auch an anderen Schläuchen der erwähnte Unterschied der ersten und fünften Methode gezeigt werden kann, sieht man aus *Fig. 22* und *Fig. 23*, welche an einem Schlauch von 7 Mm. lichtem Durchmesser und 2 Mm. Wanddicke ($^2S^7$) gewonnen wurden. Fig. 22 entspricht der Fig. 20, wurde wie diese nach der ersten Methode gezeichnet; Fig. 23 entspricht der Fig. 21; beide sind nach der fünften Methode erhalten. Fig. 23 zeigt gleichfalls eine Einbiegung *b* der Ascensionslinie, Fig. 22 dagegen hat wie Fig. 20 eine ununterbrochene Ascensionslinie. Die Curven Nr. 22 und 23 sind klein, obwohl die Wassersäule im Standgefäss 3 Meter hoch war, sie wurden eben an einem dickwandigen und engen Schlauch (³S') gewonnen. Die Ascensionslinien der Curven

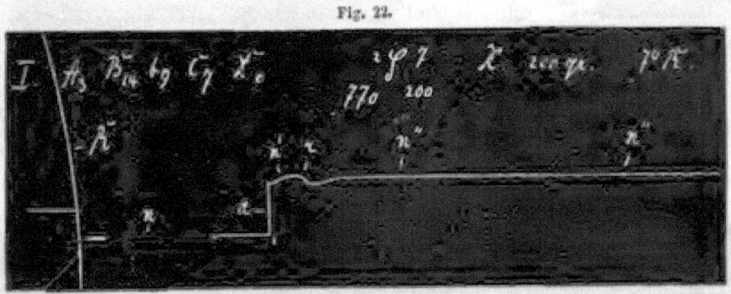

Fig. 22.

Nr. 20 bis 23 incl. sind also durch die positive Welle bedingt, die Einbiegung (Anakrotismus) der Ascensionslinien der Curven Nr. 21 und 23 durch eine Eigenthümlichkeit der Methode, die hierauf folgenden Druckschwankungen durch die Versuchsanordnung, die horizontale Gerade n"—n" durch den constanten Druck während der ganzen Zuflussdauer (Eigenthümlichkeit der Methoden).

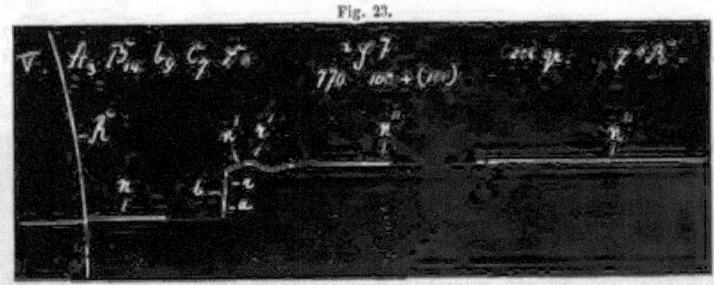

Fig. 23.

Ob und wie bald einer Ascensionslinie eine entsprechend grosse Descensionslinie folgt, hängt vom eingetriebenen Flüssigkeitsquantum ab.

§ 27. In § 17 wurde gesagt, dass der Sphygmograph jedesmal eine Ascensionslinie zeichne, wenn in den Schlauch auf irgend eine Weise eine neue Flüssigkeitsmenge getrieben werde. Nach Analysirung der verschiedenen Wellenerregungsmethoden lässt sich nun diesem Satz noch hinzufügen, dass es im Grossen und Ganzen vom eingetriebenen Flüssigkeitsquantum abhängt, ob und wie bald der Drucksteigerung eine entsprechende Druckminderung folgt. Es hat sich nämlich ergeben, dass auch im Schlauch der Druck alsbald constant wird, wenn während der ganzen Versuchsdauer die Flüssigkeit unter constantem Druck in denselben einströmt, wenn also ein relativ grosses Flüssigkeitsquantum in denselben gelangt (s. Fig. 7 und 8), und dass sehr rasch eine Druckminderung (Descensionslinie) auf die Ascensionslinie folgt, wenn die eingetriebene Flüssigkeitsmenge eine sehr kleine ist (s. Fig. 11 und 12).

Je kleiner das in den Schlauch eingetriebene Flüssigkeitsquantum ist, um so früher folgt der Ascensionslinie eine Descensionslinie. **§ 28.** Man kann aber auch direkt beweisen, dass der Ascensionslinie eine Descensionslinie um so früher folgt, je kleiner das in den Schlauch eingetriebene Flüssigkeitsquantum ist: Lässt man nach der ersten Methode Wasser unter constantem Druck in den Schlauch einströmen, so wird das in den Schlauch eingetriebene Flüssigkeitsquantum um so kleiner sein, je früher durch Schliessen des Metallhahns das Einströmen des Wassers unterbrochen wird. Nun wurden bei gleicher Versuchsanordnung die Curven *Nr. 24 bis 29 incl.* gezeichnet;

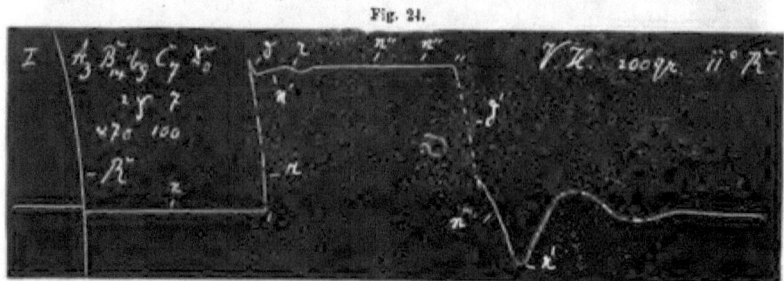

Fig. 24.

der Moment des Hahnschlusses ist auf denselben mit dem Zeichen (″) angegeben. Man sieht, dass die Descensionslinie *d'* um so näher an die Ascensionslinie *a* heranrückt, je früher der Hahn geschlossen wurde, d. h. je kleiner

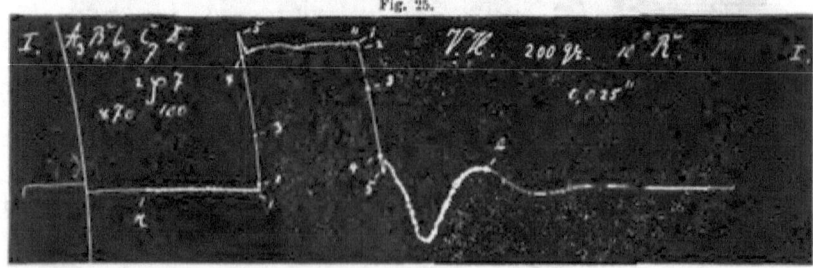

Fig. 25.

das in den Schlauch eingetriebene Flüssigkeitsquantum war. Warum aber die Unterbrechung des Zuflusses eine Druckminderung und demnach in der Curvenzeichnung eine Descensionslinie erzeugt, wird aus den folgenden Sätzen klar werden. (S. § 32 bis 35.)

Negative Welle. **§ 29.** Wird das eine Ende eines mit Wasser gefüllten und ausgedehnten elastischen Schlauchs durch Entfernung eines Quantums Wasser plötzlich entspannt, so pflanzt sich eine Druckminderung nach dem andern Ende des Schlauchs fort, und gleichzeitig wird der Inhalt des Schlauchs in

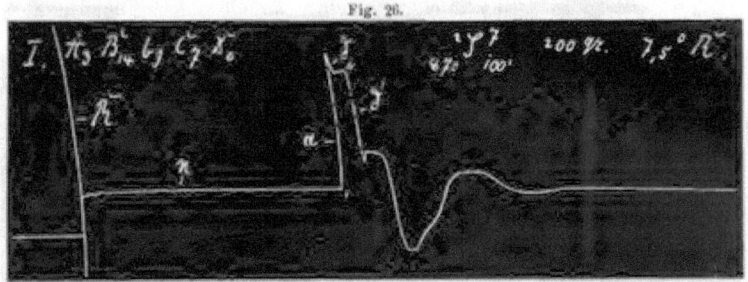

Fig. 26.

entgegengesetzter Richtung (aber nicht mit gleicher Geschwindigkeit) weiter bewegt, oder mit anderen Worten: Eine negative Welle läuft durch den Schlauch (vgl. A. Fick, Med. Physik 1866. S. 102).

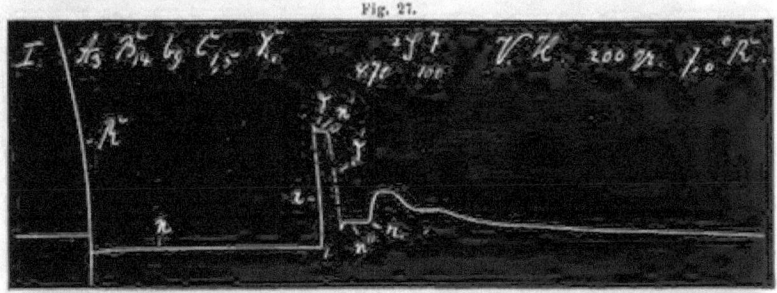

Fig. 27.

Descensionslinie = negative Welle. § 30. Da der Sphygmograph jede Druckminderung innerhalb des Schlauchs mit einer Descensionslinie beantwortet, so folgt aus § 29, dass

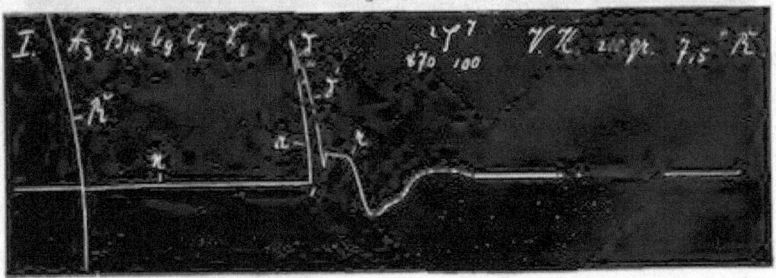

Fig. 28.

der Sphygmograph jedesmal eine Descensionslinie zeichnet, wenn aus dem mit Wasser gefüllten und gespannten Schlauche Wasser auf irgend eine Weise plötzlich entfernt und dadurch eine negative Welle erregt wird.

Je kleiner das aus dem Schlauch abgeflossene Flüssigkeitsquantum ist, um so früher folgt der Descensionslinie eine Ascensionslinie.

§ 31. Von der aus dem Schlauch entfernten Flüssigkeitsmenge hängt es ab, ob und wie bald der Druckminderung eine annähernde Wiederherstellung des früheren Drucks, d. h. eine Drucksteigerung folgt. Man kann direct den Satz beweisen, dass letztere (die Drucksteigerung) um so früher kommt, je kleiner das abgeflossene Flüssigkeitsquantum ist.

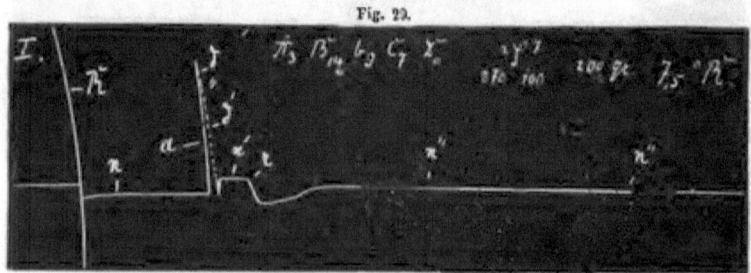

Fig. 29.

Fig. 30 und 31 sind gezeichnet unter der Versuchsanordnung I. A_3 B_0 b_0 C_7 $D = A_3 \; {}_{100}{}^2S'_{870}$ F. 200 Gr. 7,25° R. d. h. der Schlauch ist mit dem Apparat der ersten Wellenerregungsmethode in Verbindung gebracht, unter dem Druck einer 3 Meter hohen Wassersäule ($D = A_3$) gefüllt und dann vom Apparat durch Hahnschluss (B_0 b_0) abgesperrt; sein peripheres Ende ist mit dem Finger (F) verschlossen. Wird der Finger abgehoben, so strömt Wasser aus dem

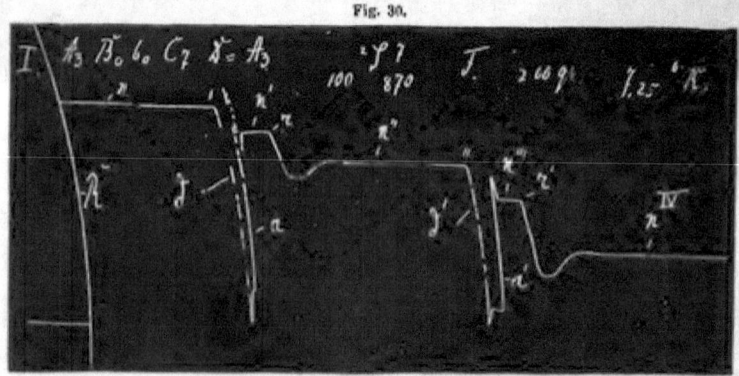

Fig. 30.

Schlauch ab und eine Druckminderung (negative Welle) pflanzt sich vom peripheren Ende zum centralen Ende des Schlauchs fort; der Sphygmograph zeichnet die Descensionslinie d.

Hiermit sind die in § 29 und 30 ausgesprochenen Sätze demonstrirt.

Lässt man nur eine geringe Menge Wasser abfliessen, schliesst man also alsbald das periphere Schlauchende wieder mit dem Finger, so folgt der Descensionslinie *d* alsbald die Ascensionslinie *a*, d. h. auf die Druckminderung folgt eine entsprechende Drucksteigerung (s. Fig. 30). Unterbricht man aber das Abströmen des Wassers nicht, so bleibt die Drucksteigerung aus, und der Descensionslinie *d* folgt keine Ascensionslinie (Fig. 31). — Ferner sieht man aus Fig. 30, dass die Ascensionslinie um so früher der Descensionslinie folgt, je kleiner die aus dem Schlauch abgelassene Flüssigkeitsmenge ist; beim Zeichen (′) wurde nämlich das periphere Schlauchende nur momentan geöffnet, es floss nur eine kleine Quantität Wasser ab; beim Zeichen (″) wurde das periphere Schlauchende abermals geöffnet und etwa zweimal solang offen gelassen als vorher, demnach ist der Abstand der Linien *a*′ und *d*′ erheblich grösser als der Abstand der Linien *a* und *d*.

Hiemit sind die Sätze des § 31 bewiesen.

Fig. 31.

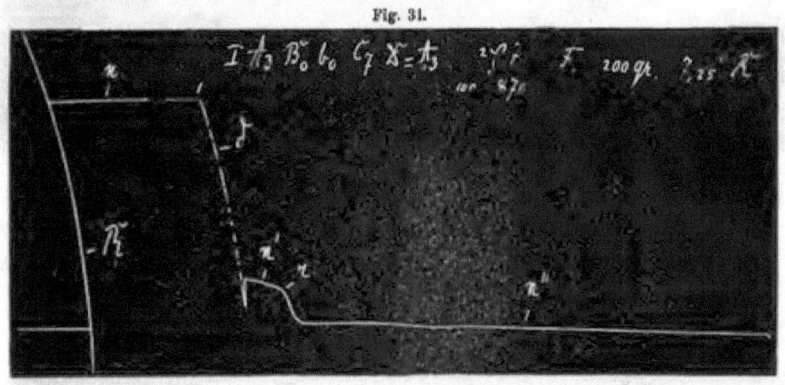

Negative Welle hervorgerufen durch Unterbrechung eines gleichmässigen Flüssigkeitsstroms. § 32. Geht ein gleichmässiger Flüssigkeitsstrom durch einen am peripheren Ende offenen, elastischen Schlauch in centrifugaler Richtung, so wird durch Unterbrechung des Stroms eine negative Welle erregt, welche von der Unterbrechungsstelle gegen das periphere Schlauchende sich fortpflanzt.

Um diesen Satz zu beweisen, muss man vorerst die Frage beantworten, wie sich der Druck in dem elastischen Schlauch verhält, während ein gleichmässiger Flüssigkeitsstrom denselben passirt. Die Antwort findet sich in den Lehrbüchern der Physik und detaillirt in Volkmann's Hämodynamik, nämlich:

Druckverhältnisse im elastischen Schlauch während eines gleichmässigen Flüssigkeitsstroms. § 33. Geht von einem hohen Standgefäss aus unter gleichbleibendem Druck ein gleichmässiger Flüssigkeitsstrom durch einen am peripheren Ende vollständig offenen, elastischen Schlauch, so steht die Schlauchwandung unter positivem Druck, welcher am centralen Schlauchende am höchsten ist, von da gegen die Peripherie allmälig abnimmt und am peripheren Schlauchende selbst den Werth = Null erreicht.

Dieser längst bekannte Satz ist auch mit dem Sphygmographen leicht zu demonstriren. Man braucht das Instrument nur in der Nähe des centralen Schlauchendes aufzusetzen, dann gegen die Mitte und schliesslich an das periphere Ende des Schlauchs zu verschieben und für jede dieser drei Positionen einen gleichmässigen Strom durch den Schlauch zu schicken, dann zeigt sich, dass die den constanten Druck angebende Linie $n'' - n''$ um so tiefer liegt, je näher man dem peripheren Schlauchende kommt. Siehe *Fig. 32—34 incl.*, deren Unter-

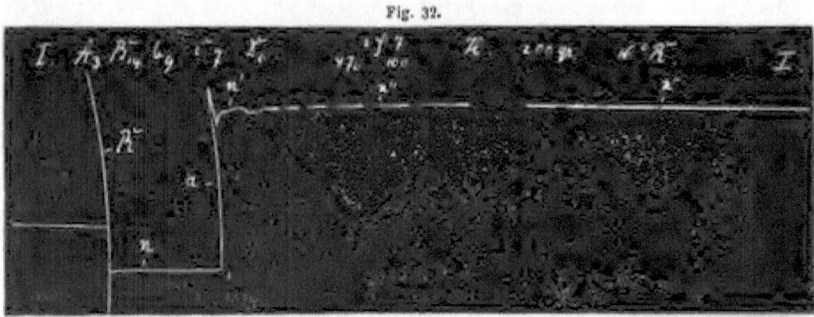
Fig. 32.

schied nur durch die verschiedenen Stellungen des Sphygmographen am Schlauche bedingt ist, da alle übrigen Versuchsbedingungen dieselben blieben. Am peripheren Schlauchende selbst zeichnet der Sphygmograph eine ununterbrochene, horizontale Gerade, die Linie n'' fällt in die Verlängerung der Linie n; d. h. der Druck ist daselbst auch während des Durchströmens der Flüssigkeit gleich Null.

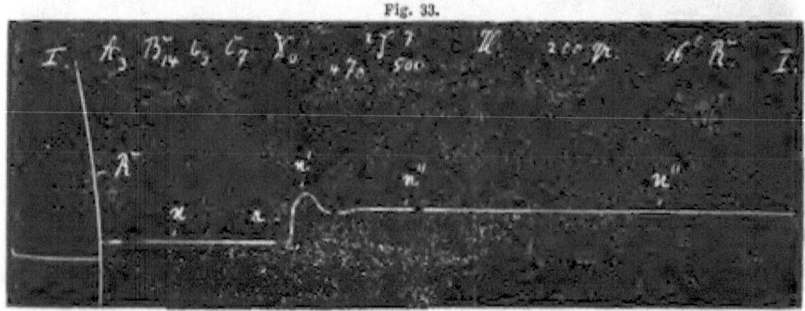
Fig. 33.

Bei Unterbrechung eines gleichmässigen Stroms entsteht eine negative Welle in Folge des Beharrungsvermögens der strömenden Flüssigkeit.

§ 34. Ferner ist klar, dass bei einem centrifugalen, gleichmässigen Flüssigkeitsstrom die centrifugale Bewegung der Flüssigkeit auch dann noch eine gewisse Zeit fortdauert (Beharrungsvermögen), wenn man das Nachrücken neuer Flüssigkeit hindert z. B. durch Verschluss eines Metallhahns am centralen Schlauchende. Geschieht letzteres, so wird hinter der sich centrifugal bewegenden Flüssigkeitssäule die ausgedehnte Schlauchwand einsinken; denn die Schlauchwand steht ja nach § 33 während eines gleichmässigen Stroms unter positivem Druck. Das Einsinken der Schlauchwand ist aber gleichbedeutend mit einer Druckminderung. Auch in diesem Fall geschieht genau, was § 29 zum Zustandekommen einer negativen Welle fordert; es wird nämlich das ausgedehnte centrale Schlauchende durch Entfernung eines Quantums Wasser (die Flüssigkeit bewegt sich in centrifugaler Richtung fort, und neue kann nicht nachrücken, weil der Hahn geschlossen wurde), plötzlich entspannt; somit entsteht am centralen Schlauchende eine Druckminderung oder eine negative Welle. Wäre der Metallhahn statt am centralen Schlauchende in der Mitte des Schlauchs oder an einer beliebigen andern Stelle desselben eingesetzt, so würde im Moment des Hahnschlusses die negative Welle natürlich an dieser neuen Unterbrechungsstelle des gleichmässigen Stroms entstehen.

Somit ist der erste Theil des in § 32 ausgesprochenen Satzes bewiesen.

Fig. 34.

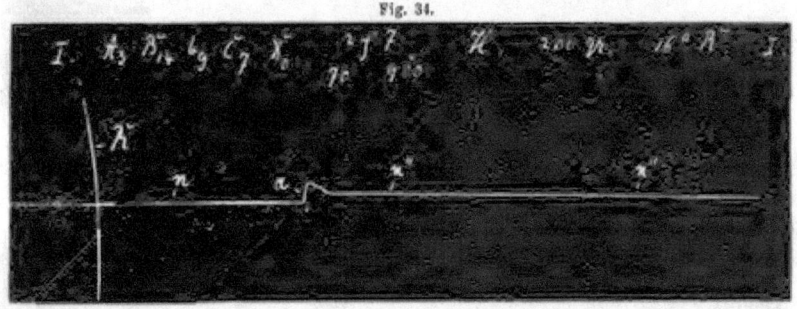

Diese negative Welle verläuft centrifugal. § 35. Zu beweisen ist aber noch, dass die negative Welle, welche bei Unterbrechung eines centrifugalen, gleichmässigen Stroms entsteht, **von der Unterbrechungsstelle nach der Peripherie sich fortpflanzt**, also centrifugal verläuft.

Dieser Beweis ist leicht zu führen: Man befestigt auf den Kautschukschlauch zwei Sphygmographen 600 Cm. von einander entfernt, und lässt sie gleichzeitig zeichnen. Läuft die negative Welle wirklich vom Centrum zur Peripherie, so muss sie an dem Instrument I, welches dem Centrum näher liegt, früher auftreten als an dem (600 Cm.) mehr peripher gelegenen Instrument II. *Fig. 35* zeigt die Curve, welche das Instrument I zeichnet, *Fig. 36* die Curve des Instruments II. In Fig. 35 fällt die fragliche negative Welle mit der 32. Punktgruppe zusammen, in Fig. 36 dagegen mit der 34. Punktgruppe; also kommt die negative Welle beim Instrumente II ungefähr 0,25 Sekunden später an; **folglich bewegt sich die negative Welle in centrifugaler Richtung.**

Nothwendig war die Führung dieses Beweises, weil irrige Ansichten über diesen Gegenstand verbreitet sind. So sagt z. B. Landois in seinem Buch über die Lehre vom Arterienpuls S. 110 Folgendes: „Wenn die Flüssigkeit das elastische Rohr in den höchsten Grad der Ausdehnung versetzt hat und es wird nun plötzlich das Einströmen derselben unterbrochen, so streben die elastischen Wandungen, sich wieder zusammenzuziehen und das Lumen der Röhre wieder zu verengern. Diese der ausdehnenden Kraft der Flüssigkeit entgegengesetzte Bewegung beginnt am offenen Ende der Röhre, weil hier das sofort abfliessende Wasser am allerwenigsten Widerstand bereitet."

Fig. 35.

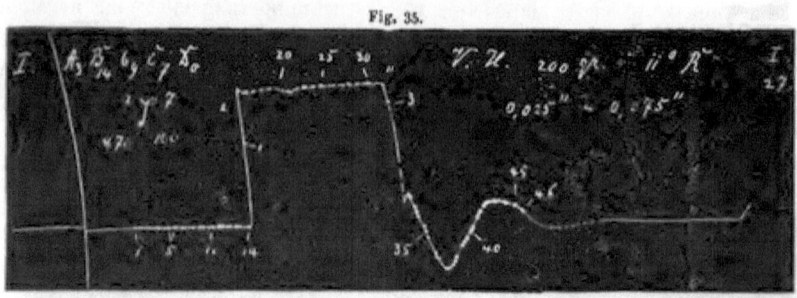

Diese Ansicht ist, wie gesagt, nicht richtig, ebenso die hieran von Landois geknüpfte Erklärung der Entstehung der Rückstosswelle.

Fig. 36.

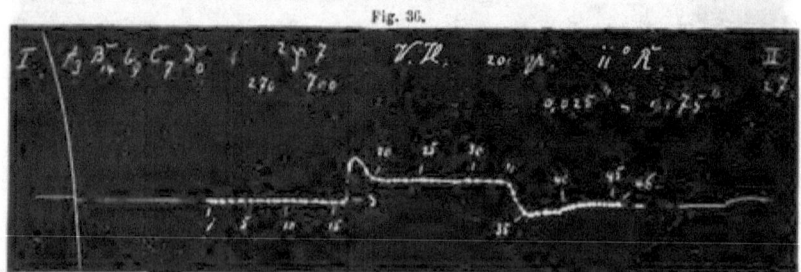

Die bei Unterbrechung eines gleichmässigen Flüssigkeitsstroms entstehende negative Welle ist um so tiefer, je schneller die Flüssigkeit strömt, und umgekehrt.

§ 36. Da nach § 34 das Beharrungsvermögen der strömenden Flüssigkeit Ursache der negativen Welle bei Stromunterbrechung ist, so folgt, dass diese negative Welle um so tiefer sein wird, je schneller die Flüssigkeit im Schlauch sich centrifugal bewegt. Unter sonst gleichen Umständen strömt aber die Flüssigkeit um so rascher durch den Schlauch, je weniger das periphere Ende desselben verengt ist, und umgekehrt, um so langsamer, je enger dasselbe ist. *Fig. 37* wurde bei vollständig offenem Schlauchende gezeichnet (C_1) und zeigt bei dem Zeichen (") eine sehr tiefe Descensionslinie d'; verengt man das periphere Schlauchende auf 2 Mm. (C_2) und dann auf 1,5 Mm ($C_{1,5}$) lichten Durchmesser, so muss die Descensionslinie nach erfolgtem Hahnschluss kürzer, oder mit anderen Worten, die Druckminderung geringer werden. *Fig. 38* und *39* zeigen dies in der That und beweisen, dass schon ein Unterschied von 0,5 Mm. (also $^1/_{14}$ des lichten Durchmessers) in der Weite des peripheren Schlauchendes die Länge der Descensionslinie merklich beeinflusst.

Fig. 37.

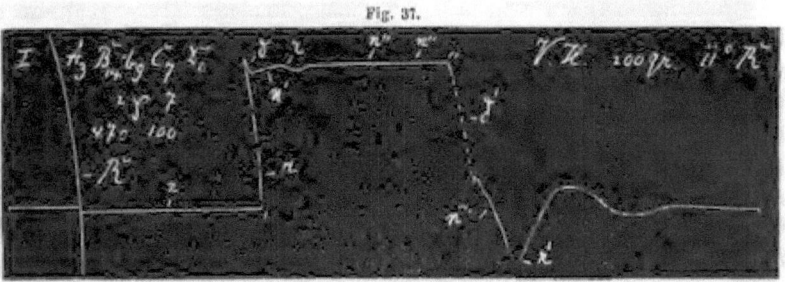

Eine negative Welle bedeutet keineswegs negativen Druck, sondern lediglich Druckabnahme.

§ 37. Die Fig. 38 und 39 zeigen auch, dass trotz der Druckminderung der Druck unter den obwaltenden Versuchsbedingungen immer noch einen positiven Werth behält, dass also eine negative Welle keineswegs negativen Druck, sondern lediglich Druckabnahme bedeutet.

Fig. 38.

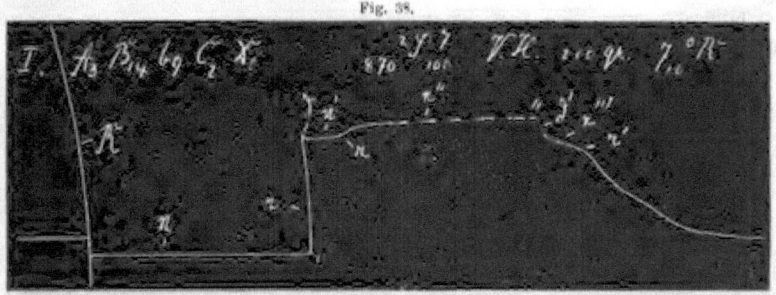

Unterschied zwischen gleichmässigem und ungleichmässigem Strom.

§ 38. In den Paragraphen 32 bis 36 wurde die Unterbrechung eines gleichmässigen Flüssigkeitsstroms und die hierbei auftretende centrifugale negative Welle näher betrachtet. Handelt es sich aber um die Unterbrechung eines **noch nicht gleichmässig** gewordenen Stroms und um den Effect dieser Unterbrechung, so ist zunächst der Unterschied zwischen gleichmässigem und ungleichmässigem Strom festzustellen: Lässt man aus dem Standgefäss der I. Wellenerregungsmethode durch plötzliche Hahndrehung Flüssigkeit in den Schlauch übertreten, dessen Inhalt in Ruhe war, so beginnt offenbar im Moment der Hahndrehung ein vom Standgefäss zum centralen Schlauchende gehender Strom und gleichzeitig pflanzt sich eine positive Welle durch den Schlauch fort. Die Geschwindigkeit dieses Stroms hängt ursprünglich vorzugsweise von der Differenz ab, welche zwischen dem Druck im centralen Schlauchende und dem Druck im Standgefäss existirt; in der Folge aber wird sie auch durch die zunehmenden oder abnehmenden Widerstände beeinflusst, welche die Wellenbewegung auf ihrem Wege durch den Schlauch findet. — Ist der Schlauch überall gleich weit und unendlich lang, so steigt der Druck im centralen Schlauchende allmälig in demselben Verhältniss als die Welle weiter fortschreitet, der Strom wird langsamer und schliesslich, wenn der Druck im centralen Schlauchende ebenso hoch geworden ist wie im Standgefäss (was bei einem unendlich langen, am peripheren Ende offenen Schlauch ebenso eintreten muss wie bei einem endlichen, aber am peripheren Ende geschlossenen Schlauch), wird die Geschwindigkeit des Stroms gleich Null. — Ist der Schlauch nicht unendlich lang, und am peripheren Ende vollständig offen, so findet die Wellenbewegung daselbst plötzlich ein Verschwinden des Widerstands, eine negative Reflexwelle (§ 47) verläuft gegen das Centrum und beschleunigt den vom Standgefäss zum Schlauch gehenden Strom; ist dagegen das periphere Ende des endlichen Schlauchs verengt oder geschlossen, so findet die fortschreitende Wellenbewegung eine plötzliche Widerstandszunahme, eine positive Reflexwelle (§ 46) läuft gegen das Centrum und verlangsamt oder vernichtet den erwähnten centrifugalen Strom. Letzterer ist also in einem endlichen, am peripheren Ende ganz oder theilweise offenen Schlauch erst dann gleichmässig, wenn die fortschreitende Wellenbewegung, welche bei seinem Beginn entstand, erloschen ist. —

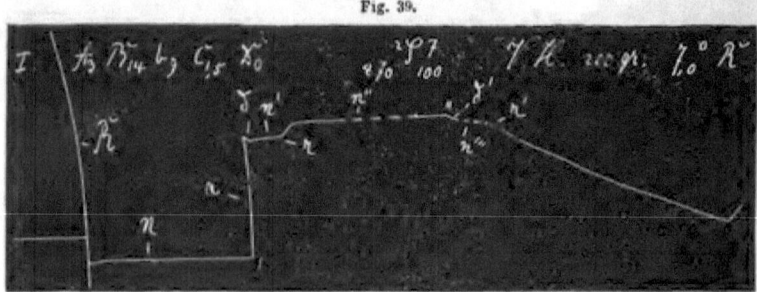

Fig. 39.

Geschwindigkeit eines ungleichmässigen Stroms. § 39. In einem unendlich langen Schlauch ist die Geschwindigkeit des Stroms bei seinem Beginn am grössten und nimmt von da an gleichmässig ab bis Null.

Im endlichen Schlauch verhält sich die Geschwindigkeit des Stroms analog bis zum Eintreffen der Reflexwelle; ist letztere positiv, so wird die Stromgeschwindigkeit plötzlich verkleinert, ist die Reflexwelle aber negativ, so wird die Stromgeschwindigkeit vergrössert.

Negative Welle durch Unterbrechung eines ungleichmässigen Stroms. § 40. Die Unterbrechung eines ungleichmässigen Stroms hat selbstverständlich ebenso nothwendig eine negative centrifugale Welle zur Folge, wie die Unterbrechung eines gleichmässigen Stroms,

und die Tiefe dieser Welle hängt gleichfalls von der Geschwindigkeit ab, welche
der Strom im Moment der Unterbrechung hatte. Nun aber ist die Geschwin-

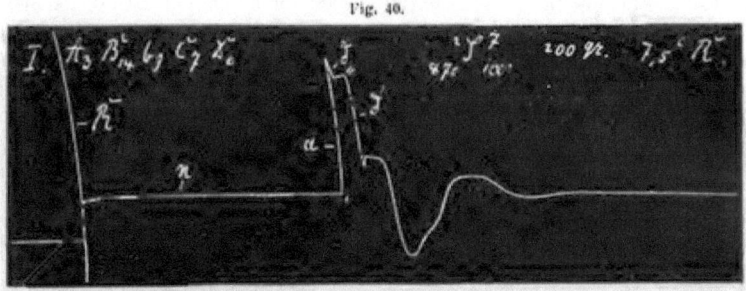

Fig. 40.

digkeit eines ungleichmässigen Stroms variabel, ist am grössten unmittelbar nach
Beginn des Stroms, nimmt von da an ab, wird durch negative Reflexwellen

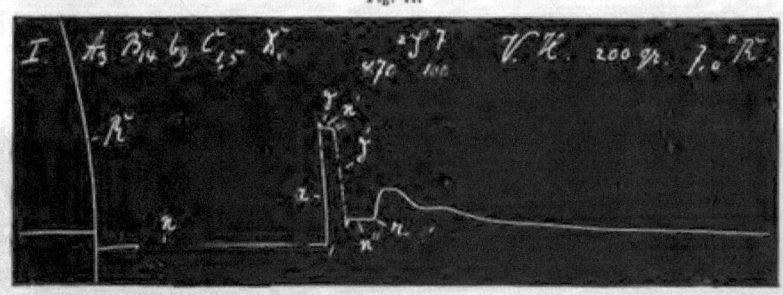

Fig. 41.

vergrössert und durch positive Reflexwellen verkleinert oder sogar aufgehoben
(§ 39); es wird also die Tiefe der fraglichen negativen Welle um so grösser sein,

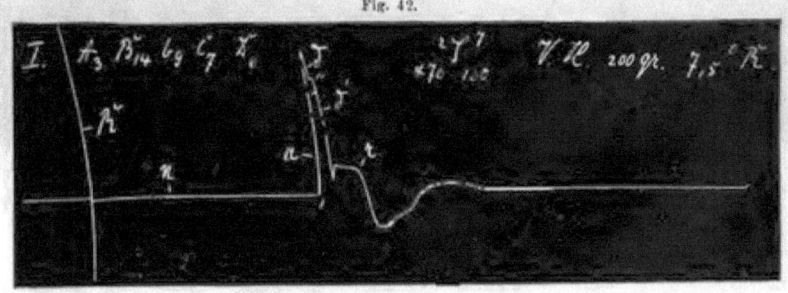

Fig. 42.

je früher nach Beginn des Stroms seine Unterbrechung stattfindet. Aus *Fig. 40*
bis *43* ist dies ersichtlich; die durch Stromunterbrechung entstandene Descen-

sionslinie d' ist um so tiefer, je näher sie an die Ascensionslinie a der primären Welle heranrückt, d. h. je früher nach Beginn des Stroms seine Unterbrechung stattfindet. Diese Curven zeigen auch, dass die Descensionslinie d' verhältnissmässig gross und nahezu der Ascensionslinie der primären positiven Welle an Länge gleich ist.

Fig. 43.

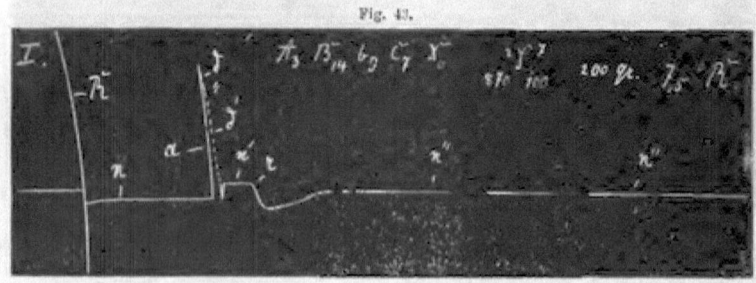

Ferner wird die Tiefe der fraglichen negativen Welle nach obiger Auseinandersetzung von der Weite des peripheren Schlauchendes unabhängig sein, wenn die Stromunterbrechung lange genug vor dem Eintreffen der Reflexwellen erfolgt. *Fig. 44* und *Fig. 45* zeigen dies deutlich. Erstere Curve ist bei ver-

Fig. 44.

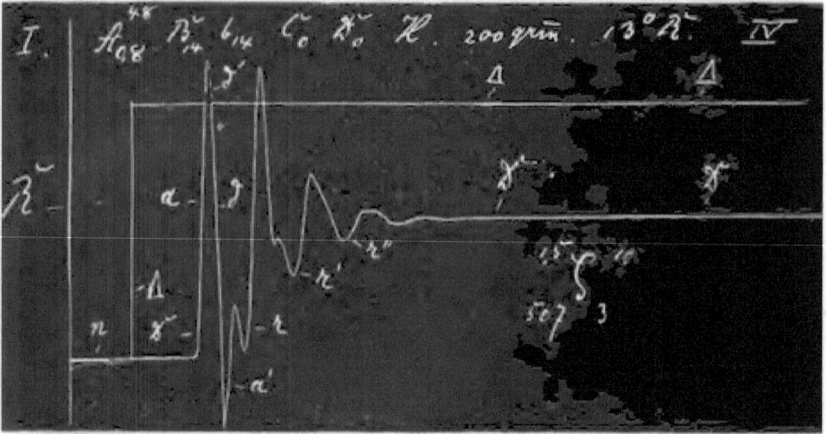

schlossenem (C_o) peripherem Schlauchende gezeichnet, letztere aber bei vollständig offenem (C_{10}) Schlauchende, und doch ist d in beiden Curven gleich tief, weil die Stromunterbrechung lange vor dem Eintreffen der Reflexwellen erfolgte. (Die mit $\varDelta$ bezeichnete Linie der Curven Fig. 44 bis 50 zeigt, wie weit der Schlauch sich ausdehnte, wenn er bei verschlossenem peripherem Ende einige Zeit dem Druck der Wassersäule A_{o}, ausgesetzt war.) *Fig. 46* zeigt die vom offenen peripheren Schlauchende herrührende, negative Reflexwelle r, *Fig. 47* die

vom geschlossenen peripheren Schlauchende herrührende positive Reflexwelle
r. Erfolgt der Hahnschluss erst nach dem Eintreffen der positiven Reflex-

Fig. 45.

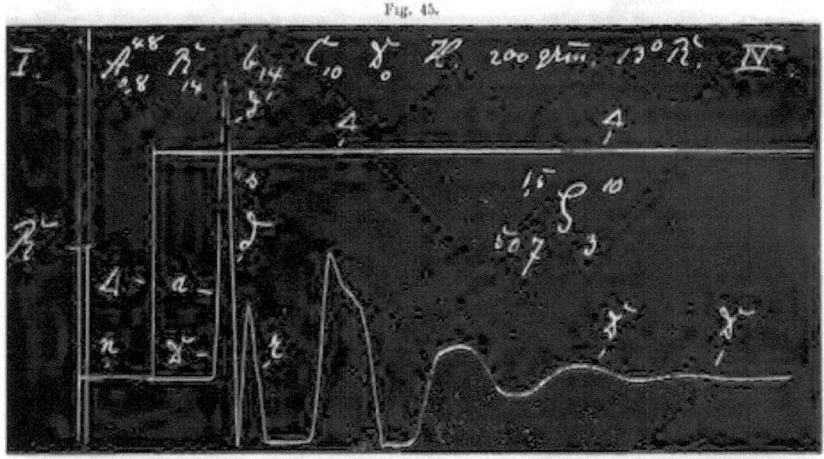

welle *r* (*Fig. 48*), so bewirkt er keine negative Welle mehr, weil um diese
Zeit der centrifugale Strom durch die vom geschlossenen peripheren Schlauch-

Fig. 46.

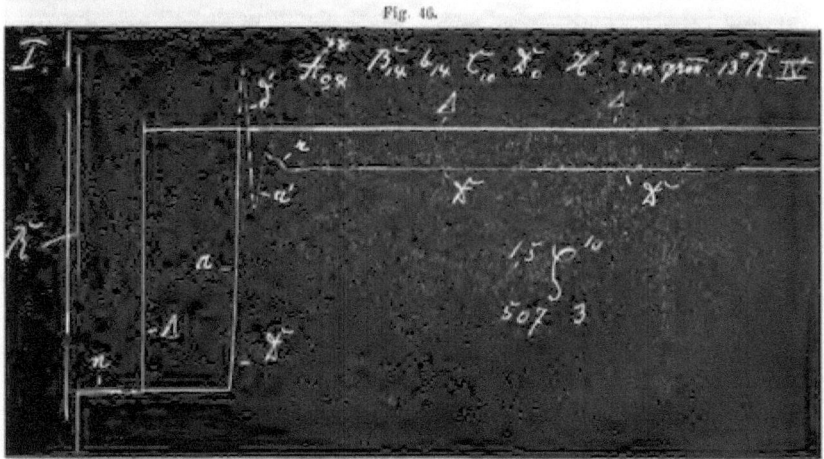

ende kommende, positive Reflexwelle schon vernichtet ist; der Hahnschluss
hat dann vielmehr eine positive Welle (bei *s* Fig. 48) zur Folge, weil er den
um diese Zeit schon vorhandenen, centripetalen Rückstrom (§ 99 *c* und *e*) aufhält. — Erfolgt der Hahnschluss aber kurz vor Ankunft der positiven Reflexwelle, also zu einer Zeit, wo der centrifugale Strom noch vorhanden ist, so
unterbricht er den letzteren und es entsteht eine negative Welle *s Fig. 49*,

welche aber durch die bald darauffolgende, positive Reflexwelle a'' verkleinert wird.

Fig. 47.

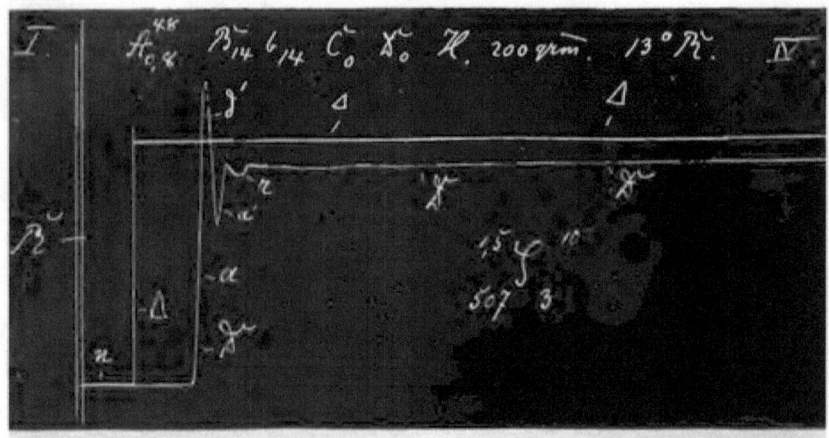

Ist die Reflexwelle aber negativ, so kann sie den centrifugalen Strom nur beschleunigen, seine Unterbrechung durch Hahnschluss ruft daher eine sehr tiefe negative Welle *d Fig. 50* hervor, welche wegen ihrer bedeutenden Tiefe auf der Curventafel nicht mehr vollständig Platz findet. —

Fig. 48.

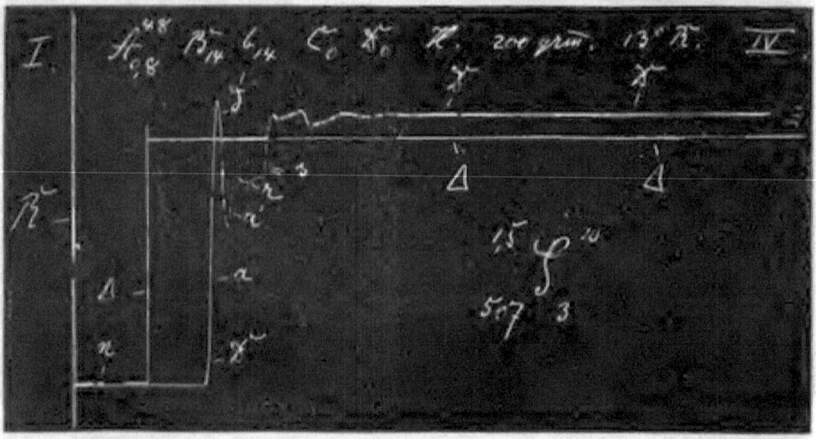

Negative Welle durch Erschöpfen des Flüssigkeitsvorraths; negative Welle durch Nachlass der eintreibenden Kraft.

§ 11. Das Zustandekommen einer negativen Welle bei Unterbrechung eines gleichmässigen Flüssigkeitsstroms hängt nach § 34 von zwei Faktoren ab: 1) vom Beharrungsvermögen der den Schlauch durchströmenden Flüssigkeit, 2) von der Behinderung fernern Zuflusses. Ob nun das fernere Einströmen des Wassers, das Nachrücken neuer Flüssigkeit durch Schliessung eines Hahns oder auf andere Weise verhindert wird, ist selbstverständlich gleichgiltig. Es wird also eine negative Welle auch dann auftreten, wenn das Flüssigkeitsquantum, welches in den Schlauch eingetrieben

Fig. 49.

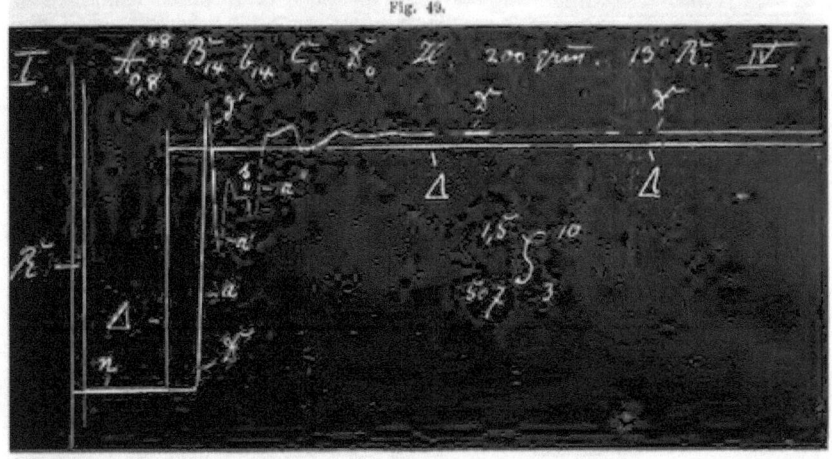

werden kann, plötzlich erschöpft ist, wenn, mit anderen Worten, der Flüssigkeitsvorrath während der Versuchsdauer versiegt, oder wenn, bei genügendem Vorrath, die Kraft, welche die Flüssigkeit in den Schlauch treibt, plötzlich zu wirken aufhört.

Fig. 50.

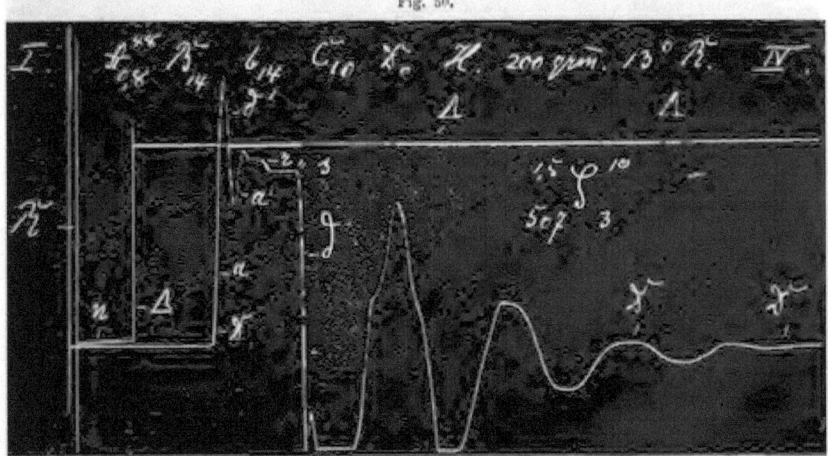

Bei der oben besprochenen, dritten Wellenerregungsmethode findet nun regelmässig nach kurzer Zeit ein Versiegen des Flüssigkeitsvorraths statt; sowie nämlich der Schlauch vollständig comprimirt ist, hört der Zufluss in den nicht comprimirten Schlauchtheil sofort auf; daher folgt in allen Curven, welche nach der dritten Methode gezeichnet sind, auf die Ascensionslinie unmittelbar eine Descensionslinie, oder mit anderen Worten: auf die positive Welle eine negative Welle. Die dritte Wellenerregungsmethode liefert somit complicirtere Curven als die erste Methode, weil sie der primären positiven Welle eine primäre negative Welle folgen lässt. Das in § 27 und § 28 Gesagte erfährt hierdurch eine vollständige Bestätigung.

Bei der zweiten Wellenerregungsmethode wird das Wasser durch die Bewegung des Kolbens in den Schlauch getrieben. Wenn also die Bewegung des Kolbens auf irgend eine Weise plötzlich sistirt wird, oder wenn während der Versuchsdauer der Inhalt des Cylinders erschöpft ist, wird eine negative Welle vom centralen Ende des Schlauchs gegen das periphere verlaufen.

Läuft eine positive Welle centrifugal gegen das vollständig offene, periphere Schlauchende, so entsteht daselbst im Moment der Ankunft der positiven Welle eine negative, centripetal verlaufende Welle. § 42. Wenn in das centrale Ende eines elastischen Schlauchs, dessen peripheres Ende vollständig offen ist, plötzlich Wasser eindringt, so pflanzt sich eine positive Welle vom centralen gegen das periphere Schlauchende fort (§ 16 und 17). Das Ausfliessen des Wassers aus dem peripheren Schlauchende erfolgt aber nicht gleichzeitig mit dem Einströmen desselben in das centrale Ende, sondern erst nach einiger Zeit, und zwar erst dann, wenn die positive Welle am peripheren Ende ankommt (§ 93). Die Ankunft der positiven Welle hat somit für das periphere Schlauchende eine doppelte Bedeutung: 1) sie bringt eine Drucksteigerung mit sich und versetzt also die Wand des peripheren Schlauchendes in Spannung, 2) sie veranlasst das Abfliessen des Wassers aus dem peripheren Schlauchende und wirkt so wieder entspannend auf dasselbe. Wenn aber das periphere Schlauchende durch Abfliessen seines Inhalts entspannt wird, so entsteht daselbst eine negative, gegen das centrale Schlauchende verlaufende Welle (§ 29). — Man hat also am offenen, peripheren Schlauchende eine centrifugal vorrückende, positive Welle und eine centripetal verlaufende, negative Welle. Beide Wellen gehen am peripheren Schlauchende durcheinander durch und gleichen sich daselbst durch Interferenz aus; deshalb beobachtet man am offenen peripheren Schlauchende gar keine Wellenbewegung, obwohl das Wasser daselbst hervorspritzt.

Da diese negative Welle centripetal verläuft, so muss sie nachweisbar werden, wenn man den Sphygmographen vom peripheren gegen das centrale Schlauchende verschiebt. Dies ist in der That der Fall. Die Curven Nr. 8, 12, 20, 24 zeigen bei r diese negative Welle. — Da diese negative Welle am vollständig offenen, peripheren Schlauchende in demselben Moment entsteht, in welchem die positive centrifugale Welle daselbst ankommt, so kann man auch sagen: Jede, gegen das vollständig offene, periphere Schlauchende verlaufende, positive Welle verwandelt sich daselbst in eine negative, in entgegengesetzter Richtung zurückkehrende Welle (Reflexwelle). Im Capitel über die Reflexwellen werden diese Verhältnisse noch einmal zur Sprache kommen.

Bei der fünften Wellenerregungsmethode entsteht im Moment des Abhebens der Leiste eine negative, von der Verschlussstelle centripetal verlaufende Welle.

§ 43. Wenn man nach der oben beschriebenen, fünften Wellenerregungsmethode das centrale Ende eines elastischen, mit Wasser gefüllten Schlauchs mit einem hohen Standgefäss verbindet, den Schlauch an einer Stelle, welche beispielsweise 100 Cm. vom centralen Ende entfernt ist, mittelst einer scharfen Leiste comprimirt, das periphere Schlauchende dagegen offen lässt, so kann beim Oeffnen des Hahns die Flüssigkeit aus dem Standgefäss nur bis an die comprimirende Leiste vordringen, der zwischen Leiste und Standgefäss befindliche (centrale) Schlauchtheil wird unter dem Druck der im Standgefäss befindlichen Wassersäule (beispielsweise A_1) ausgedehnt, während im peripheren Schlauchtheil der Druck gleich Null bleibt. Hebt man nun die Leiste plötzlich ab, so strömt aus dem centralen Theil des Schlauchs die Flüssigkeit plötzlich in den peripheren Theil ab, es pflanzt sich demnach von der Verschlussstelle (wo die Leiste aufgesetzt war) eine positive Welle gegen die Peripherie des Schlauchs fort, gleichzeitig aber entsteht an der Verschlussstelle eine negative, gegen das Centrum verlaufende Welle, eben weil der zuvor gespannte, centrale Schlauchtheil durch das Abheben der Leiste und das hierauf folgende Abströmen der Flüssigkeit plötzlich entspannt wird.

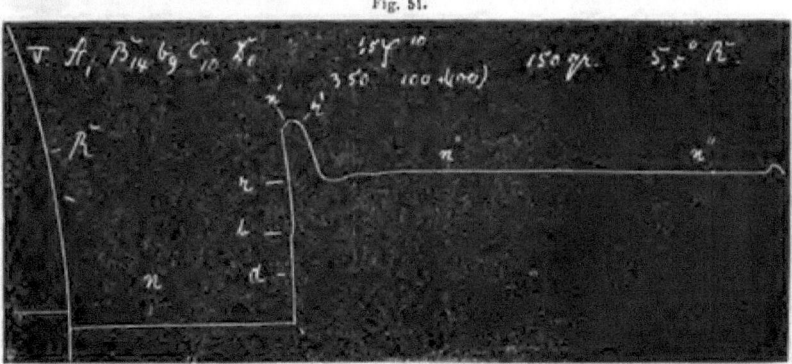

Fig. 51.

Dass diese negative Welle gegen das Standgefäss, also centripetal verläuft, geht schon aus dem Inhalt des § 29 hervor. Sie wird leicht übersehen. Landois z. B., welcher viele Curven nach dieser Methode zeichnete, erwähnt diese negative Welle nicht. — Im Capitel über Reflexwellen wird ihr weiteres Schicksal genauer erörtert werden; es sei nur kurz Folgendes von ihr gesagt: sie läuft von der Verschlussstelle gegen das centrale Schlauchende, findet dasselbe in offener Communication mit dem Standgefäss, wird am centralen Schlauchende in eine positive Reflexwelle umgewandelt, welche gegen das periphere Schlauchende verläuft und somit einige Zeit hinter der primären positiven Welle folgt. — Beide positive Wellen sind also durch einen kleinen Zeitraum von einander getrennt und treten in der Zeichnung (*Fig. 51*) des 100 Cm. von der Verschlussstelle, also 200 Cm. vom Standgefäss entfernten Sphygmographen deutlich hervor; die Ascensionslinie *a* ist durch die primäre positive Welle, die Ascensionslinie *r* durch die erwähnte, später folgende Welle bedingt; der zwischen beiden Wellen liegende Zeitraum ist durch die Einkerbung *b* in der sphygmographischen Curve angedeutet. (Vgl. auch § 102 *b*.) Setzt man dagegen den Sphygmographen auf den centralen, zwischen Verschlussstelle und Standgefäss befindlichen Schlauchtheil, so weist er die oben erwähnte, negative Welle nach, welche im Moment des Abhebens der comprimirenden Leiste an der Verschlussstelle entsteht und gegen das centrale Schlauchende verläuft.

C. Rückstosswellen (reflectirte Wellen oder Reflexwellen).

Positive Wellen verlieren auf ihrem Wege durch einen elastischen Schlauch an Höhe, negative Wellen an Tiefe. § 44. Positive Wellen verlieren auf ihrem Wege durch einen elastischen Schlauch an Höhe, negative Wellen an Tiefe. Siehe *Fig. 52* und *53*; diese Curven sind gleichzeitig gezeichnet; das zweite Instrument hatte die Stellung $_{270}S_{100}$, das erste die Stellung

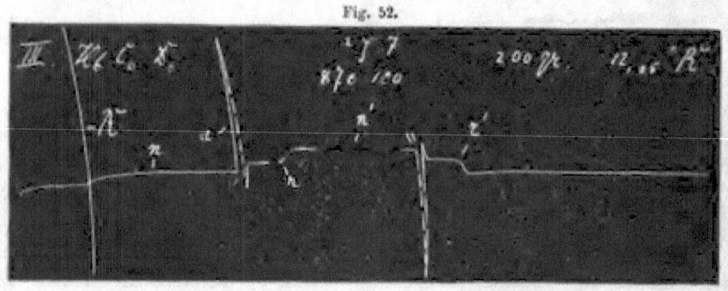

Fig. 52.

$_{870}S_{100}$; das zweite war also 600 Cm. weiter gegen das periphere Schlauchende gerückt als das erste. Schliesslich erlöschen die Wellen ganz, wenn der Schlauch genügend lang ist. Um jedoch eine Welle von der Grösse wie sie Fig. 35 zeigt, erlöschen zu lassen, sind bedeutende Schlauchlängen erforderlich. Es mag hier die Bemerkung genügen, dass die erwähnte Welle noch eine über 2 Mm. grosse Curve zeichnet, nachdem sie 1500 Cm. Schlauch zurückgelegt hat. In dickwandigen Schläuchen erlöschen die Wellen rascher als in dünnwandigen.

C. Rückstosswellen (reflectirte Wellen oder Reflexwellen).

Begriff der Rückstosswellen. § 45. Ist der Schlauch nicht genügend lang, um die Welle erlöschen zu lassen, dann kehrt die Welle am Ende des Schlauches um und durchläuft denselben in entgegengesetzter Richtung. Vom Moment

Fig. 53.

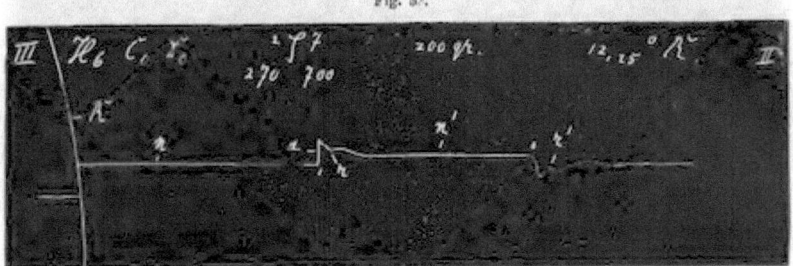

der Umkehr an heisst die Welle **Rückstosswelle, oder reflectirte Welle oder Reflexwelle**. Ist die primäre Welle gross, der Schlauch, welchen sie durchläuft, relativ kurz, so kann die Welle an den Enden des Schlauchs wiederholt zurückgeworfen werden und den Schlauch mehrmals durchlaufen, ehe sie erlischt. In der Curvenzeichnung muss offenbar die Rückstosswelle um so näher an die primäre Welle heranrücken, je näher der Sphygmograph dem reflectirenden Schlauchende gebracht wird.

Am vollständig geschlossenen Schlauchende verwandeln sich die primären Wellen in gleichnamige Reflexwellen. § 46. Ist das Ende eines elastischen Schlauchs vollständig verschlossen, so läuft jede positive Welle, welche daselbst ankommt, als positive Rückstosswelle zurück und jede negative Welle als negative Rückstosswelle.

Fig. 54.

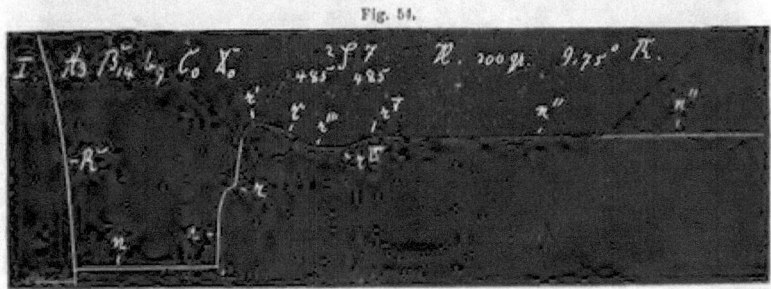

Dies beweisen *Fig.* 54 und 55. Fig. 54 zeigt die primäre positive Welle a, welche vom centralen zum peripheren Ende des Schlauchs läuft; letzteres ist vollständig geschlossen (C_0), die primäre Welle wird daselbst zurückgeworfen und kehrt als positive Rückstosswelle r gegen das centrale Ende des Schlauchs zurück. Fig. 55 zeigt die primäre negative Welle d, welche vom peripheren Schlauchende gegen das verschlossene (B_0 b_0) centrale Schlauchende läuft;

sie wird daselbst zurückgeworfen und kehrt als negative Rückstosswelle *r* zum peripheren Ende des Schlauchs zurück.

Fig. 55.

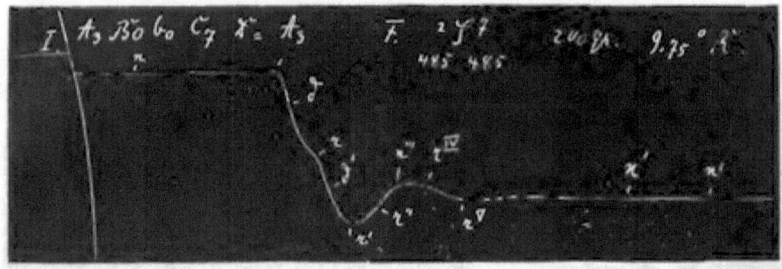

Am vollständig offenen Schlauchende verwandelt sich jede primäre Welle in eine ungleichnamige Reflexwelle.
§ 47. Ist dagegen das Ende eines elastischen Schlauchs vollständig offen, so wird jede positive Welle, welche daselbst ankommt, in eine gleich grosse negative Rückstosswelle verwandelt und jede negative Welle in eine gleich grosse positive Rückstosswelle.

Diese Thatsache, welche die Form der Curven in sehr eingreifender Weise beeinflusst, wurde bisher wenig beachtet und bei Analysirung der sphygmographischen Curven wenig verwerthet; bewiesen wird sie durch die *Fig.* 56 und 57. — Fig. 56 wurde unter denselben Versuchsbedingungen gezeichnet wie

Fig. 56.

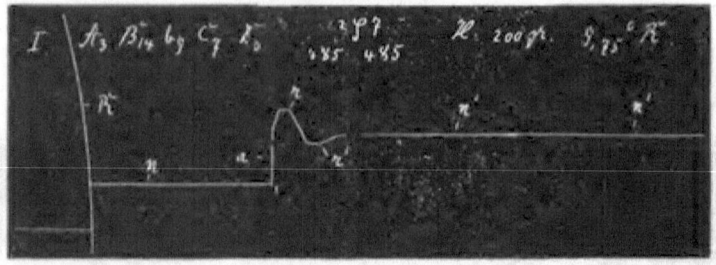

Fig. 54, nur war das periphere Schlauchende nicht geschlossen, sondern vollständig offen (C_7). Die primäre positive Welle *a* wird an dem offenen peripheren Ende in eine negative Rückstosswelle *r* verwandelt und es erscheint demnach in Fig. 56 eine Descensionslinie bei *r*. — Fig. 57 andererseits ist unter denselben Bedingungen gezeichnet wie Fig. 55, nur war das centrale Schlauchende, welches in das Standgefäss einmündet, nicht geschlossen, sondern vollständig offen (B_{14} b_9); nun wird die primäre negative Welle *d*, welche vom peripheren Schlauchende gegen das offene centrale Schlauchende läuft, in eine positive Rückstosswelle daselbst verwandelt, und erscheint in der Zeichnung (Fig. 57) bei *r* als Ascensionslinie.

C. Rückstosswellen (reflectirte Wellen oder Reflexwellen).

Am unvollständig geöffneten Schlauchende verwandelt sich jede primäre Welle in zwei, unter sich ungleichnamige miteinander in gleicher Richtung verlaufende Reflexwellen.

§ 48. Ist das Schlauchende nicht vollständig geöffnet, d. h. hat dasselbe ein kleineres Lumen als der Schlauch, so wird jede primäre positive Welle zum Theil in eine positive und zum Theil in eine negative Reflexwelle verwandelt. Diese beiden Reflexwellen entstehen gleichzeitig, und laufen gleichzeitig in derselben Richtung durch den Schlauch. Von dem Grade der Verengung des Schlauchendes hängt es ab, ob die positive oder die negative Reflexwelle grösser ist: je enger das Schlauchende, desto grösser die positive Reflexwelle.

Fig. 57.

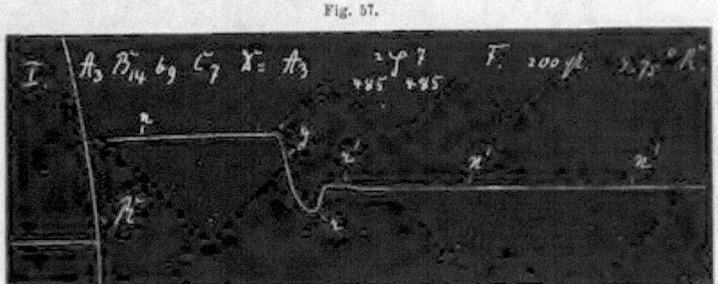

Das Gleiche gilt von jeder primären negativen Welle; auch sie wird an dem unvollständig geöffneten Schlauchende zum Theil in eine positive und zum Theil in eine negative Reflexwelle verwandelt; doch ist in diesem Fall die positive Reflexwelle um so grösser, je weiter das reflectirende Schlauchende. Alle diese Sätze folgen unmittelbar aus § 46 und 47; da aber die beiden ungleichmässigen Reflexwellen in gleicher Richtung miteinander verlaufen und sich demzufolge nach den Gesetzen der Welleninterferenz verändern, so kommt auf den Curven nicht jede Welle einzeln zum Vorschein, sondern nur ihr Interferenzprodukt, welches später (§ 71 und 72) an den Curven demonstrirt werden soll.

Gleichnamige Reflexwelle, an der Verbindungsstelle zweier Schläuche entstanden.

§ 49. Die in § 47 und 48 entwickelten Sätze haben zur Voraussetzung, dass das Wasser aus dem vollständig oder theilweise geöffneten Schlauchende frei abfliessen kann. Ganz anders aber gestaltet sich die Sache, wenn das offene periphere Schlauchende mit einer anderen, gleichfalls mit Wasser gefüllten Röhre verbunden ist: Wird an's periphere Ende des ersten Schlauchs ein zweiter Schlauch angesetzt, indem man beide über ein möglichst kurzes Metallrohr (dessen Länge 2 Cm. und dessen Durchmesser dem des engeren Schlauchs gleich ist) stülpt, werden beide Schläuche mit Wasser gefüllt und eine Welle p vom ersten Schlauch zum zweiten geschickt, so reflectirt die Verbindungsstelle einen Theil p' der primären Welle p gleichnamig, wenn bei gleicher Dehnbarkeit des Schlauchs der Querschnitt des zweiten Schlauchs kleiner ist als der des ersten, oder wenn bei gleichen Querschnitten die Dehnbarkeit des zweiten Schlauchs geringer ist als die des ersten. p' verläuft dann als Reflexwelle ϱ' centripetal, der Rest p'' der primären Welle p läuft an's periphere Ende des zweiten Schlauchs und wird daselbst nach den oben (§ 44—48) entwickelten Sätzen als Reflexwelle ϱ'' zurückgeworfen. Beweis: Hat der erste Schlauch 10 Mm.

Fig. 58.

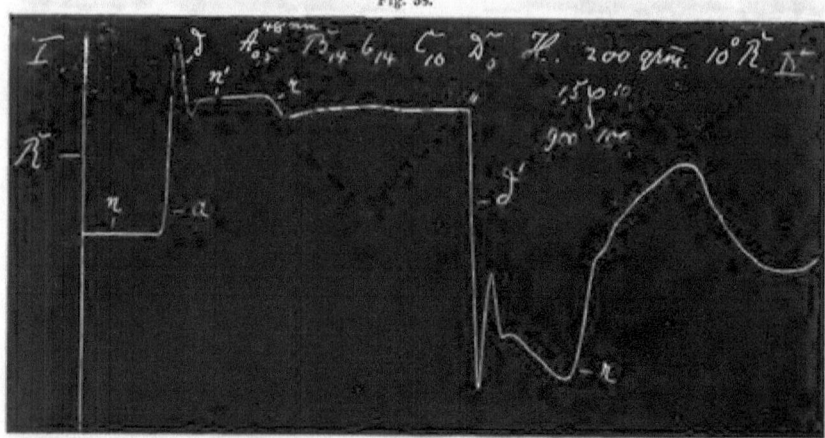

Weite, 1,5 Mm. Wanddicke, 10 Meter Länge, und trägt er den Sphygmographen in der Stellung $_{100}S_{100}$, so erhält man bei vollständig offenem (C_{10}) peripherem Schlauchende *Fig. 58*, wenn man aus dem Standgefäss der I.

Fig. 59.

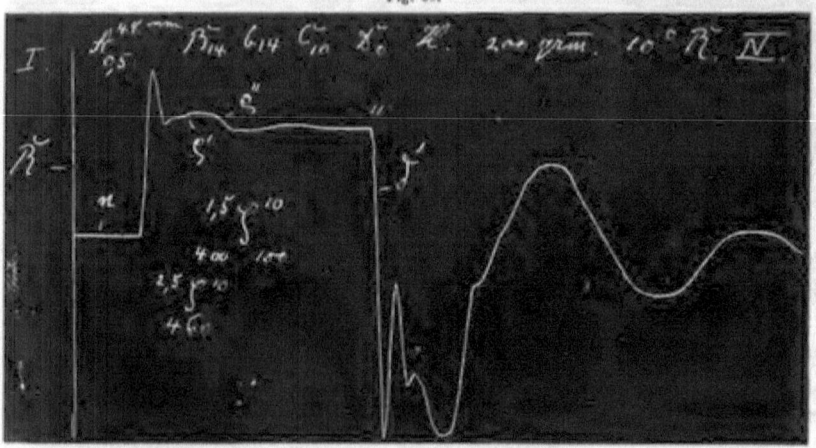

Wellenerregungsmethode plötzlich Wasser einströmen lässt und nach einiger Zeit beim Zeichen'' den Strom unterbricht. a ist die Ascensionslinie der primären positiven Welle, welche am offenen Schlauchende vollständig ungleichnamig reflectirt wird und als negative Reflexwelle *r* centripetal verläuft. *d'* ist die Descensionslinie der primären negativen Welle, welche am offenen Schlauchende vollständig ungleichnamig reflectirt wird und als positive Reflexwelle *r* centripetal verläuft. Schneidet man nun vom ersten Schlauch ein 5 Meter langes Stück ab und ersetzt es durch einen anderen, 4,6 Meter langen Schlauch, welcher ebenfalls 10 Mm. weit ist, aber 2,5 Mm. Wanddicke und eine geringere Dehnbarkeit hat, so erhält man *Fig. 59*. In dieser Curve schiebt sich zwischen die primäre positive Welle und die Reflexwelle *r* (Fig. 58) eine positive Welle ϱ' ein, sie rührt von dem oben erwähnten, an der Verbindungsstelle reflectirten Theil p' der primären Welle her; an die Stelle von *r* tritt die negative Welle ϱ''; sie rührt von dem Rest p'' der primären Welle her, welcher am offenen peripheren Ende des zweiten Schlauchs ungleichnamig reflectirt wird. Benutzt man als zweiten Schlauch einen 5 m. langen aber nur 5 Mm weiten Schlauch, so erhält man *Fig. 60*, in welcher ϱ' ϱ'' dieselbe Bedeutung haben wie in Fig. 59.

Fig. 60.

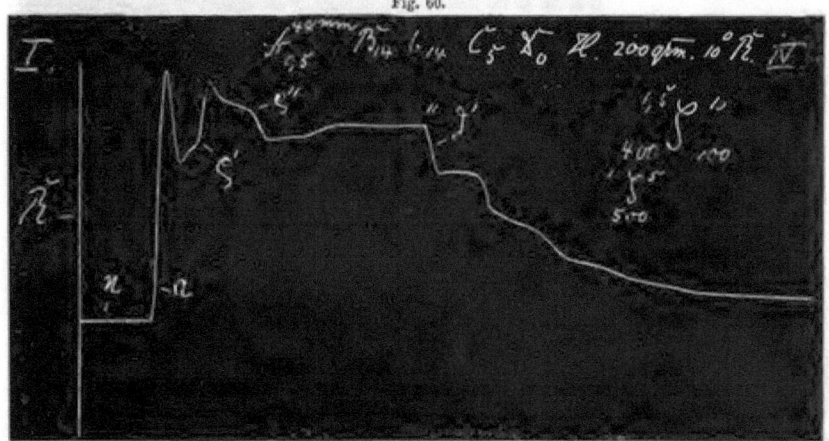

Ungleichnamige Reflexwelle, an der Verbindungsstelle zweier Schläuche entstanden.

§ 50. Ist dagegen der zweite Schlauch bei gleicher Dehnbarkeit weiter, oder bei gleicher Weite dehnbarer als der erste, so tritt die primäre Welle *p* vollständig in den zweiten Schlauch über, erregt aber an der Verbindungsstelle eine ungleichnamige Reflexwelle ϱ, welche um so grösser ist, je mehr der zweite Schlauch den ersten an Weite und Dehnbarkeit übertrifft. Um dies zu beweisen, wird der Sphygmograph auf einen 5 Meter langen, 5 Mm. weiten Schlauch aufgesetzt in der Stellung $_{100}S_{1,05}$ und an denselben ein zweiter, 5 Meter langer, 10 Mm. weiter Schlauch angesetzt. Man erhält *Fig. 61*, in welcher ϱ die an der Verbindungsstelle erregte ungleichmässige Reflexwelle bedeutet und *r* die am peripheren Ende des zweiten Schlauches ungleichnamige Reflexwelle der Welle *p*. Setzt man aber den Sphygmographen auf den 10 Mm. weiten, 4,6 Meter langen, 2,5 Mm. dicken Schlauch, der sich in einen 5 Meter langen, 10 Mm. weiten, aber nur

Fig. 61.

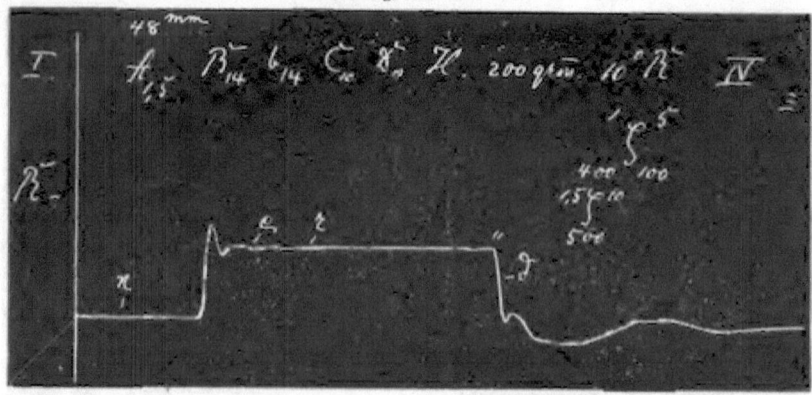

1,5 Mm. dicken und dehnbareren Schlauch fortsetzt, so erhält man *Fig. 62*, in welcher die Buchstaben ϱ und r dieselbe Bedeutung haben wie in Fig. 61. Hiemit ist obiger Satz bewiesen.

Fig. 62.

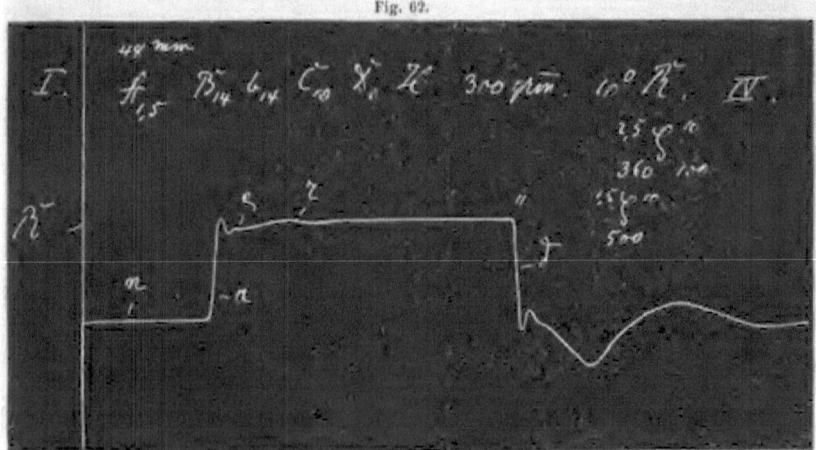

Wird der zweite Schlauch unendlich weit und unendlich dehnbar, so kann das Wasser an der Verbindungsstelle frei abfliessen und man hat wieder die Versuchsanordnung des § 47, bei welcher die primäre Welle vollständig ungleichnamig reflectirt wird.

Die Länge des zweiten Schlauchs hat auf die Grösse von ϱ'' keinen Einfluss. r und ϱ'' folgen selbstverständlich um so später nach ϱ und ϱ', je länger und je dehnbarer der zweite Schlauch ist, und umgekehrt. r und ϱ''

sind ferner bei ihrer Ankunft am Sphygmographen um so kleiner, je länger und je weniger dehnbar der zweite Schlauch ist; denn eine Welle verliert um so mehr an Grösse, je länger der Weg ist, den sie zurücklegt, und je grösser die Widerstände sind, welche sie auf diesem Wege findet (§ 44).

Beziehung der Inhaltsdifferenz eines Schlauchs zu seiner reflectirenden Wirkung. **§ 51.** Aus § 48 und 49 folgt, dass die Wirkung der Durchmesser-Differenz zweier Schläuche durch eine entsprechende Differenz ihrer Dehnbarkeit vermindert, oder vollständig ausgeglichen, oder auch vergrössert werden kann; es ist also möglich, dass ein Schlauch von geringerem Durchmesser nicht gleichnamig reflectirend auf die Welle wirkt, wenn er entsprechend dehnbarer ist, und umgekehrt kann ein weiterer Schlauch deshalb nicht ungleichnamig reflectirend wirken, weil er entsprechend dickwandiger und weniger dehnbar ist. Es fragt sich nun, in welchem Verhältniss beide Wirkungen, nämlich die Wirkung des Durchmessers und die Wirkung der Dehnbarkeit eines Schlauchs zu einander stehen und auf welche Weise das Resultat dieser Wirkungen vorausbestimmt werden könne. Für diese Frage lässt sich leicht eine allgemein giltige Antwort finden. Werden nämlich zwei gleich lange, aber verschieden weite und verschieden dehnbare Schläuche erst bei Null-Druck und dann unter einem beliebig höheren Druck mit Wasser gefüllt, so wirkt derjenige Schlauch, welcher bei dem höheren Druck weniger Flüssigkeit neu aufnehmen kann, gleichnamig reflectirend auf die unter diesem höheren Druck entstehende, beide Schläuche durchlaufende Welle. Bezeichnet also v die Wasserquantität, welche eine beliebige Längeneinheit des Schlauchs unter dem Druck $D = 0$ aufnimmt, und V_x die Wasserquantität, welche dieselbe Längeneinheit des Schlauchs unter dem Druck $D = x$ aufnimmt, so ist die Inhaltsdifferenz $V_x - v$ massgebend und es zeigt sich, dass derjenige von zwei miteinander verbundenen Schläuchen, welcher die kleinere Inhaltsdifferenz aufweist, gleichnamig reflectirend wirkt, und umgekehrt derjenige, welcher die grössere Inhaltsdifferenz aufweist, ungleichnamig reflectirend. Daraus darf der Schluss gezogen werden: Haben zwei miteinander verbundene, gleich lange, verschieden weite und verschieden dehnbare Schläuche für einen bestimmten Druck gleiche Inhaltsdifferenz, so wird die unter diesem Druck entstandene Welle an der Verbindungsstelle beider Schläuche nicht reflectirt. Kann z. B. ein Meter des

Schlauches A bei $D = 0$ . . . . . 100 Cc. aufnehmen
und bei $D = x$ . . . . . 110 Cc.
und Schlauch B bei $D = 0$ . . . 20 Cc.
bei $D = x$ . . . 30 Cc.

so ist für beide $V_x - v = 10$ Cc. und eine in ihnen verlaufende, unter dem Druck einer x Meter hohen Wassersäule entstandene Welle wird an ihrer Verbindungsstelle nicht reflectirt. Offenbar hat Schlauch A einen grösseren

Durchmesser als B; dafür aber hat B eine entsprechend grössere Dehnbarkeit, da die Dehnbarkeit $\dfrac{V_p - v}{v}$ ist.

A hat die Dehnbarkeit $\dfrac{110 - 100}{100} = 0{,}1$

B dagegen die Dehnbarkeit $\dfrac{30 - 20}{20} = 0{,}5$

Selbstverständlich wirkt ein Schlauch um so bedeutender gleichnamig reflectirend, je kleiner seine Inhaltsdifferenz für bestimmte Druckwerthe ist, und demnach wirkt eine starre, mit Wasser gefüllte Röhre, z. B. eine Glasröhre, deren Dehnbarkeit eine minimale und deren Inhaltsdifferenz für bestimmte Druckhöhen eine sehr kleine ist, verhältnissmässig am bedeutendsten gleichnamig reflectirend; dabei ist es gleichgiltig, ob die starre Röhre weiter oder enger ist als der Schlauch, denn unter gewöhnlichen Verhältnissen hat eine enge, starre Röhre dieselbe minimale Inhaltsdifferenz wie eine weite, starre Röhre.

Reflectirende Wirkung einer starren, mit Wasser gefüllten Röhre. § 52. Nach dem soeben Gesagten lässt sich die reflectirende Wirkung einer starren, mit Wasser gefüllten und an's periphere Ende eines Schlauches angesetzten Röhre leicht bestimmen: Läuft eine Welle p durch den Schlauch gegen die starre Röhre, so wird ein verhältnissmässig grosser Theil p' dieser Welle an der Verbindungsstelle gleichnamig reflectirt und läuft als Reflexwelle ϱ' centripetal. Der Rest p'' der primären Welle läuft an's offene, periphere Ende der starren Röhre und wird daselbst ungleichnamig als Reflexwelle ϱ'' zurückgeworfen. Man hat also eine gleichnamige Reflexwelle ϱ' und eine ungleichnamige ϱ''. Die Geschwindigkeit der Wellen p'' und ϱ'' ist aber in der starren Röhre eine ausserordentlich grosse, und demnach wird die ungleichnamig reflectirte Welle ϱ'' nahezu gleichzeitig mit ϱ' centripetal verlaufen, mag die starre Röhre lang oder kurz sein. Da aber der zum peripheren Ende der starren Röhre verlaufende Wellenrest p'' um so mehr an seiner Grösse verliert, je länger und je enger diese Röhre ist, so wird auch die aus ihm hervorgehende ungleichnamige Reflexwelle ϱ'' um so kleiner sein, je länger und je enger die starre Röhre ist, und demnach wird die Reflexwelle ϱ' um so weniger durch Interferenz von der Reflexwelle ϱ'' verändert werden, je länger und je enger die starre Röhre ist. Wird die starre Röhre unendlich eng oder unendlich lang, so wirkt sie ebenso wie ein vollständiger Verschluss des peripheren Schlauchendes, d. h. die ungleichnamige Welle ϱ'' verschwindet. Wird dagegen die starre Röhre unendlich weit und unendlich kurz, so wirkt sie ebenso wie ein vollständig offenes peripheres Schlauchende, d. h. die gleichnamige Reflexwelle ϱ' verschwindet und die ungleichnamige ϱ'' ist ebenso gross wie Reflexwelle r. In allen zwischen diesen Grenzen liegenden Fällen treten ebenso wie beim unvollständigen Verschluss des peripheren Schlauchendes zwei mit einander centripetal verlaufende Reflexwellen auf, eine gleichnamige und eine ungleichnamige, und demnach lässt sich die reflectirende Wirkung einer mit Wasser gefüllten, starren Röhre gleich setzen einer Verengung des peripheren Schlauchendes. Der Beweis folgt aus *Fig. 63*, welche bei vollständig offenem peripherem Schlauchende

Fig. 63.

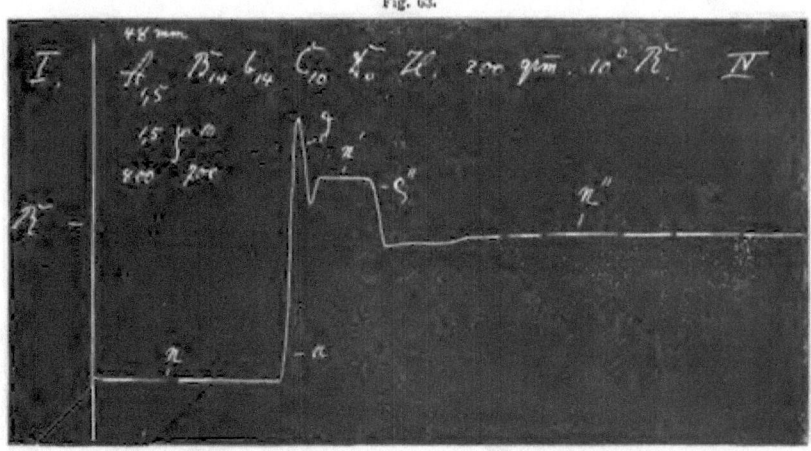

gezeichnet ist und nur eine ungleichnamige Reflexwelle $\varrho'' = r$ aufweist, aus *Fig. 64*, welche bei vollständig geschlossenem peripherem Schlauchende ge-

Fig. 64.

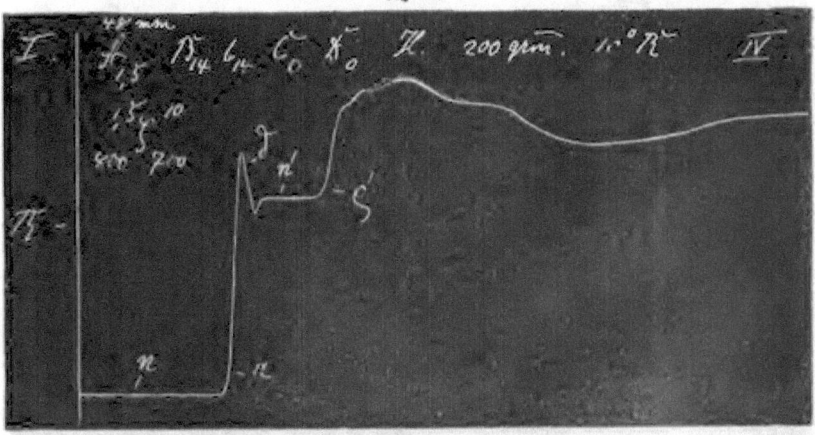

zeichnet ist und nur eine gleichnamige Reflexwelle $\varrho' = r$ aufweist; aus *Fig. 65*, welche beim Vorhandensein einer 50 Cm. langen, 10 Mm. weiten Glasröhre gezeichnet ist und zeigt, dass die Reflexwelle ϱ'' schon etwas verkleinert ist durch die Reflexwelle ϱ', aus *Fig. 66, 67* und *68*, welche zeigen, dass die gleichnamige Reflexwelle ϱ' um so grösser wird auf Kosten der ungleichnamigen ϱ'', je länger die an's periphere Schlauchende angesetzte, starre Röhre ist. Letztere war 100 Cm. lang und 10 Mm. weit für Fig. 66, 300 Cm. lang und 10 Mm. weit für Fig. 67 und 500 Cm. lang und 10 Mm. weit für Fig. 68.

Fig. 65.

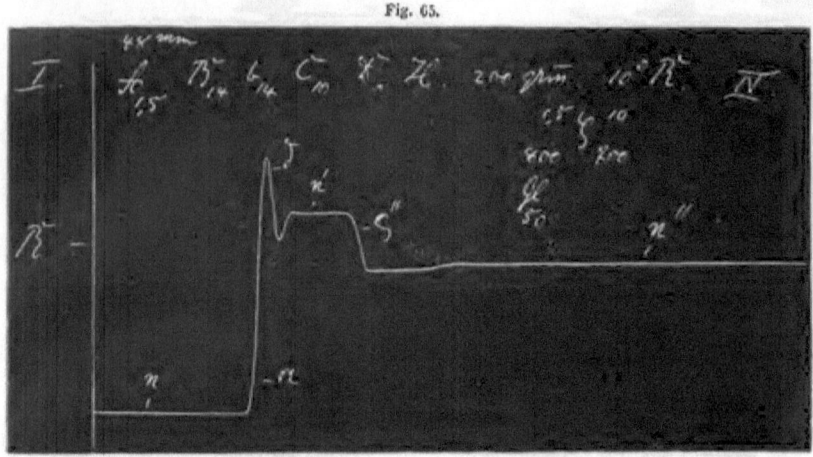

Bei Benützung von Ansatzröhren und beim Eintritt von Wellen in's Standgefäss der ersten Wellenerregungsmethode sind diese Verhältnisse zu berücksichtigen und kommen daher in § 69 bei Betrachtung der Interferenzerscheinungen nochmals zur Sprache.

Fig. 66.

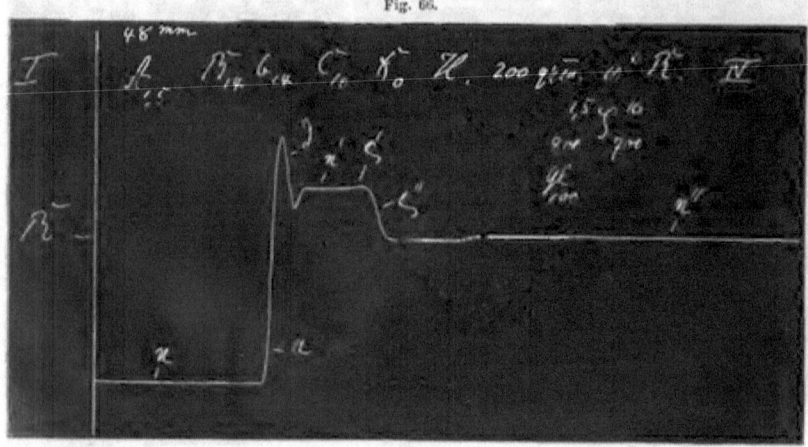

Reflectirende Wirkung mehrerer starren Röhren.

§ 53. Die reflectirende Wirkung mehrerer starren Röhren, welche an's periphere Ende eines Schlauchs angesetzt sind, folgt denselben Regeln wie die einer einzigen starren Röhre nur müssen in diesem Fall die Summe der Querschnitte der einzelnen Röhren und die Summe der Längen der einzelnen Röhren in Betracht gezogen werden.

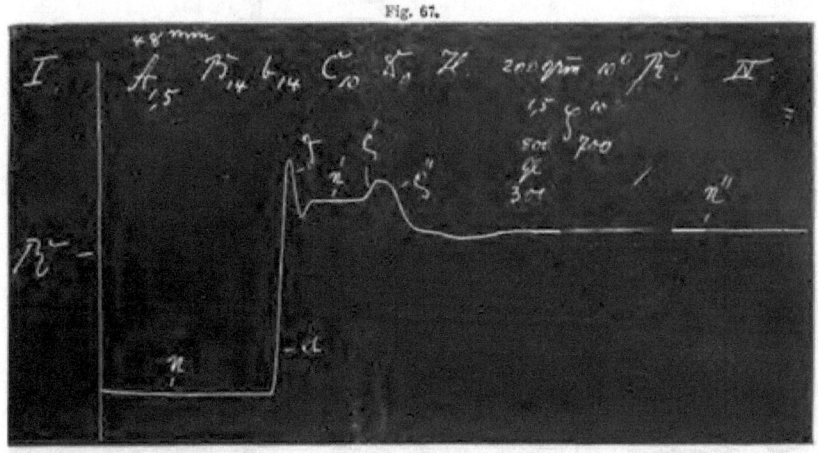

Fig. 67.

Reflectirende Wirkung mehrerer elastischen Schläuche.

§ 54. Werden mehrere elastische Schläuche an's periphere Ende eines Schlauches angesetzt, so ist für ihre reflectirende Wirkung die Inhaltsdifferenz sämmtlicher angesetzten Schläuche massgebend. Will man also die reflectirende Wirkung eines verzweigten Gefässsystems bestimmen, so muss für die Längeneinheit dieses Systems und für die in Frage

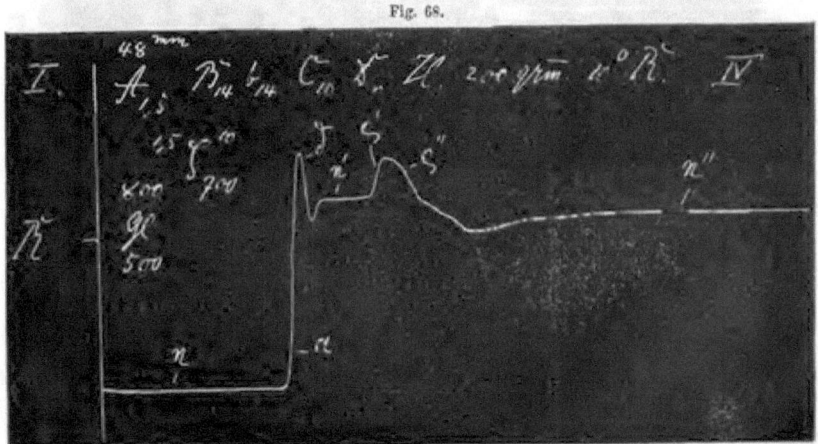

Fig. 68.

kommenden Druckwerthe die Inhaltsdifferenz bestimmt werden. Ist diese Inhaltsdifferenz kleiner, als die derselben Längeneinheit eines ungetheilten Ge-

34 I. Physikalischer Theil.

fässes, so wirkt das System in Verbindung mit dem einfachen Gefäss gleichnamig reflectirend, und umgekehrt.

Je kleiner die Entfernung des Sphygmographen vom reflectirenden Schlauchende, desto kleiner die Distanz zwischen primärer Welle und Reflexwelle in der Zeichnung. § 55. Erwähnt wurde bereits (§ 45), dass die Rückstosswellen in der Curvenzeichnung um so näher an die primäre Welle heranrücken, je kleiner die Entfernung des Sphygmographen vom reflectirenden Schlauchende ist. Den Beweis

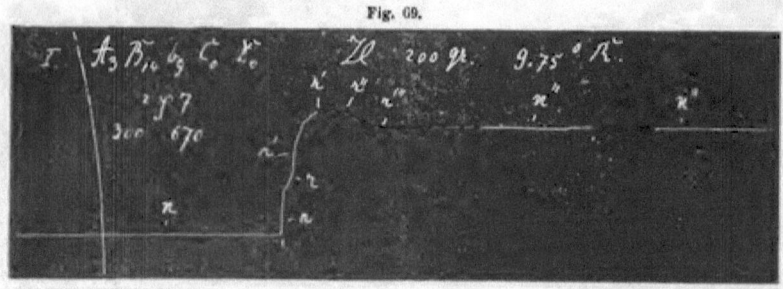
Fig. 69.

hiefür liefern die Fig. 54 und 56 und die Fig. 69 und 70. Bei Herstellung der Fig. 54 und 56 war diese Entfernung 485 Cm.; bei Herstellung der Fig. 69 und 70 dagegen 300 Cm. Man sieht, dass der Zeitraum zwischen primärer Welle a und Rückstosswelle r in der Fig. 69 und 70 kleiner ist als in Fig. 54 und 56.

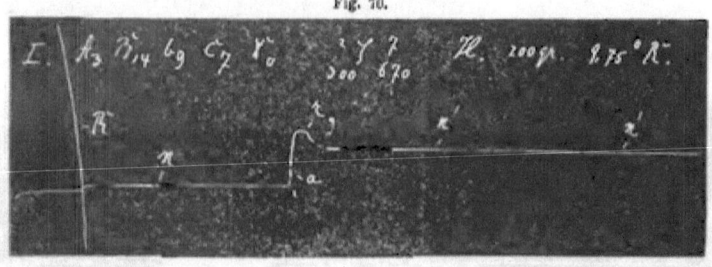
Fig. 70.

Sätze über Rückstosswellen, aus § 46 und 47 abgeleitet. § 56. Aus § 46 und 47 folgen noch nachstehende Sätze über Rückstosswellen:

a. Ist der Schlauch, durch welchen eine positive Welle (p+) läuft, an beiden Enden vollständig geschlossen, so folgen 1) auf die primäre positive Welle nur positive Reflexwellen (r+) und zwar eine erste, zweite, dritte u.s.w. bis zum Erlöschen derselben; 2) auf eine negative primäre Welle (p−) nur negative Reflexwellen (r−).

Bezeichnet man mit PE(+) das geschlossene periphere Schlauchende und mit CE(+) das geschlossene centrale Schlauchende, mit PE(−) und CE(−) dagegen das offene periphere und centrale Schlauchende, und gibt man mit

C. Rückstosswellen (reflectirte Wellen oder Reflexwellen). 55

einem Pfeile die Richtung der primären Welle (p) an, so entstehen übersichtliche Formeln für das Verhalten der Rückstosswellen, von welchen die erste mit r′, die zweite mit r″ u. s. w. ausgedrückt ist.

Für obigen Satz ergibt sich folgende Formel:

$$
\begin{array}{ccc}
& \leftarrow \\
PE(+) & p\,+ & CE(+) \\
r'\,+ & & r''\,+ \\
r'''\,+ & & r^{IV}\,+ \\
& \leftarrow \\
& p\,- & \\
r'\,- & & r''\,- \\
r'''\,- & & r^{IV}\,-
\end{array}
$$

Hiebei muss an § 17 und 30 und die daselbst ausgesprochene Auffassung der Begriffe positiver und negativer Wellen erinnert werden. Nach dieser Auffassung ist in den sphygmographischen Zeichnungen eine positive Welle lediglich durch eine Ascensionslinie ausgedrückt ohne darauffolgende Descensionslinie und andererseits eine negative Welle lediglich durch eine Descensionslinie ohne darauffolgende Ascensionslinie.

b. Ist der Schlauch an beiden Enden vollständig offen und 1) die primäre Welle positiv, so ist die erste Reflexwelle negativ, die zweite positiv, die dritte negativ u. s. w. Ist dagegen 2) die primäre Welle negativ, so ist die erste Reflexwelle positiv, die zweite negativ, die dritte positiv.

$$
\begin{array}{ccc}
& \leftarrow \\
PE(-) & p\,+ & CE(-) \\
r'\,- & & r''\,+ \\
r'''\,- & & r^{IV}\,+ \\
& \leftarrow \\
& p\,- & \\
r'\,+ & & r''\,- \\
r'''\,+ & & r^{IV}\,-
\end{array}
$$

c. Ist das centrale Schlauchende vollständig offen, das periphere geschlossen und 1) die primäre, vom Centrum zur Peripherie laufende Welle positiv, so ist die erste Reflexwelle positiv, die zweite negativ, die dritte negativ, die vierte positiv, die fünfte positiv u. s. w. Ist 2) die primäre, vom Centrum zur Peripherie laufende Welle negativ, so ist die erste Reflexwelle negativ, die zweite positiv, die dritte positiv, die vierte negativ, die fünfte negativ u. s. w.

$$
\begin{array}{ccc}
& \leftarrow \\
PE(+) & p\,+ & CE(-) \\
r'\,+ & & r''\,- \\
r'''\,- & & r^{IV}\,+ \\
r^{V}\,+ & & r^{VI}\,-
\end{array}
$$

56   I. Physikalischer Theil.

$$\begin{array}{ccc} PE(+) & \xleftarrow{m} \\ & p{-} & CE(-) \\ r' \;- & & r'' \;+ \\ r''' \;+ & & r^{IV} \;- \\ r^{V} \;- & & r^{VI} \;+ \end{array}$$

d. Ist das centrale Schlauchende geschlossen, das periphere vollständig geöffnet und 1) die primäre vom Centrum zur Peripherie laufende Welle positiv, so ist die erste Reflexwelle negativ, die zweite negativ, die dritte positiv, die vierte positiv u. s. w. Ist 2) die primäre centrifugale Welle negativ, so ist die erste Reflexwelle positiv, die zweite positiv, die dritte negativ, die vierte negativ u. s. w.

$$\begin{array}{ccc} PE(-) & \xleftarrow{m} \\ & p{+} & CE(+) \\ r' \;- & & r'' \;- \\ r''' \;+ & & r^{IV} \;+ \\ r^{V} \;- & & r^{VI} \;- \end{array}$$

$$\begin{array}{ccc} & \xleftarrow{m} \\ & p{-} & \\ r' \;+ & & r'' \;+ \\ r''' \;- & & r^{IV} \;- \\ r^{V} \;+ & & r^{VI} \;+ \end{array}$$

Die Sätze über Rückstosswellen an sphygmographischen Curven nachgewiesen. § 57. Vorstehende Sätze über Rückstosswellen lassen sich an sphygmographischen Curven leicht nachweisen, wenn die Curven zur Vermeidung von Interferenzerscheinungen an langen Schläuchen gewonnen wurden und der Sphygmograph entsprechend weit von den Endpunkten des Schlauches angebracht war. Beispielsweise soll dieser Nachweis an den Curven *Fig. 71, 72* und *73* gegeben werden.

Fig. 71.

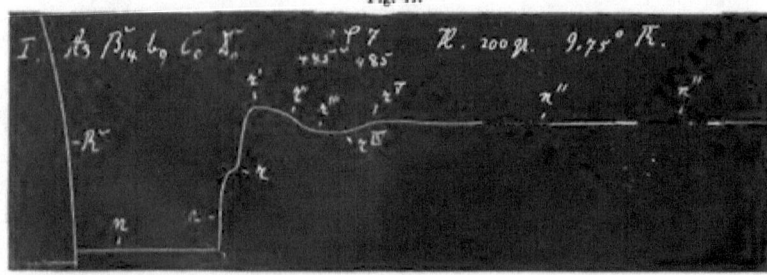

Fig. 71: Die Formel der Versuchsanordnung sagt, dass durch Oeffnen eines Metallhahns Wasser aus dem Standgefäss in den Schlauch eingelassen wurde, und dass während der Versuchsdauer der Metallhahn offen blieb. Das centrale Schlauchende war somit vollständig offen (B_{14}); das periphere Schlauchende war geschlossen (C_0), die primäre Welle positiv und centrifugal.

C. Rückstosswellen (reflectirte Wellen oder Reflexwellen). 57

Da also die Bedingungen des § 56, c, 1 gegeben waren, so muss die erste Reflexwelle positiv sein, die zweite negativ, die dritte negativ, die vierte

Fig. 72.

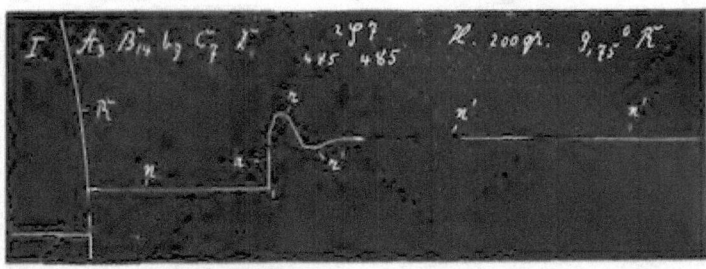

positiv u. s. w., ferner müssen bei einer Fortpflanzungsgeschwindigkeit der Wellen von 24 Metern in der Sekunde die Anfangspunkte der primären Welle und der Reflexwelle in Abständen von 0,404″ Zeitwerth auf einander folgen.

Fig. 73.

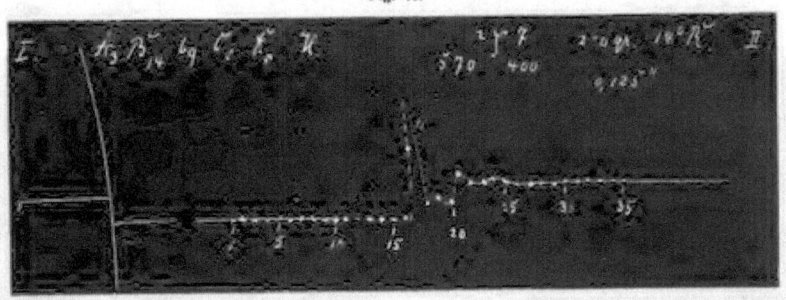

In der That zeigt *Fig. 74*, welche die Curve der Fig. 71 mit Zeiteintheilung wiedergibt, die Ascensionslinie der primären positiven Welle; auf diese folgt

Fig. 74.

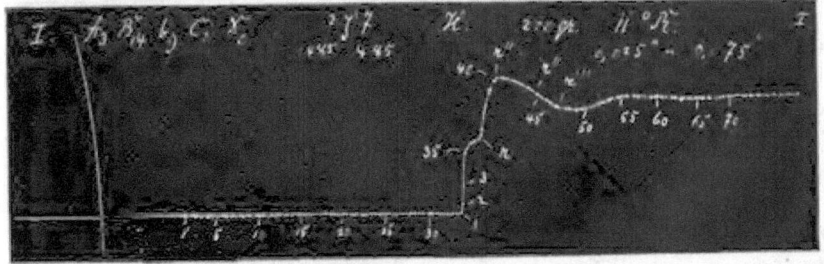

nach 0,4″ bei r die Ascensionslinie der ersten positiven Reflexwelle; hierauf folgt nach 0,425″ bei r' die Descensionslinie der zweiten negativen Reflexwelle, nach weiteren 0,45″ bei r'' die Descensionslinie der dritten negativen

Reflexwelle und nach 0,425″ bei r''' die Ascensionslinie der vierten positiven Reflexwelle. — Die noch folgenden Reflexwellen sind schon sehr klein und lassen sich nicht mehr genau von einander scheiden; schliesslich zeichnet der Sphygmograph die gerade Linie $n'' - n''$. Diese Linie liegt viel höher als die Linie n, weil der Druck im Schlauch von Null auf 3 Meter Wasserdruck gestiegen ist.

Analysirung der Fig. 72.

Fig. 72 wurde unter denselben Bedingungen gezeichnet wie Fig. 71, nur war das periphere Schlauchende diesmal nicht geschlossen, sondern vollständig offen (C_7). Da somit die Bedingungen des § 56, b, 1 gegeben waren, so muss die erste Reflexwelle negativ, die zweite positiv, die dritte negativ sein u. s. w.; ferner müssen die Anfangspunkte der einzelnen Wellen in Abständen von 0,404″ Zeitwerth aufeinanderfolgen, da die Fortpflanzungsgeschwindigkeit der Wellen in dem angewandten Schlauche 24 Meter in der Sekunde beträgt und der Sphygmograph von jedem Schlauchende 485 Cm. entfernt angebracht war. *Fig. 75* stellt die Curve Nr. 72 mit Eintheilung versehen

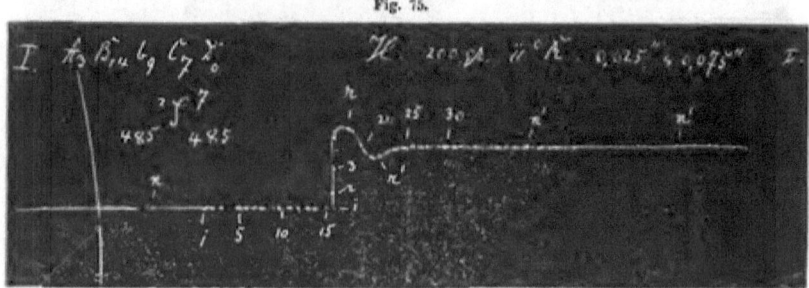
Fig. 75.

dar und zeigt, dass den theoretischen Forderungen entsprechend auf die Ascensionslinie der primären positiven Welle nach 0,4″ bei r die Descensionslinie der negativen ersten Reflexwelle folgt, und dass nach weiteren 0,4″ an diese die Ascensionslinie r' der zweiten positiven Reflexwelle sich anreiht. Hieran schliesst sich die gerade Linie $n' - n'$, welche aus den in § 33 besprochenen Gründen höher liegt als die Linie n.

Analysirung der Fig. 73.

Die Curve Nr. 73 ist complicirter, weil der primären positiven Welle alsbald eine primäre negative Welle folgt. Wie aus der Formel der Versuchsanordnung ersichtlich, war das periphere Schlauchende vollständig geschlossen (C_0), die primäre positive Welle wurde erregt durch plötzliches Oeffnen des centralen Schlauchendes mittelst Umdrehung eines Metallhahns; der Hahn wurde aber sofort wieder geschlossen und dadurch eine negative primäre Welle hervorgerufen (§ 27 und 28), welche unmittelbar hinter der primären positiven Welle den Schlauch centrifugal (§ 46) durchläuft. Die Curve Nr. 73, welche in $\frac{1''}{8}$ eingetheilt ist, zeigt dementsprechend zwischen der 16. und 17. Marke den Anfang der Ascensionslinie der primären positiven Welle, und zwischen der 17. und 18. Marke, also ungefähr $1/8''$ später, den Anfang der Descensionslinie der negativen primären Welle. Das centrale Schlauchende war also ungefähr $1/8''$ lang geöffnet, und somit lange vor dem Eintreffen der Reflexwellen wieder geschlossen, und blieb geschlossen während der ganzen übrigen Versuchsdauer.

Es sind demnach bezüglich der Reflexwellen die Bedingungen des § 56 a, 1 und 2. gleichzeitig gegeben; auf die primäre positive Welle folgen also nur positive Reflexwellen, auf die primäre negative Welle dagegen folgen nur negative Reflexwellen. Die negativen Reflexwellen werden sich in denselben Zeitabständen an die positiven Reflexwellen anschliessen wie die negative primäre Welle sich der positiven primären Welle anschliesst.

Fig. 73 zeigt nun in der That zwischen der 20. und 21. Marke, zwischen der 22. und 24. und zwischen der 26. und 28. Marke drei aufsteigende Linien, und diese Ascensionslinien sind bedingt durch die 1., 2. und 3. positive Reflexwelle. Unmittelbar hinter diesen liegen zwischen der 21. und 23. und zwischen der 24. und 26. Marke zwei Descensionslinien; diese sind hervorgerufen durch die erste und zweite negative Reflexwelle. Um aber zu zeigen, dass die eben bezeichneten Ascensions- und Descensionslinien wirklich den genannten Reflexwellen angehören, sollen die primäre positive Welle und die zugehörigen positiven Reflexwellen einerseits und die primäre negative Welle mit ihren zugehörigen negativen Reflexwellen andererseits gesondert betrachtet und auf ihrem Wege durch den Schlauch verfolgt werden: Der Sphygmograph hat die Stellung $_{570}S_{400}$ d. h. er ist an einer Stelle des Schlauches angebracht, welche 570 Cm. vom peripheren und 400 Cm. vom centralen Schlauchende entfernt ist. Hat die centrifugal verlaufende, primäre positive Welle diese Stelle passirt, so erreicht sie nach einem Wege von 570 Cm. das geschlossene periphere Schlauchende, wird daselbst reflectirt und läuft als erste positive (§ 46) Reflexwelle gegen den Sphygmographen und das centrale Schlauchende zurück. — Der Weg vom Sphygmographen zum peripheren Schlauchende und zurück zum Sphygmographen beträgt 1140 Cm. Bei einer Wellengeschwindigkeit von 24 Metern in der Sekunde wird dieser Weg zurückgelegt in $0{,}475''$.

In der Curvenzeichnung Fig. 73 sind die Anfangspunkte der bei der 16. und 20. Marke beginnenden Ascensionslinien durch einen Zwischenraum von nicht ganz $4/8 = 0{,}5''$ Zeitwerth getrennt, was der theoretischen Forderung $(0{,}475'')$ entspricht. Demnach ist die bei der 20. Marke beginnende Ascensionslinie wirklich durch die erste positive Reflexwelle bedingt, und die kleine, bei der 18. Marke beginnende Ascensionslinie kann unmöglich durch eine Reflexwelle hervorgerufen sein (sie ist durch eine Nachschwingung des Sphygmographen hervorgerufen).

Die erste positive Reflexwelle läuft vom Sphygmographen gegen das geschlossene, centrale Schlauchende, erreicht dasselbe nach einem Wege von 400 Cm., wird zurückgeworfen, bleibt positiv (§ 46) und kehrt als zweite positive Reflexwelle wieder zum Sphygmographen und zum peripheren Schlauchende zurück.

Der Weg vom Sphygmographen zum centralen Schlauchende und zurück zum Sphygmographen beträgt 800 Cm., welcher bei einer Wellengeschwindigkeit von 24 Metern in 0,333″ zurückgelegt wird.

In der Curvenzeichnung Fig. 73 sind die Anfangspunkte der bei der 20. und etwas vor der 23. Marke beginnenden Ascensionslinie durch einen Zwischenraum von $\frac{2\frac{1}{2}''}{8}$ bis $\frac{3''}{8} = 0{,}313''$ bis $0{,}375''$ Zeitwerth getrennt, was der theoretischen Forderung (0,333″) entspricht; also ist die zwischen der 22. und 23. Marke beginnende Ascensionslinie wirklich durch die zweite positive Reflexwelle bedingt.

Die zweite positive Reflexwelle läuft zum peripheren Schlauchende und wird analog der primären positiven Welle erst nach 0,475″ als dritte positive Reflexwelle zum Sphygmographen zurückkehren nach einem Wege von 1140 Cm.

In der Curvenzeichnung fällt der Anfangspunkt der zweiten positiven Reflexwelle zwischen die 22. und 23. Marke, und der Anfangspunkt der nächstfolgenden Ascensionslinie zwischen die 26. und 27. Marke. Der Zwischenraum zwischen beiden hat also einen Zeitwerth von circa $\frac{4''}{8} = 0{,}5''$, was der theoretischen Forderung (0,475″) entspricht; also ist die zwischen der 26. und 27. Marke beginnende Ascensionslinie durch die dritte positive Reflexwelle hervorgerufen.

Die centrifugal verlaufende, primäre negative Welle erreicht den Sphygmographen ungefähr $\frac{1}{8} = 0{,}125''$ später als die primäre positive Welle, trifft nach einem Wege von 570 Cm. am peripheren Schlauchende ein, wird daselbst als erste negative Reflexwelle zurückgeworfen (§ 46) und kehrt zum Sphygmographen und zum centralen Schlauchende zurück.

Der Anfangspunkt der primären negativen Welle und der ersten negativen Reflexwelle ist nach der Theorie durch einen Zwischenraum von 0,475″ Zeitwerth getrennt. In der Zeichnung hat der Zwischenraum zwischen den Anfangspunkten der primären negativen Welle und der bei der 21. Marke beginnenden Descensionslinie einen Zeitwerth von nicht ganz $\frac{4}{8}'' = 0{,}5''$; also ist diese Descensionslinie wirklich durch die erste negative Reflexwelle bedingt.

Die erste negative Reflexwelle läuft wie die erste positive Reflexwelle vom Sphygmographen gegen das geschlossene centrale Schlauchende, wird daselbst zurückgeworfen, bleibt negativ und kehrt als zweite negative Reflexwelle zum Sphygmographen zurück; dieser Weg beträgt 800 Cm. und wird bei einer Wellengeschwindigkeit von 24 Metern in 0,333″ zurückgelegt.

In der Zeichnung fällt der Anfangspunkt der ersten negativen Reflexwelle zwischen die 21. und 22. Marke, und der Anfangspunkt der nächstfolgenden Descensionslinie zwischen die 24. und 25. Marke; der Zwischenraum zwischen diesen beiden Anfangspunkten hat also einen approximativen Zeitwerth von $3/8″ = 0,375″$, welches Resultat dem berechneten Werthe von 0,333″ nahe kommt; also ist die zwischen der 24. und 25. Marke beginnende Descensionslinie durch die zweite negative Reflexwelle bedingt.

Die Descensionslinie der dritten negativen Reflexwelle ist von der Ascensionslinie der dritten positiven Reflexwelle nicht mehr zu scheiden, weil die Wellen an dieser Stelle schon dem Erlöschen nahe sind. Da die Anfangspunkte der in Betracht kommenden Ascensions- und Descensionslinien nicht ganz scharf hervortreten, so können selbstverständlich auch die Zeitwerthe ihrer gegenseitigen Distanzen nicht ganz genau bestimmt werden, und da ferner die Wellen bei ihrem Laufe durch den Schlauch etwas von ihrer Geschwindigkeit einbüssen, so können die gefundenen Werthe nicht genau mit den berechneten übereinstimmen. Nichtsdestoweniger aber beweisen die gefundenen Werthe vollständig das, was sie beweisen sollen, nämlich das Vorhandensein der von der Theorie geforderten Reflexwellen.

D. Gestalt und Länge der primären Wellen.

Länge der primären positiven Wellen.

§ 58. Wie aus § 15 bis § 41 ersichtlich, habe ich Curven wie *Fig. 76* nicht als Bergwellen oder positive Wellen bezeichnet, sondern an

Fig. 76.

ihnen einen positiven und einen negativen Theil unterschieden und die Ascensionslinie (a) als Produkt einer positiven primären Welle und die Descensionslinie als Produkt einer negativen primären Welle erklärt. — An solchen Curven kann über den Anfangs- und Endpunkt der primären positiven Welle kein Zweifel herrschen; der Anfangspunkt der Ascensionslinie a ist zugleich Anfangspunkt der primären positiven Welle, und der Endpunkt dieser Ascensionslinie fällt ziemlich genau mit dem Ende der primären positiven Welle zusammen. Eine solche steil ansteigende und sofort wieder steil abfallende Curve entsteht aber durch primäre Wellen nur dann, wenn der Flüssigkeitszufluss, welcher die primäre positive Welle hervorruft, sehr bald nach seinem Beginn unterbrochen wird. Erfolgt jedoch die Unterbrechung des Zuflusses später, dann tritt auch die Descensionslinie der primären negativen Welle später auf (*Fig. 77*), und man kann sich nun fragen, wo in diesem

Fig. 77.

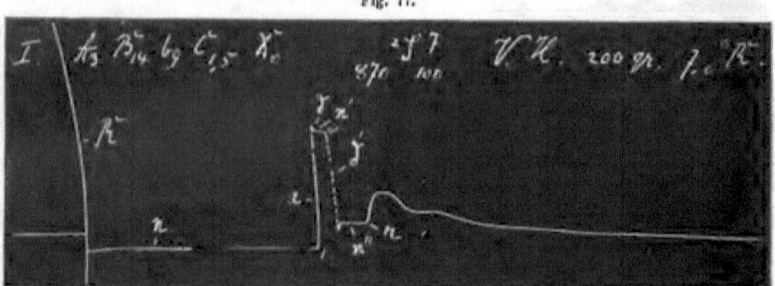

Fall der Endpunkt der primären positiven Welle liege, ob er mit dem Endpunkt der Ascensionslinie a zusammenfalle oder mit dem Endpunkt der kleinen Descensionslinie d oder mit dem Endpunkt der Linie n'.

Wenn man bedenkt, dass die Ascensionslinie a etwas zu gross gezeichnet ist (§ 10), dass die Descensionslinie d einfaches Kunstprodukt ist und dass die Ascensionslinie sich eigentlich in die Linie n' direct fortsetzen sollte, wenn man ferner bedenkt, dass zur Zeit, während welcher die Linie n' entsteht, der primäre, die fortschreitende Wellenbewegung veranlassende Strom noch nicht gleichmässig geworden ist und dass demnach die Linie n' auch nicht als Produkt des constanten Seitendrucks eines gleichmässigen centrifugalen Stroms bezeichnet werden kann, so muss die Linie n', streng genommen, noch zur primären Welle gerechnet werden. — In diesem Fall ist also die primäre positive Welle ebenfalls begrenzt durch den Anfangspunkt der Descensionslinie d' der primären negativen Welle, welche durch Unterbrechung des Flüssigkeitsstroms bedingt ist.

Wird aber der Flüssigkeitsstrom während der ganzen Versuchsdauer nicht unterbrochen, so fällt auch die Descensionslinie d' weg und es fragt sich, wo nun die Grenze der primären positiven Welle sich befinde.

Nach § 38 wird der primäre Strom erst dann gleichmässig, wenn die fortschreitende Wellenbewegung, welche durch ihn hervorgerufen wurde, erloschen ist. Diess geschieht in einem unendlich langen Schlauch durch allmähliche Erschöpfung der Wellenbewegung, ohne das Auftreten von Reflexwellen, und es geht dann auf der Curve die Linie n' ohne Unterbrechung in die Linie n" des constanten Seitendrucks de sgleichmässigen Stroms über. Das Ende der primären positiven Welle befindet sich dann an der nicht scharf hervortretenden Grenze der Linie n' und n".

In einem Schlauch von mässiger Länge aber erschöpft sich die primäre Welle nicht während ihres centrifugalen Fortschreitens, sondern es kommt zur Wellenreflexion; zwischen die Linien n' und n" schieben sich Reflexwellen ein, und das Ende der primären Welle ist also da, wo die Linie n' von der Ascensions- oder Descensionslinie der ersten Reflexwelle unterbrochen ist (*Fig. 78*, beim Beginn der Linie r).

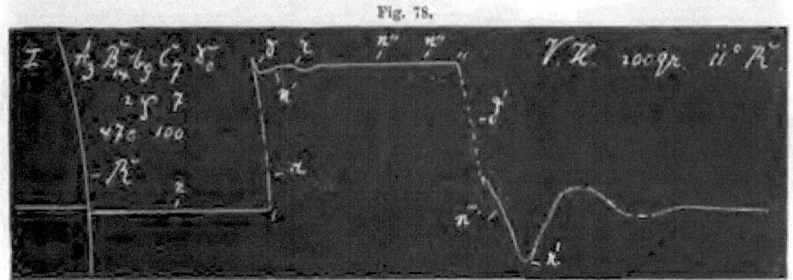

Fig. 78.

Länge der primären negativen Wellen. § 59. Analog verhält sich die Länge einer primären negativen Welle. In *Fig.* 79 reicht also die zweite primäre negative Welle vom

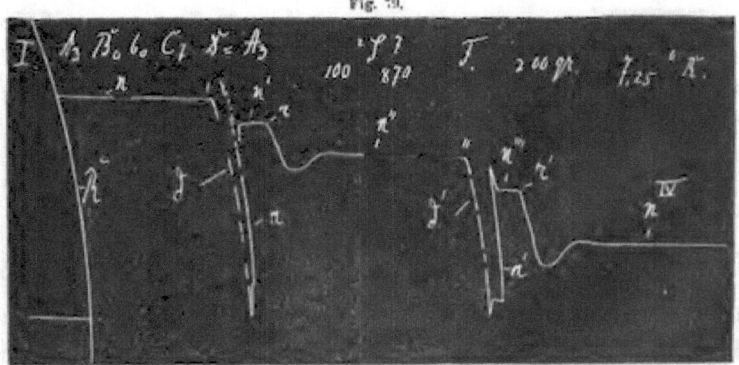

Fig. 79.

Anfangspunkt der Descensionslinie d' bis zum Anfangspunkt der Ascensionslinie a' und in *Fig. 80* gehört die Linie n' zu der primären negativen Welle, und würde sich, da der Flüssigkeitsabfluss während des Versuchs nicht unterbrochen wurde, direct in die Linie n″ fortsetzen, wenn die Länge des Schlauches unendlich wäre.

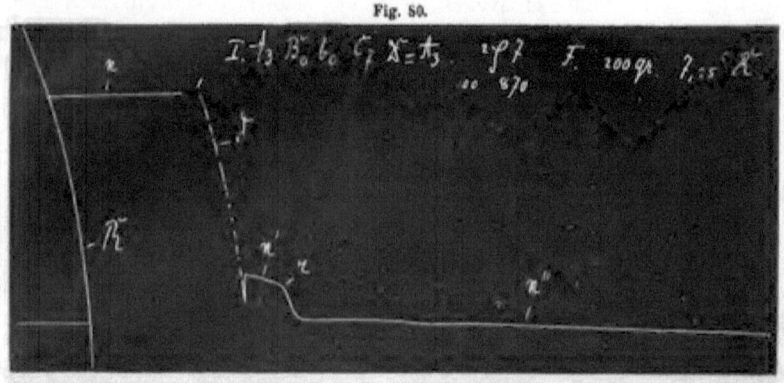

Fig. 80.

An der Curve jeder positiven primären Welle kann man unterscheiden eine Anstiegs- und eine Gipfellinie, an der Curve jeder primären Welle eine Abstiegs- und eine Thallinie.

§ 60. An der Curve jeder positiven primären Welle kann man nach dem soeben Gesagten zwei Linien unterscheiden, die Anstiegslinie oder Ascensionslinie a und die Gipfel-Linie n′ (Fig. 7, 8, 77), und an der Curve jeder negativen primären Welle die Abstiegs- oder Descensionslinie d und die Thal-Linie n′ (Fig. 80). Anstiegs- und Gipfellinie können unmittelbar ineinander übergehen, sind aber meistens durch eine Spitze, welche Kunstprodukt des Sphygmographen ist, von einander getrennt; ebenso verhält es sich mit der Abstiegs- und Thallinie. Ist die primäre positive Welle sehr kurz (Fig. 76), so kann die Gipfellinie gar nicht zur Entwickelung kommen, sodass die Abstiegslinie der primären negativen Welle sich unmittelbar an die Anstiegslinie a anschliesst.

Form der Gipfellinie. § 61. Die Gipfellinie kann eine horizontale oder eine leicht ansteigende, aber auch eine sehr steil ansteigende Linie sein. Um die Ursachen zu ermitteln, welche die grössere oder geringere Steigung dieser Linie bedingen, habe ich die erste Wellenerregungsmethode angewandt, weil sie die einfachste ist und den Flüssigkeitszufluss unter constantem Druck geschehen lässt. Ferner habe ich zur Aufzeichnung der Curven den Schreibhebel des Landois'schen Angiographen benützt, dessen Nadel nur durch das Gewicht ihrer eigenen Schwere an das berusste Papier angedrückt wird und daher gleichmässigere und constantere Reibung erzielt als die durch Federelasticität angedrückte Nadel des Marey'schen Schreibhebels. — Unter diesen Vorsichtsmassregeln gelingt es, constante Resultate zu erhalten.

Die Steigung der Gipfellinie ist durch den Winkel gemessen, welchen sie, gehörig verlängert, mit der Null-Linie n bildet; letztere Linie ist die horizontale Gerade, welche der Sphygmograph im Beginn des Versuchs vor Ankunft der primären Welle beschreibt.

Factoren, welche die Steigung der Gipfellinie beeinflussen. § 62. Erhöhend auf die Steigung der Gipfellinie wirken:

1) Das Wachsen der im Standgefäss enthaltenen Wassersäule A.

2) Das Wachsen des im Schlauch vor Beginn des Versuchs vorhandenen Drucks D.

3) Die Zunahme der Belastung des Sphygmographen.

4) Die Abnahme des Verhältnisses $\frac{L}{l}$; wobei L den lichten Durchmesser des Standgefässes und l den lichten Durchmesser des Schlauches bedeutet.

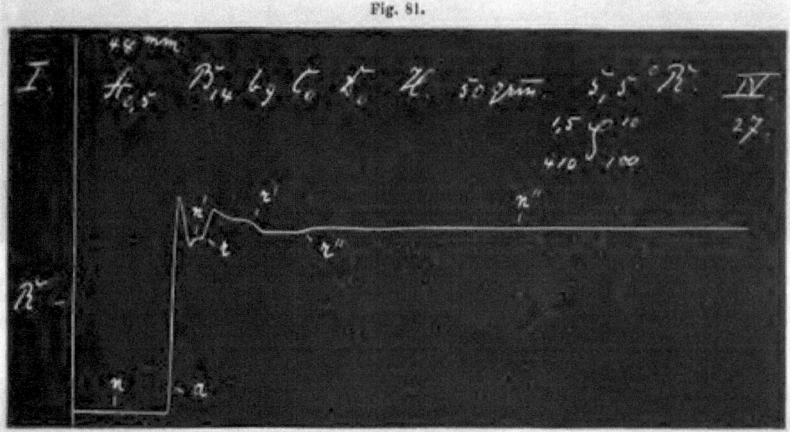

Fig. 81.

Der Einfluss dieses Verhältnisses $\frac{L}{l}$ ist bei Weitem der bedeutendste und im Stande, den Einfluss der übrigen Faktoren vollständig aufzuheben. Ist $\frac{L}{l}$ verhältnissmässig gross z. B. $=\frac{48}{10}$, so können die Wassersäule A des Standgefässes von 0,5 bis 3 Meter, der Druck D von 0 bis 2,4 Meter und die Belastung des Sphygmographen von 50 Grm. bis 400 Grm. wachsen, die Steigung der Gipfellinie hält sich gleichwohl constant zwischen den Werthen $-3,75^0$ und $+3,25^0$, also ziemlich genau in der horizontalen Linie, wie *Fig. 81, 82, 83, 84* und *85* beweisen. Die Steigung von n' ist

in Fig. 81 $= -1,25^0$

in Fig. 82 $= -2,0^0$

in Fig. 83 $= -0,0^0$

in Fig. 84 $= -3,75^0$

in Fig. 85 $= +3,25^0$

Ist dagegen $\frac{L}{l}$ verhältnissmässig klein, z. B. $= \frac{6,5}{10}$, so hat die Steigung der Gipfellinie n' selbst bei den oben angegebenen Minimalwerthen ($A_{0,5}$, D_0, 50 Grm.) der übrigen Factoren einen positiven Werth $= 2,5^0$ (*Fig. 86*), und das Wachsen des einen oder anderen dieser Factoren erhöht die Steigung der Gipfellinie in sehr bedeutendem Grade.

Fig. 82.

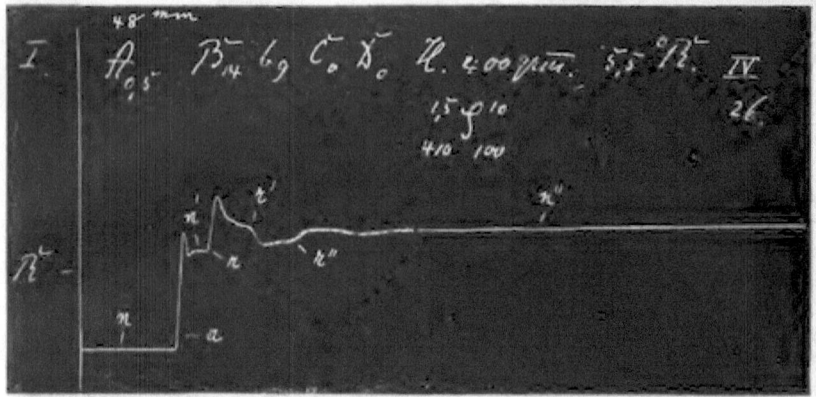

Wächst z. B. die Belastung auf 300 Grm., so wird die Steigung von n' $= 36^0$ (*Fig. 87*), und wächst sie auf 400 Grm., so wird die Steigung von n' $= 43^0$ (*Fig. 88*).

Fig. 83.

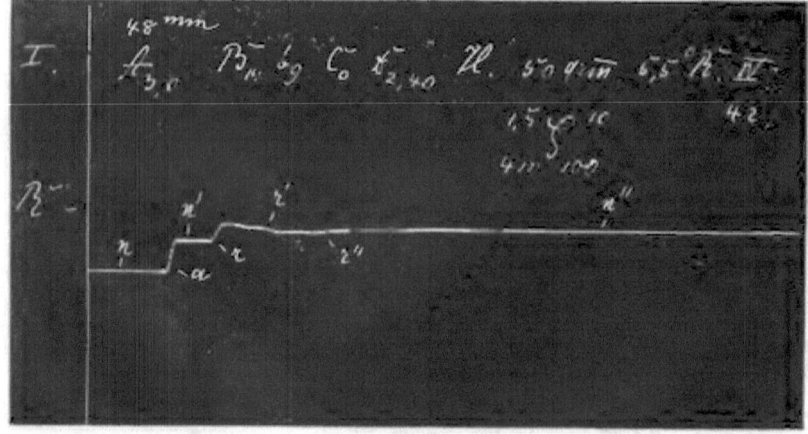

Wächst die Wassersäule auf $A_{2,0}$ und der Druck auf $D_{1,0}$, so hat n' bei 50 Grm. Belastung eine Steigung von $= 45,5^0$ (*Fig. 89*) und bei 400 Grm. Belastung eine Steigung von $71,5^0$ (*Fig. 90*).

Steigt $\frac{L}{l}$ auf $\frac{10}{10}$, so hat die Steigung der Gipfellinie n' bei den Minimalwerthen $A_{0,5}$, D_0, 50 Grm. schon keinen positiven Werth mehr (*Fig. 91*

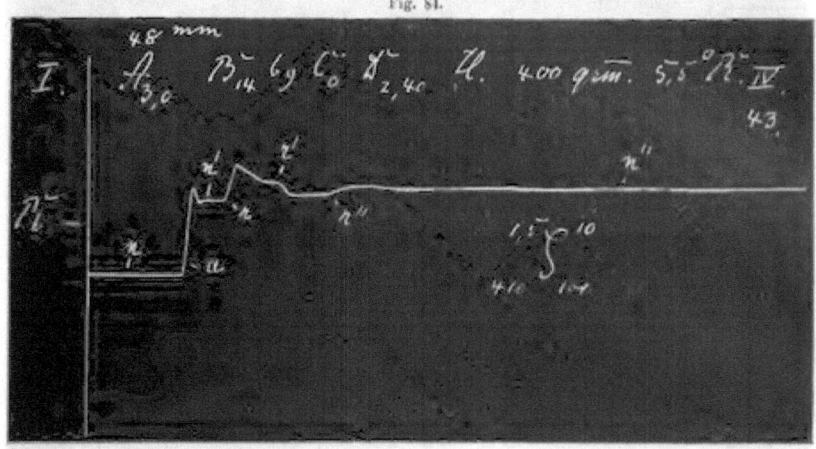

Fig. 84.

n' $= -1^0$ Steigung), und das Wachsen des einen oder anderen dieser Factoren erhöht die Steigung der Gipfellinie entweder nicht oder in geringerem Grade; wächst z. B. die Belastung auf 300 Grm., so beträgt die Steigung

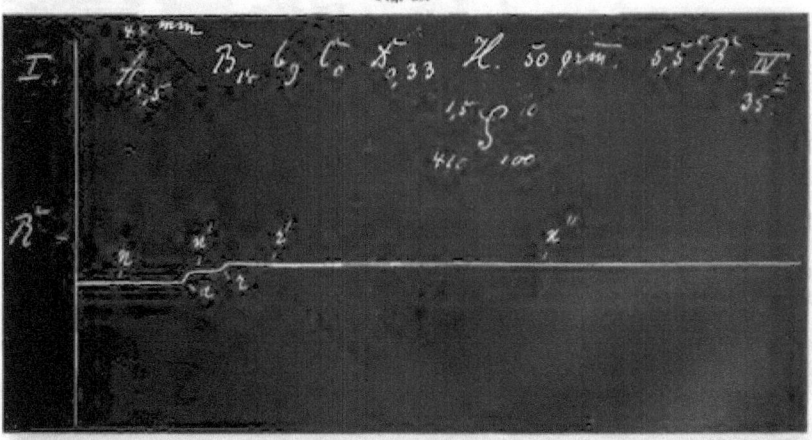

Fig. 85.

von n' gleichwol nur -2^0 (*Fig. 92*), und wächst sie auf 400 Grm., so ist die Steigung von n' nur $-2,5^0$ (*Fig. 93*); es hat also die Belastung allein schon keinen erhöhenden Einfluss mehr auf die Steigung der Gipfellinie; wächst aber die Wassersäule auf $A_{2,5}$ und der Druck auf $D_{1,5}$, so hat n' bei 50 Grm.

5*

68   I. Physikalischer Theil.

Belastung eine Steigung = 42° *(Fig. 94)* und bei 400 Grm. Belastung eine Steigung von 63,5° *(Fig. 95)*.

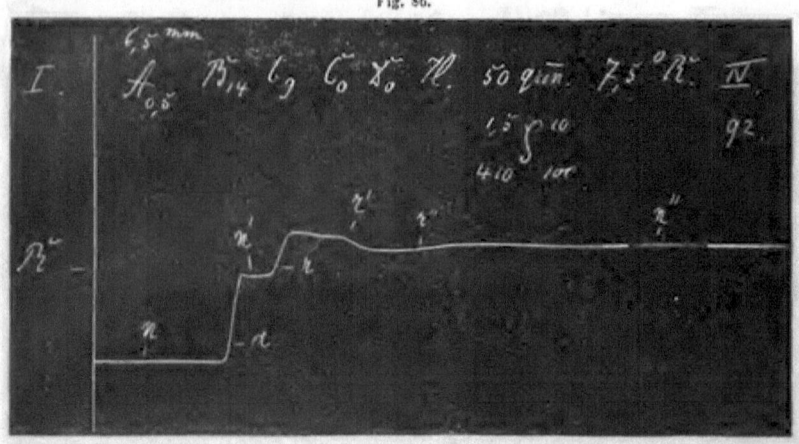

Fig. 86.

Steigt $\frac{L}{l}$ noch mehr, z. B. auf $\frac{15}{10}$, so haben auch das gleichzeitige Wachsen der Wassersäule, des Drucks und der Belastung nur mehr einen geringen erhöhenden Einfluss auf die Steigung der Gipfellinie. Wächst z. B. die Wassersäule auf $A_{2,5}$ und der Druck auf $D_{1,5}$, so hat n' bei 100 Grm. Belastung nur eine Steigung = 1,75° *(Fig. 96)* und bei 400 Grm. Belastung nur eine Steigung von 11,25° *(Fig. 97)*.

Fig. 87.

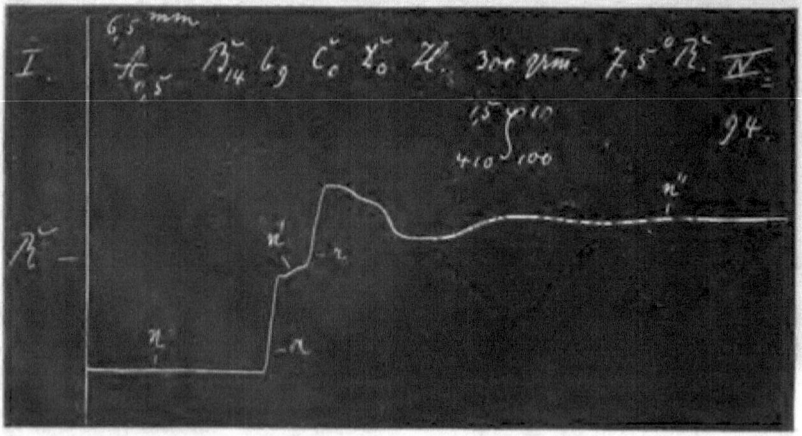

Steigt $\frac{L}{l}$ auf $\frac{10}{5}$, so ist der erhöhende Einfluss der übrigen Faktoren schon nahezu erloschen. Beispielsweise erhält man bei einer Wassersäule $A_{2,5}$

und einem Druck $D_{1,5}$ für n' bei 50 Grm. Belastung nur eine Steigung $= 2^0$ (*Fig. 98*) und bei 400 Grm. Belastung nur eine Steigung von $3,5^0$ (*Fig. 99*), also ungefähr dieselben Resultate wie bei $\frac{L}{1} = \frac{48}{10}$.

Fig. 88.

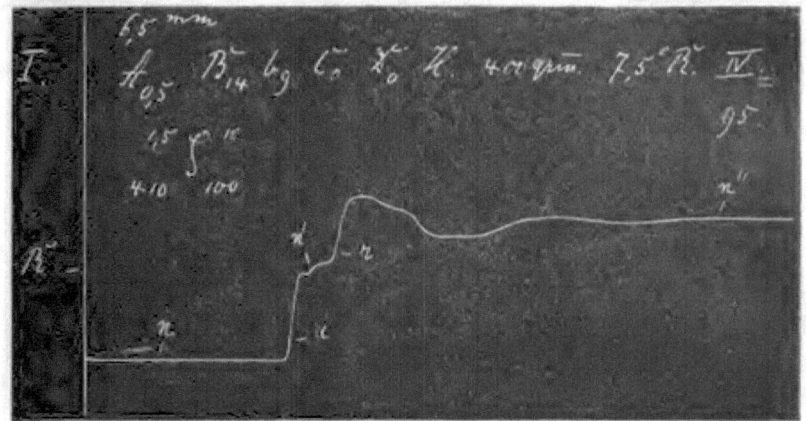

Selbstverständlich gewinnt man mit dem Marey'schen Sphygmographen im Grossen und Ganzen dieselben Resultate, wie *Fig. 100, 101* und *102* zeigen;

Fig. 89.

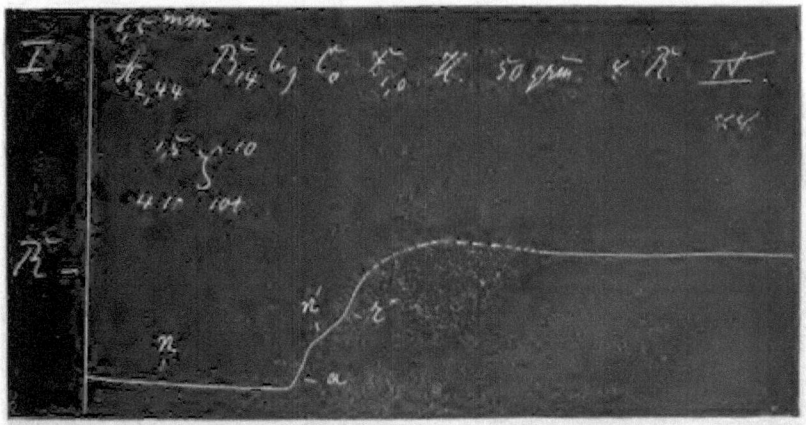

nur sind dieselben wegen der ungleichen Reibung des Schreibapparats weniger constant und wegen der ungenauen Belastung des Instruments weniger für Eruirung quantitativer Resultate geeignet.

E. Interferenzerscheinungen.

Die für Wasserwellen mit freier Oberfläche giltigen Sätze über Durchkreuzung, Verstärkung und Verkleinerung der Wellen lassen sich auch für Schlauchwellen nachweisen.

§ 63. Die Brüder Weber haben für Wasserwellen mit freier Oberfläche nachgewiesen, dass sie sich in entgegengesetzter Richtung durchkreuzen können, ohne sich in der Fortsetzung ihres Weges zu stören, dass sie nicht aneinander abprallen, sondern nur am Orte ihres Zusammentreffens (Interfe-

Fig. 90.

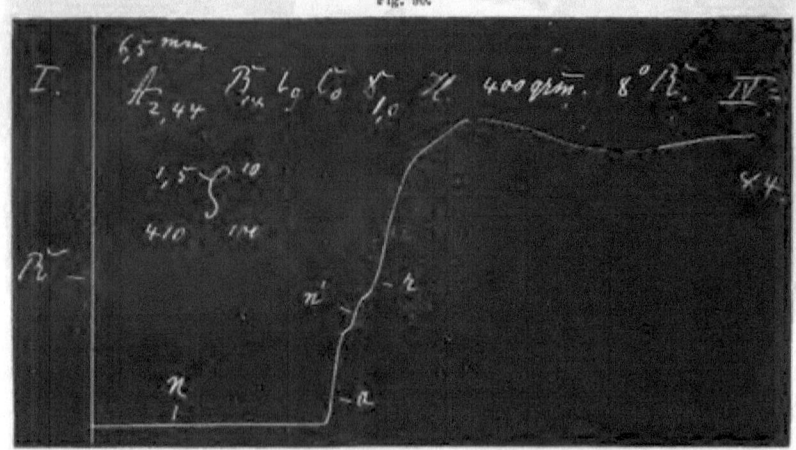

renzpunkt) sich verstärken, wenn sie gleichnamig sind, und sich verkleinern

Fig. 91.

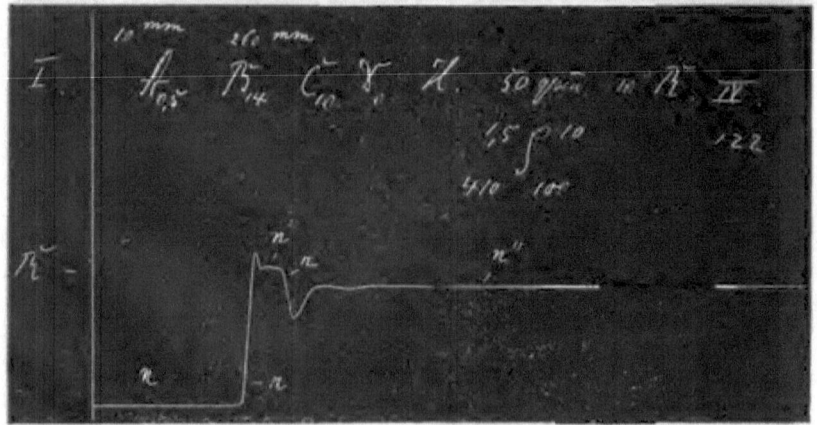

oder auch aufheben, wenn sie ungleichnamig sind. — Diese Sätze lassen sich mittelst des Sphygmographen auch für die Schlauchwellen nachweisen.

E. Interferenzerscheinungen. 71

Durchkreuzung der Wellen. § 64. Wellen, welche in entgegengesetzter Richtung einen Schlauch gleichzeitig durchlaufen, durchkreuzen sich, ohne sich in der Fortsetzung ihres Weges zu stören und ohne von einander abzuprallen.

Fig. 92.

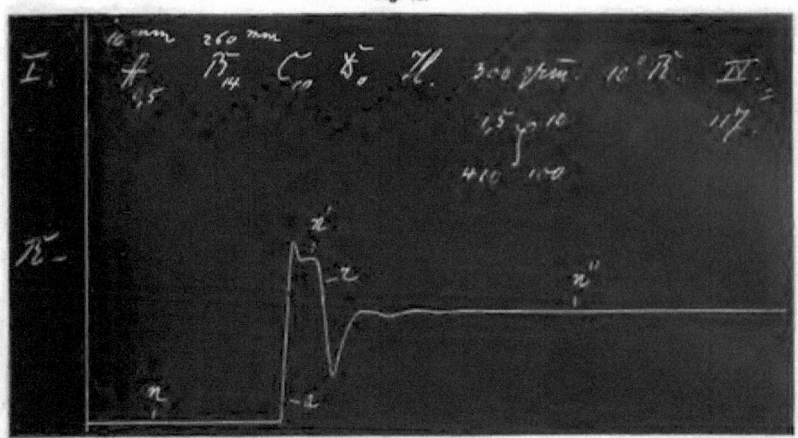

Um dies zu beweisen, wird ein 970 Cm. langer Schlauch kreisförmig ausgebreitet und jedes Endstück desselben mit einem Metallhahn armirt, welche zu einem Doppelhahn so verbunden werden können, dass eine einzige Drehung des Doppelhahns beide Schlauchenden gleichzeitig öffnet oder gleichzeitig

Fig. 93.

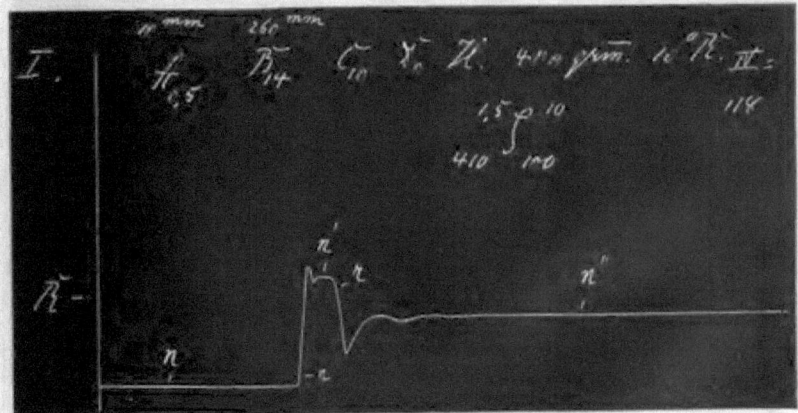

schliesst. Der Hahn des centralen Schlauchendes wird mit dem Standgefäss der ersten Wellenerregungsmethode verbunden, der Sphygmograph 200 Cm. vom peripheren und 770 Cm. vom centralen Schlauchende entfernt aufgesetzt. Schickt man nun vom peripheren Schlauchende eine negative Welle und gleichzeitig vom centralen Schlauchende eine positive Welle gegen den Sphygmographen, so wird die negative Welle (da sie nur 200 Cm. bis zum Sphygmographen zu durchlaufen hat) zuerst den Sphygmographen erreichen und in

Fig. 94.

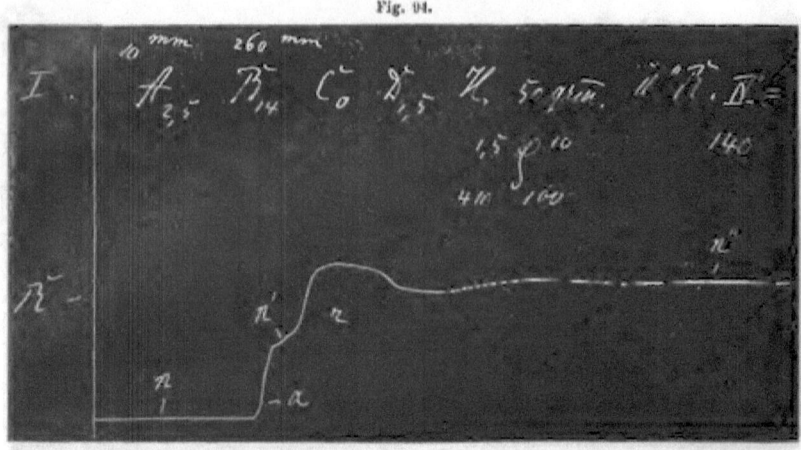

der Mitte des Schlauches mit der positiven Welle zusammentreffen. Die positive Welle aber gelangt nur dann zum Sphygmographen, wenn sie durch die entgegenkommende negative Welle hindurchgehen kann. — Zeichnet also

Fig. 95.

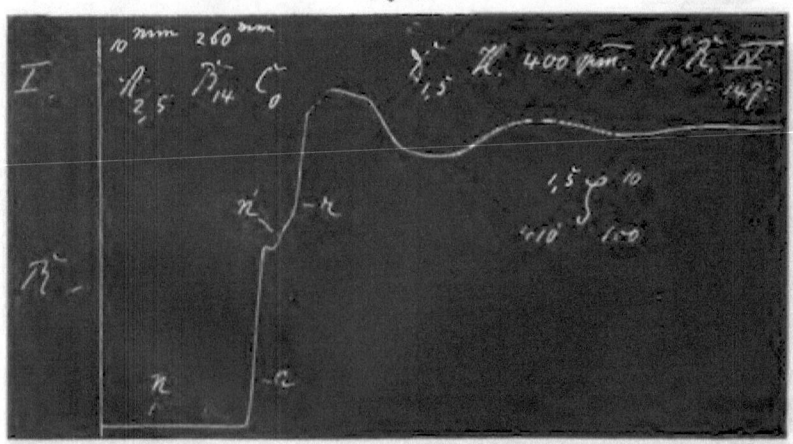

der Sphygmograph zuerst die negative und dann die positive Welle, so ist der Beweis geliefert, dass beide Wellen einander durchkreuzten, ohne sich in der Fortsetzung ihres Weges zu stören und ohne von einander abzuprallen.

Fig. 103 zeigt, dass dies in der That der Fall ist; man sieht zuerst die

Descensionslinie *d* der negativen Welle und nach derselben die Ascensionslinie *a* der positiven Welle. Gewonnen wurde diese Zeichnung unter folgenden Versuchsbedingungen: der Druck innerhalb des Schlauches betrug vor

Fig. 96.

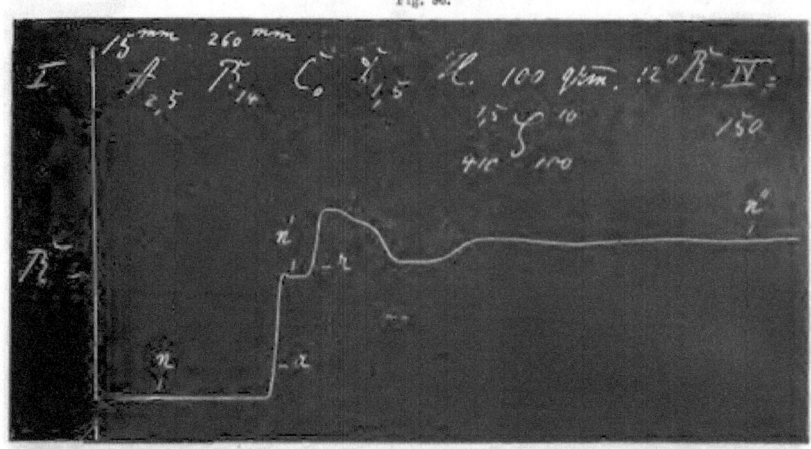

Beginn der Wellenerregung 1,5 Meter Wasser; im Standgefäss war die Wassersäule 3 Meter hoch; öffnete man also den Doppelhahn (HH), so erregte der im Standgefäss vorhandene Ueberdruck von 1½ Meter Wasser am centralen Schlauchende eine positive Welle, während am peripheren Schlauchende bei

Fig. 97.

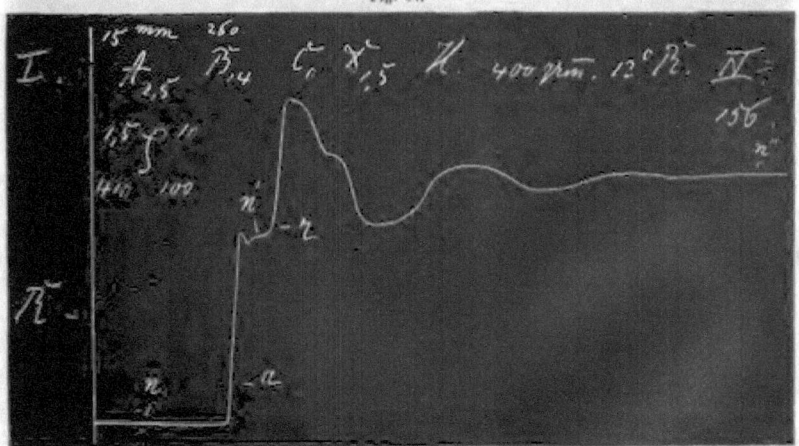

Eröffnung des Doppelhahns Wasser ausfloss, wodurch der unter 1½ Meter Wasserdruck stehende Schlauch sich entspannte, und eine negative Welle von der Peripherie zum Centrum sich fortpflanzte. Die positive Welle wurde also durch plötzliches Hinzufügen eines 1 ½ Meter Wasser betragenden Drucks, die negative dagegen durch plötzliches Aufheben des gleichen Drucks erregt; beide Wellen entstanden gleichzeitig, so wie der Doppelhahn geöffnet wurde; letzterer wurde während der Versuchsdauer nicht mehr geschlossen.

Fig. 98.

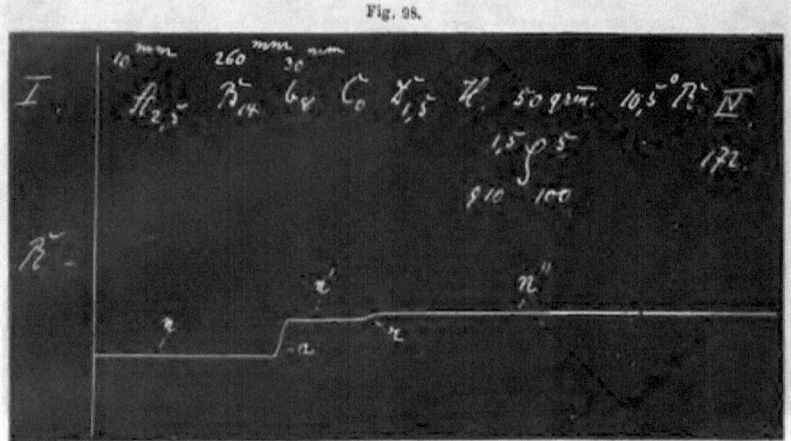

Zur genauen Beurtheilung der Fig. 103 gehört noch eine gesonderte Darstellung der positiven und negativen Welle, welche diese Curven zusammen-

Fig. 99.

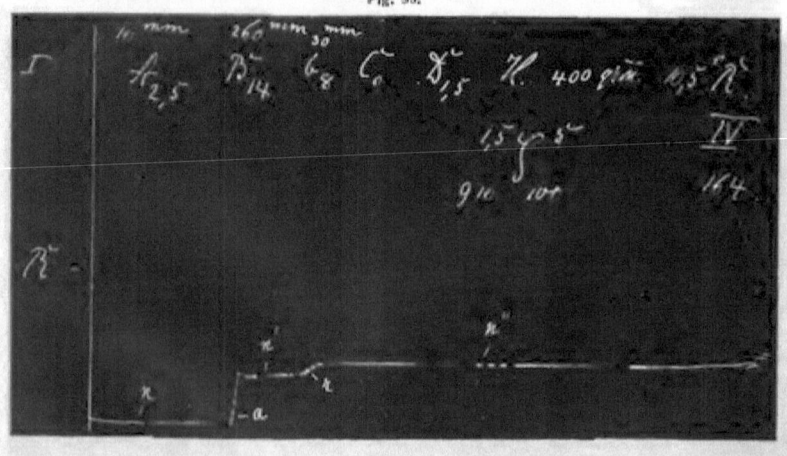

setzen. *Fig. 104* zeigt die negative Welle für sich allein, *Fig. 105* die positive. Fig. 104 wurde unter folgenden Bedingungen erhalten: Centrales Schlauchende communicirt mit dem Standgefäss, peripheres Schlauchende ist geschlossen. Wassersäule im Standgefäss 1,5 Meter hoch, also Druck im

Schlauch gleich 1,5 Meter Wasser. Durch plötzliches Oeffnen des peripheren Schlauchendes wird eine centripetale negative Schlauchwelle erregt (§ 29), welche am offenen, centralen Schlauchende in eine positive Reflexwelle ver-

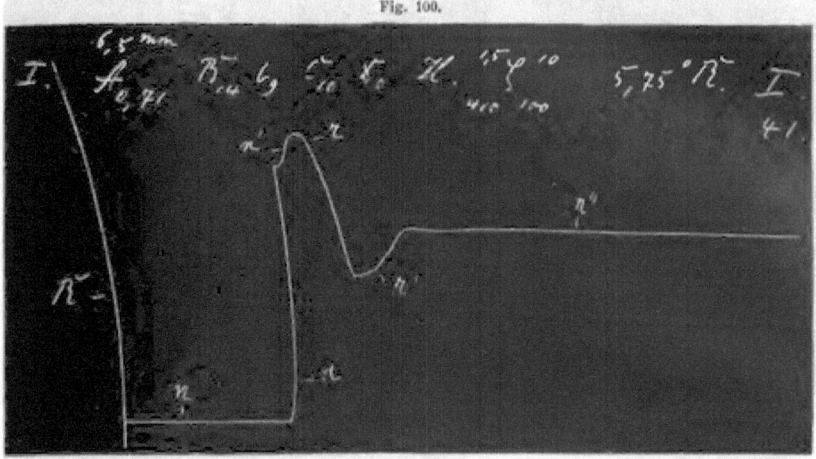

Fig. 100.

wandelt wird (§ 47). Die Formel der Versuchsanordnung der Fig. 105 sagt: Centrales Schlauchende mit dem Standgefäss verbunden, peripheres Schlauchende offen. Wassersäule im Standgefäss 1,5 Meter hoch; Druck im Schlauch

Fig. 101.

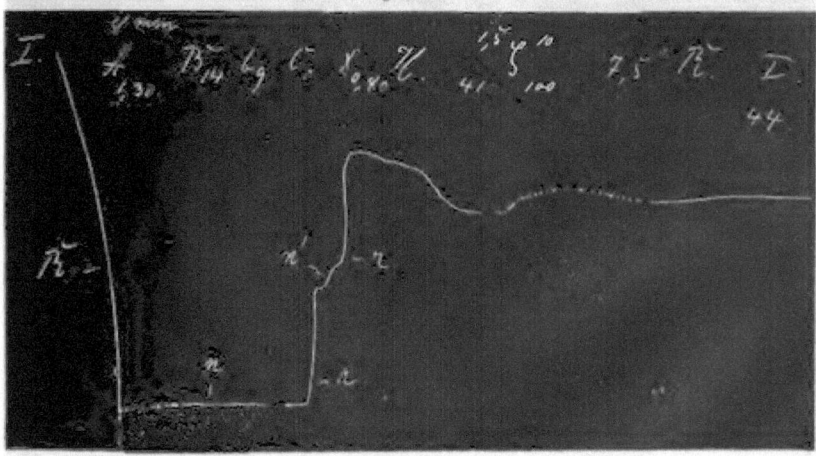

gleich Null. Durch plötzliches Oeffnen des centralen Schlauchendes wird eine centrifugale positive Welle erregt (§ 16), welche am offenen peripheren Schlauchende in eine negative Reflexwelle sich verwandelt (§ 47).

Man sieht, dass bei Herstellung der Fig. 103 die Versuchsbedingungen der Fig. 104 und 105 gleichzeitig erfüllt waren.

Fig. 102.

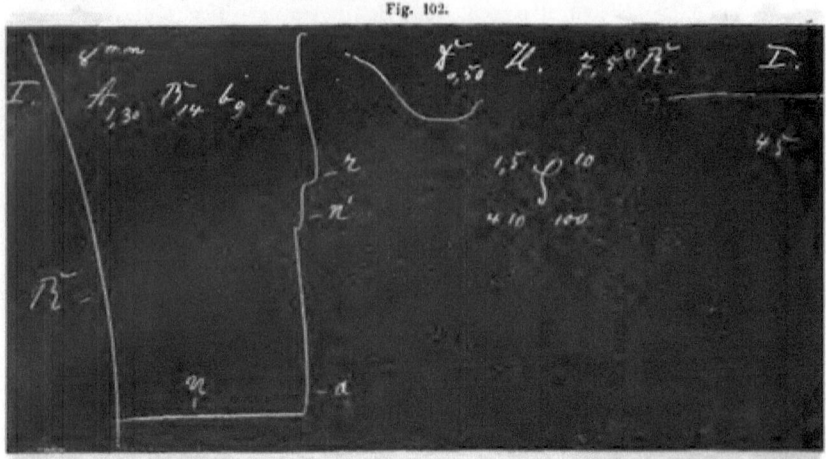

Gleichnamige Wellen verstärken sich am Orte ihres Zusammentreffens.

§ 65. Am Orte ihres Zusammentreffens (Interferenzpunkt) verstärken sich die gleichnamigen Wellen; es verstärken sich also zwei zusammenfallende Ascensionslinien, ebenso zwei zusammenfallende Descensionslinien.

Fig. 103.

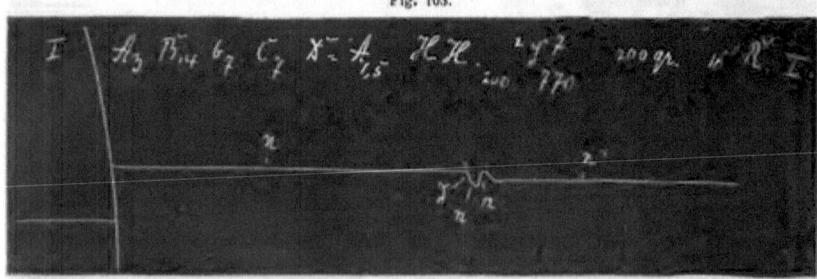

Beweis: Gehen von den Endpunkten eines 970 Cm. langen Schlauches zwei Wellen gleichzeitig aus, so liegt ihr Interferenzpunkt in der Mitte des Schlauches, also 485 Cm. von jedem Endpunkte entfernt. An dieser Stelle gehen die beiden Wellen, wenn sie einander gleich sind, so durcheinander durch, dass die identischen Punkte der Reihe nach zusammenfallen, also auch ihre Ascensions- und Descensionslinien. Der Sphygmograph muss also, wenn der behauptete Satz richtig ist, an dieser Stelle eine Verstärkung der Wellenbewegung in allen ihren Theilen nachweisen und statt der beiden gleich grossen, von jedem Schlauchende ausgehenden Wellen eine einzige, in allen ihren Theilen verstärkte Curve zeichnen.

Dies ist in der That der Fall, wie *Fig. 106 — 109* incl. zeigen. — Fig. 106 erhält man, wenn unter den angegebenen Versuchsbedingungen die positive

Fig. 104.

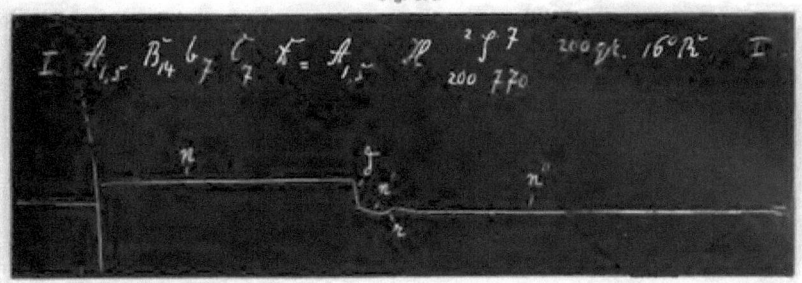

Welle nur vom centralen Schlauchende ausgeht: (Fig. 107), wenn die positive Welle gleichzeitig von beiden Schlauchenden aus den Schlauch durch-

Fig. 105.

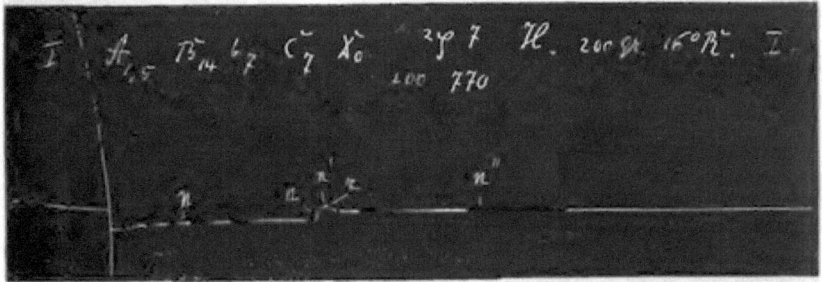

läuft. Man sieht, dass Fig. 107 lediglich die in allen Theilen verstärkte Fig. 106 ist. Analog verhalten sich zu einander Fig. 108 und 109.

Fig. 106.

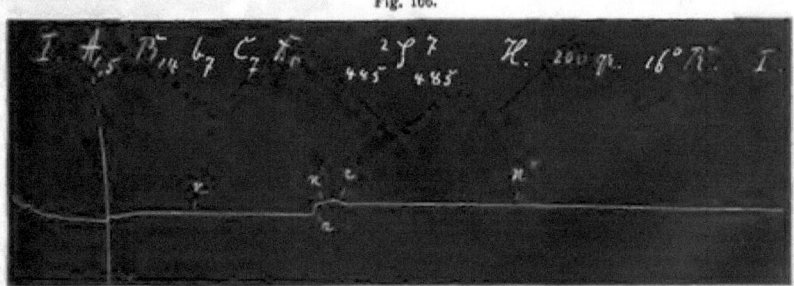

Ungleichnamige Wellen verkleinern sich am Orte ihres Zusammentreffens und heben sich auf, wenn sie gleich gross sind.
§ 66. Am Orte ihres Zusammentreffens verkleinern sich ungleichnamige Wellen und heben sich auf, wenn sie gleich gross sind. Treffen also in der Mitte eines Schlauches eine positive und eine gleich grosse negative Welle zusammen, so darf an dieser

Stelle, wo die beiden Wellen durcheinander durchgehen, gar keine Wellenbewegung nachweisbar sein.

Fig. 107.

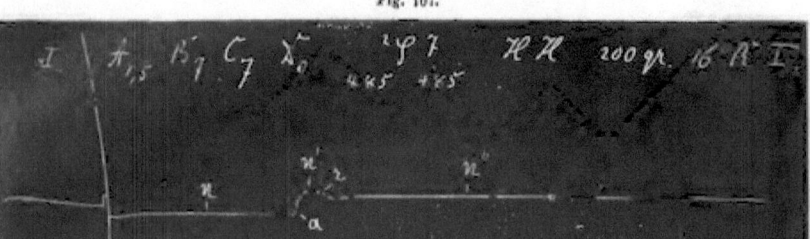

Dies ist wirklich der Fall; geht vom centralen Schlauchende die positive Welle der Fig. 106 und vom peripheren Schlauchende die gleich grosse negative Welle der Fig. 108 gleichzeitig ab, so zeichnet der Sphygmograph in

Fig. 108.

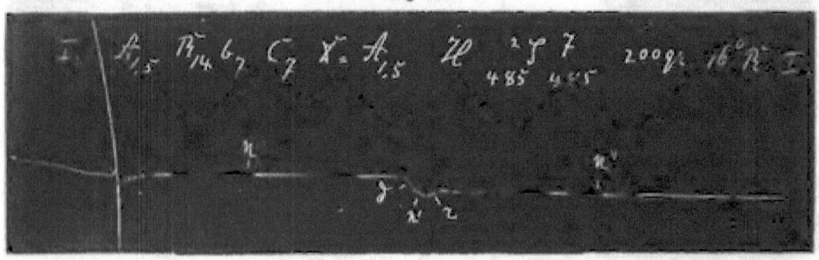

der Mitte des Schlauches die *Fig. 110*, welche kaum eine Spur einer Wellenbewegung bei *a* nachweist. Eine Vernichtung der Wellenbewegung findet

Fig. 109.

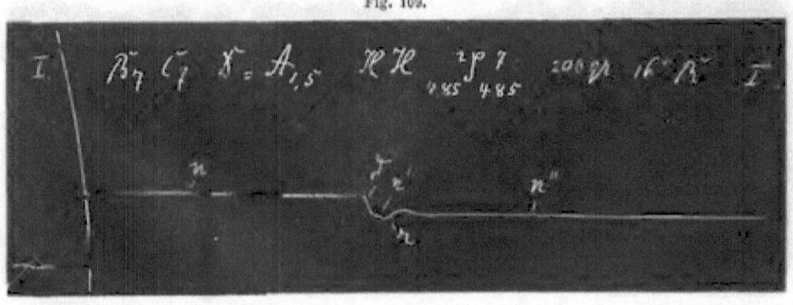

hiebei nicht statt, sondern beide Wellen werden in einiger Entfernung vom Interferenzpunkte wieder nachweisbar.

Die Versuchsbedingungen sind für Fig. 110 dieselben wie für Fig. 103; nur die Applikationsstelle des Sphygmographen ist eine andere. Näher besprochen wurde die Versuchsanordnung der Fig. 103 in § 64.

Fig. 110.

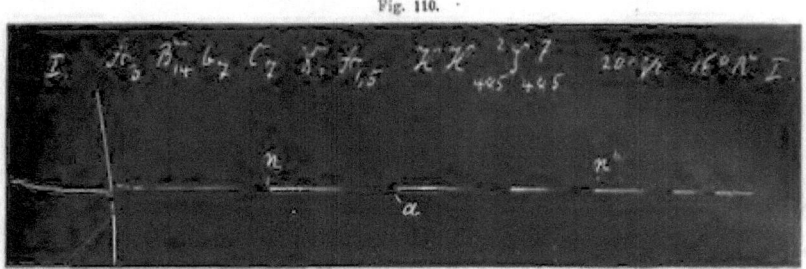

An den Schlauchenden finden Interferenzerscheinungen regelmässig statt zwischen primären Wellen und Reflexwellen.

§ 67. An den Schlauchenden finden Interferenzerscheinungen regelmässig statt, weil daselbst die Reflexwellen durch die primären Wellen hindurch gehen. Die Schlauchwellen haben bekanntlich eine sehr bedeutende Länge; brauchten z. B. die Ascensionslinie und Gipfellinie einer positiven Welle 0,2″ zu ihrem Entstehen, so berechnet sich daraus bei einer Wellengeschwindigkeit von 25 Metern in der Sekunde eine Wellenlänge von 5 Metern. Ist aber die primäre Welle 5 Meter lang, so werden Interferenzerscheinungen zwischen ihr und der zugehörigen Reflexwelle bis zu einer Entfernung von 2½ Metern vom reflectirenden Schlauchende nachweisbar sein. Am deutlichsten kommen diese Interferenzerscheinungen selbstverständlich am Schlauchende selbst zum Ausdruck.

Fig. 111.

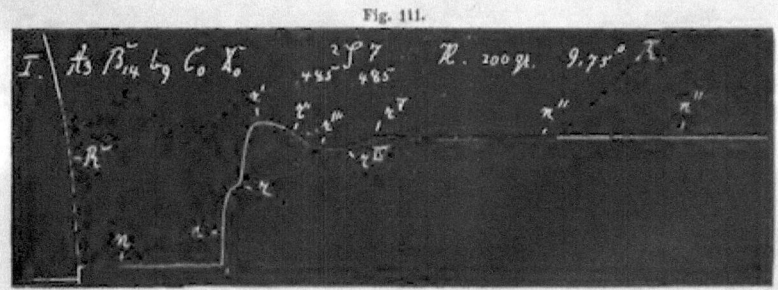

Am geschlossenen Schlauchende wird jede primäre Welle durch Interferenz erheblich verstärkt.

§ 68. Am geschlossenen Schlauchende wird jede primäre positive und negative Welle durch Interferenz erheblich verstärkt.

Nach § 46 wird vom vollständig geschlossenen Schlauchende jede positive Welle als positive Reflexwelle, und jede negative Welle als negative Reflexwelle zurückgeworfen. Es fällt also am geschlossenen Schlauchende mit jeder primären Welle immer eine gleichnamige Reflexwelle zusammen. Gleichnamige Wellen aber verstärken sich am Orte ihres Zusammentreffens (§ 65).

Fig. 111, 112 und *113* zeigen, wie die positive Reflexwelle r um so näher an die primäre positive Welle a heranrückt, je näher der Sphygmograph dem ge-

Fig. 112.

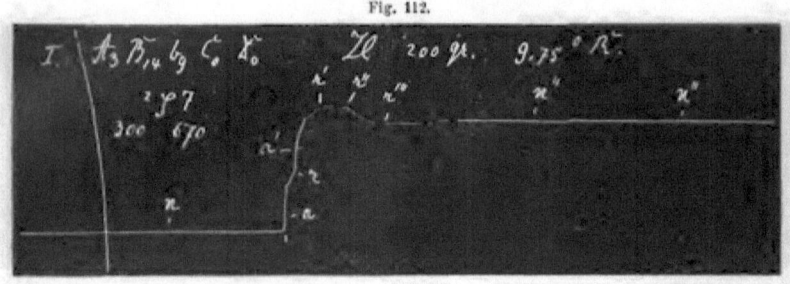

schlossenen peripheren Schlauchende kommt, und wie schliesslich (Fig. 113) die primäre positive Welle und die zugehörige positive Reflexwelle zusammen-

Fig. 113.

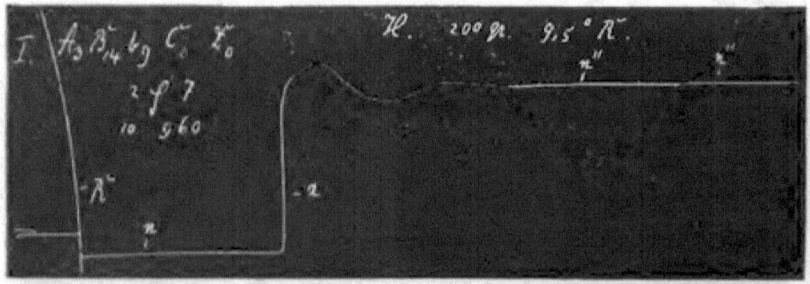

fallen, oder wie am geschlossenen Schlauchende die primäre positive Welle durch die gleichnamige Reflexwelle verstärkt wird. *Fig. 114, 115* und *116*

Fig. 114.

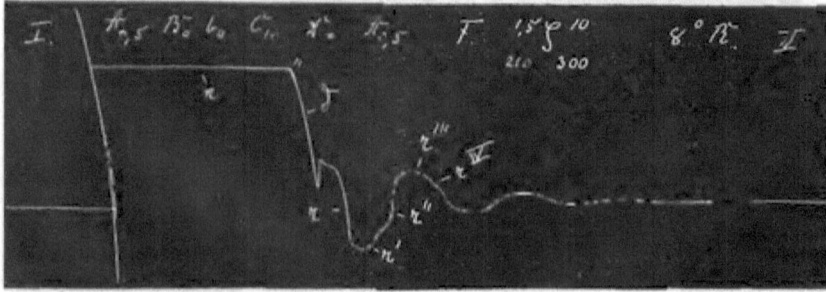

beweisen Analoges für die primäre centripetale negative Welle: je näher der Sphygmograph dem geschlossenen, reflectirenden (centralen) Schlauchende kommt, um so näher rückt die Descensionslinie der negativen Reflexwelle r

an die Descensionslinie *d* der primären Welle; schliesslich (Fig. 116) fallen
beide Descensionslinien in eine zusammen; die Descensionslinie *d* der Fig. 116

Fig. 115.

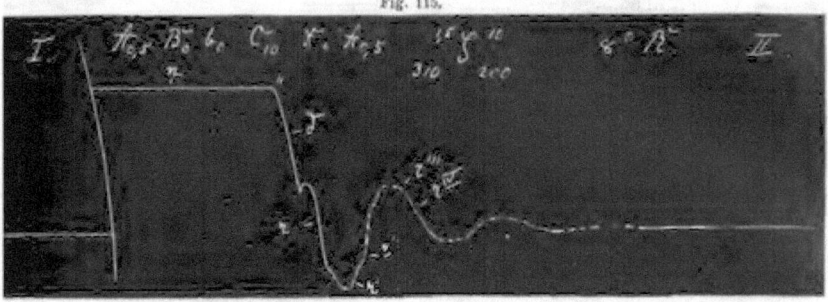

steigt desshalb erheblich tiefer herab in der Curvenzeichnung und beweist,
dass am geschlossenen Schlauchende die primäre negative Welle durch die
gleichnamige Reflexwelle verstärkt wird.

Fig. 116.

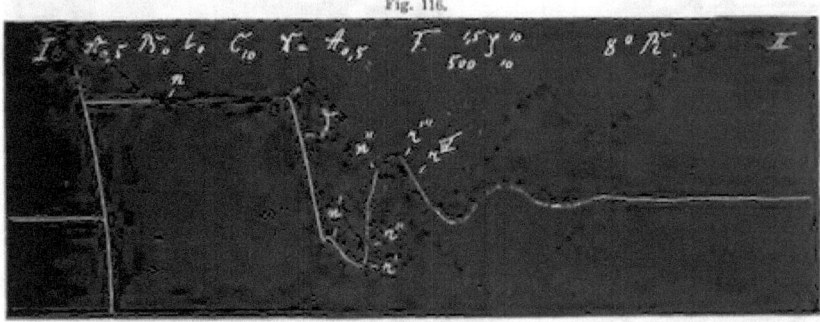

Am vollständig offenen Schlauchende wird jede primäre Welle durch Interferenz aufgehoben. **§ 69.** Am vollständig offenen Schlauchende wird jede primäre positive und jede primäre negative Welle durch Interferenz aufgehoben.

Fig. 117.

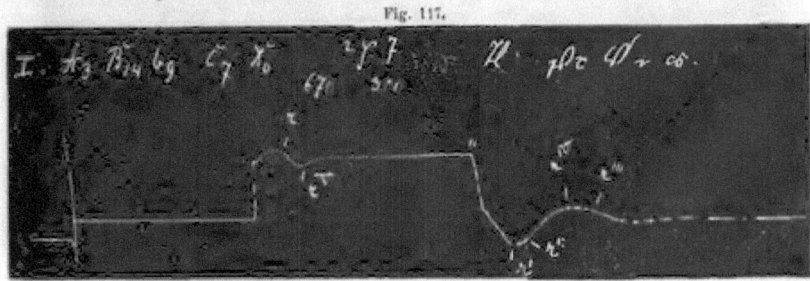

Nach § 47 wird vom vollständig offenen Schlauchende jede positive Welle
als negative Reflexwelle und jede negative Welle als positive Reflexwelle zu-

rückgeworfen. Es fällt also am vollständig offenen Schlauchende mit jeder primären Welle immer eine ungleichnamige Reflexwelle zusammen. Ungleichnamige Wellen aber heben sich am Orte ihres Zusammentreffens auf, wenn sie

Fig. 118.

gleich gross sind (§ 66). *Fig. 117* zeigt, dass bei vollständig offenem Schlauchende (C_7) auf die primäre positive Welle die negative Reflexwelle r folgt und auf die primäre negative Welle (bei $''$) die positive Reflexwelle r'. *Fig. 118*

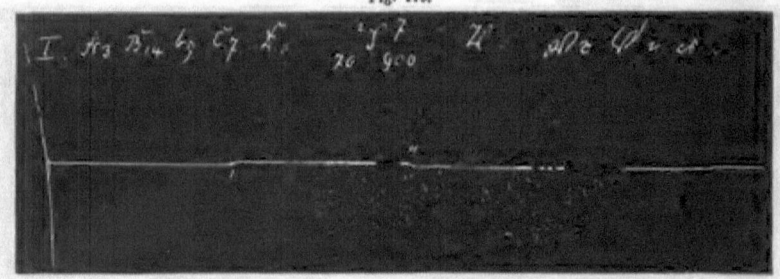
Fig. 119.

zeigt, wie diese Reflexwellen näher an die primären Wellen heranrücken, wenn der Sphygmograph bis auf 270 Cm. dem peripheren Schlauchende naherückt.

Fig. 120.

Fig. 119 beweist, dass 70 Cm. vom peripheren offenen Schlauchende entfernt die primären Wellen durch die zugehörigen ungleichnamigen Reflexwellen bei ($'$) und bei ($''$) nahezu aufgehoben sind. Rückt man den Sphygmographen bis an's periphere offene Schlauchende hinaus, etwa in die Stellung $_{10}S_{960}$, so zeichnet er während der ganzen Versuchsdauer lediglich eine gerade Linie (*Fig. 120*) zum Beweis, dass am vollständig offenen Schlauchende jede primäre positive Welle und jede primäre negative durch Interferenz aufgehoben wird.

Was vom vollständig offenen peripheren Schlauchende soeben gesagt wurde, gilt im Grossen und Ganzen auch vom vollständig offenen centralen Schlauchende, obwohl dasselbe in das mit Wasser gefüllte Standgefäss ausmündet; jede positive centripetale Welle wird daselbst durch die darauffolgende centrifugale negative Reflexwelle durch Interferenz aufgehoben und jede centripetale negative Welle durch die darauffolgende centrifugale positive Reflexwelle.

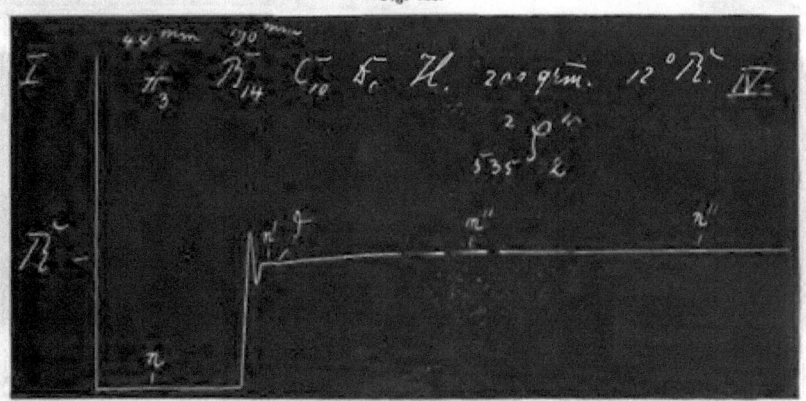

Fig. 121.

Bei der Versuchsanordnung der *Fig. 121*, welche den Sphygmographen nur 2 Cm. vom centralen Schlauchende entfernt zeichnen lässt, kommt die centripetale, vom offenen peripheren Schlauchende ausgehende negative Reflexwelle kaum zum Ausdruck, weil die centrifugale zweite positive Reflexwelle mit ihr zusammenfällt. Die Curve Fig. 121 zeigt dementsprechend nur eine sehr kleine Descensionslinie bei *d*. Dass diese centripetale negative Reflexwelle nicht vollständig durch Interferenz aufgehoben wird, hat seinen guten Grund, und die kleine Descensionslinie *d* ist nicht etwa auf einen zufälligen Zeichnungsfehler zurückzuführen. Ursache sind das 14 Mm. weite und 19 Cm. lange Ansatzrohr und das mit Wasser gefüllte Standgefäss, welche nach § 52 bewirken, dass ein Theil der negativen Reflexwelle gleichnamig zurückgeworfen wird. Zeichnet man an einem dünnwandigeren und dehnbareren Schlauche $^{1.5}S^{10}$, so ist der erwähnte, durch Interferenz nicht vollständig ausgeglichene Wellenrest noch deutlicher.

Reflexwellen, welche am vollständig offenen Schlauchende durch Interferenz mit primären Wellen verschwinden, werden nicht vernichtet, sondern treten später wieder auf. § 70. Fig. 117 u. 118 beweisen aber auch, dass die Reflexwellen wieder nachweisbar werden, wenn sie durch die primären Wellen hindurchgegangen sind, dass also eine **Vernichtung der Wellen in Folge gegenseitiger Durchkreuzung nicht stattfindet.**

84 I. Physikalischer Theil.

Die vom unvollständig geöffneten Schlauchende ausgehenden ungleichnamigen Reflexwellen verkleinern sich an allen Stellen des Schlauchs.

§ 71. Nach § 48 verwandelt sich jede primäre positive und jede primäre negative Welle am nicht vollständig geöffneten Schlauchende in zwei unter sich ungleichnamige, in gleicher Richtung miteinander verlaufende Reflexwellen. Da diese Reflexwellen gleiche Geschwindigkeit haben und in gleicher Richtung durch den Schlauch gehen, also nicht vorübergehend zusammentreffen, sondern beständig beisammen bleiben, so werden sich die in § 66 angegebenen Interferenzerscheinungen dauernd geltend machen, d. h. an allen Stellen des Schlauchs werden sich die beiden ungleichnamigen Reflexwellen verkleinern; in der Curvenzeichnung wird dementsprechend nur die grössere Reflexwelle zum Vorschein kommen und zwar verkleinert durch die kleinere. — *Fig. 122* und *123*

Fig. 122.

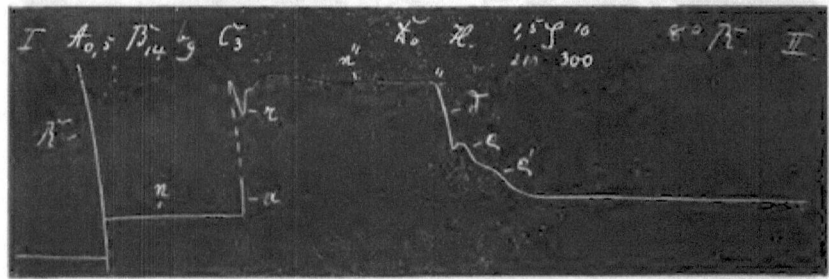

zeigen, dass bei positiver primärer Welle und bei einem Schlauch von 10 Mm. lichtem Durchmesser die positive Reflexwelle vorwiegt, wenn das Schlauchende 3 Mm. Durchmesser hat (C_3), und dass die negative Reflexwelle vorwiegt, wenn dieser Durchmesser 4,5 Mm. beträgt ($C_{4,5}$).

Fig. 123.

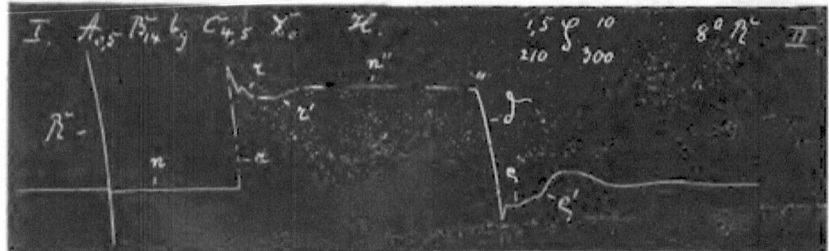

Sind diese Reflexwellen gleich gross, so vernichten sie sich.

§ 72. Sind aber die beiden ungleichnamigen, in gleicher Richtung verlaufenden Reflexwellen gleich gross, so müssen sie sich nach § 66 aufheben und zwar wegen ihrer gleichen Verlaufsrichtung an allen Stellen des Schlauches in dauernder Weise. Es ergibt sich also der Satz: Eine Vernichtung der Wellenbewegung durch Interferenz findet statt, wenn eine positive und eine gleich grosse negative Welle gleichzeitig von demselben Orte aus in derselben Richtung sich fortpflanzen.

Fig. 124.

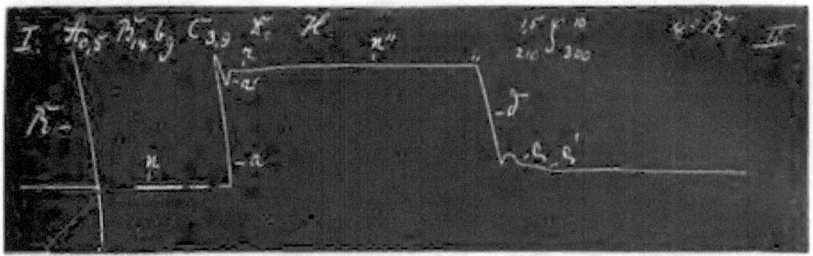

Fig. 124 zeigt, dass die Vernichtung der Reflexwelle eintritt, wenn das Schlauchende des 10 Mm. weiten Schlauches auf 3,9 Mm. verengt wird; es ist bei r nur noch die Andeutung einer Welle zu sehen. Vergleicht man mit dieser Curve die Curven *Fig. 125*, bei welcher die positive Reflexwelle r, und

Fig. 125.

Fig. 126, bei welcher die negative Reflexwelle r unverkleinert zu Tage treten, so wird das Gesagte noch anschaulicher; aus Fig. 126 ist auch ersichtlich, dass

Fig. 126.

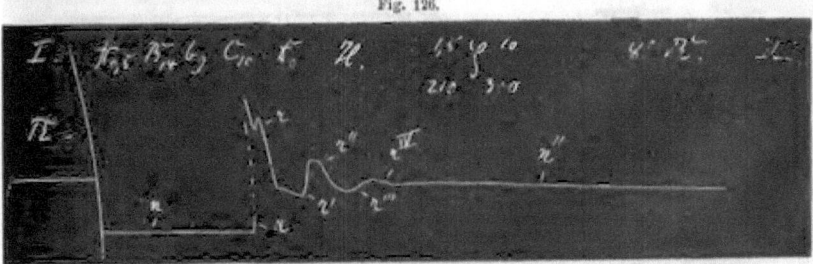

die kleine Ascensionslinie a' (Fig. 124) nicht etwa als Reflexwelle, sondern lediglich als Nachschwingung aufzufassen ist. In Fig. 125 schliesst sich die positive Reflexwelle r unmittelbar an diese kleine Ascensionslinie an.

86 1. Physikalischer Theil.

Für jedes Ende einer elastischen Röhre existirt ein Verengungsgrad, welcher die Reflexwellen vernichtet.

§ 73. Aus § 71 und 72 folgt, dass für jedes elastische Röhrenende ein Verengungsgrad existirt, welcher die Reflexwellen vernichtet. Es ist also möglich, die primäre Welle, welche am Schlauchende gewöhnlich durch Reflexwellen verändert wird, auch in der Nähe des Schlauchendes durch entsprechende Verengung desselben von dem Einfluss der Reflexwellen zu befreien.

F. Wellenbewegung in zusammengesetzten (verzweigten) elastischen Schläuchen.

Einfacher Schlauch mit einem Seitenzweig. Gabelförmig getheilter Schlauch.

§ 74. Geht von einem einfachen, elastischen Schlauch A (*Fig. 127*) an irgend einer Stelle M ein Seitenzweig B ab, so dringt jede Wellenbewegung, welche A durchläuft, auch in den Seitenzweig B

Fig. 127.

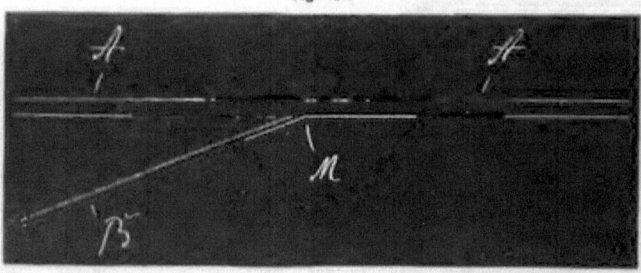

ein, mag dieser in spitzem oder stumpfem Winkel von A abgehen, weiter oder enger sein als A, oder mit andern Worten: an der Stelle M theilt sich die primäre Welle p in zwei Zweige a und b.

Fig. 128.

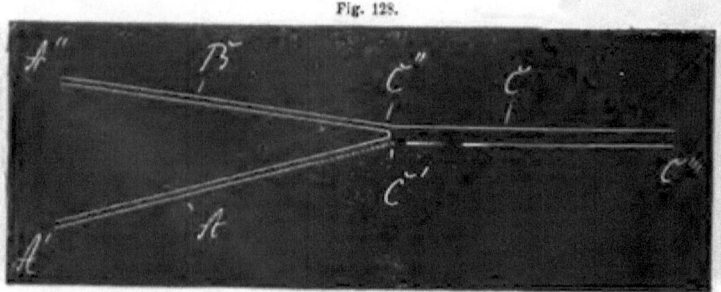

Daraus folgt, dass eine am freien Ende A'' des Schlauches B *Fig. 128* erregte, positive Welle nicht nur in dem Schlauche C nachzuweisen ist, sondern auch in *A*; *Fig. 129* zeigt die positive Welle *a*, welche der Sphygmograph unter diesen Bedingungen in der Mitte des Schlauches *A* zeichnet.

Fig. 129.

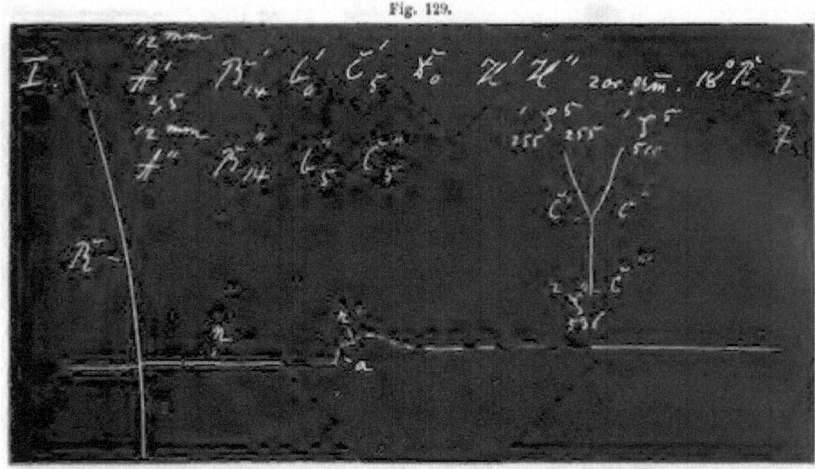

Reflexwellen an der Theilungsstelle eines Schlauchs. § 75. Unter welchen Bedingungen an der Theilungsstelle eines Schlauchs die primäre Welle entweder theilweise gleichnamig reflectirt wird oder eine ungleichnamige Reflexwelle erregt, ist aus § 54 ersichtlich; daraus ergibt sich auch, dass an der Theilungsstelle eines Schlauchs in der Regel irgend eine Reflexwelle entsteht, und dass nur unter ganz bestimmten Voraussetzungen das Auftreten von Reflexwellen unterbleibt, wenn nämlich

Fig. 130.

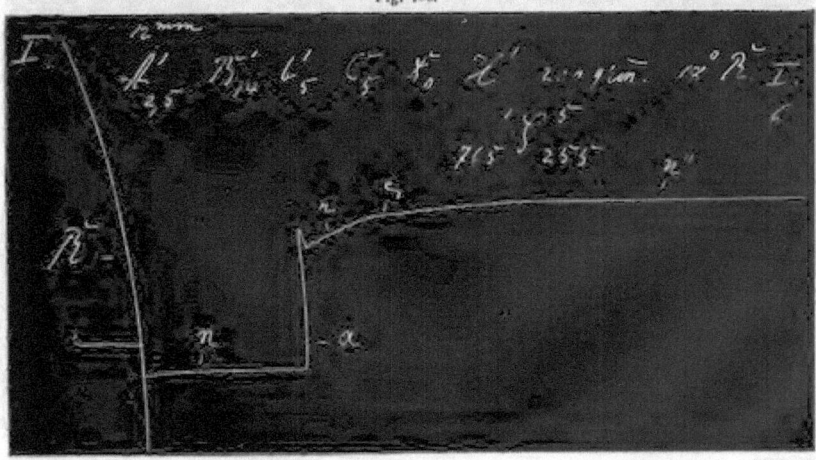

für bestimmte Druckwerthe die Inhaltsdifferenz der Längeneinheit des Hauptrohres gleich ist der Inhaltsdifferenz der Längeneinheit der Zweigröhren. Dass die Erfüllung dieser Voraussetzung nicht ganz leicht ist, liegt auf der Hand; dagegen lässt sich für den concreten Fall leicht ermitteln, ob sie erfüllt ist oder nicht; das Verfahren ist folgendes: durch einen 1020 Cm. langen elastischen, am peripheren Ende vollständig offenen Schlauch, welcher in der Stellung $_{765}S_{255}$ den Sphygmographen trägt, wird eine positive Welle nach der Methode I geschickt. Der Sphygmograph zeichnet *Fig. 130*. Nun wird der Schlauch in der Mitte durchgeschnitten, mit einem Gabelrohr aus Metall armirt, an welches zwei andere elastische Schläuche von je 5 M. Länge angesetzt sind. Zeichnet nun der Sphygmograph eine Curve, welche bis zum Auftreten der mit ϱ bezeichneten Reflexwelle gleich ist der Curve Fig. 130 und insbesondere dieselbe Steigung der Linie r aufweist, so hat eine Wellenreflexion an der Theilungsstelle nicht stattgefunden und die oben erwähnte Voraussetzung war erfüllt. Der weitere Verlauf der etwa auftretenden Reflexwellen lässt sich nach den über Reflexwellen von mir aufgestellten Sätzen leicht construiren.

Fig. 131.

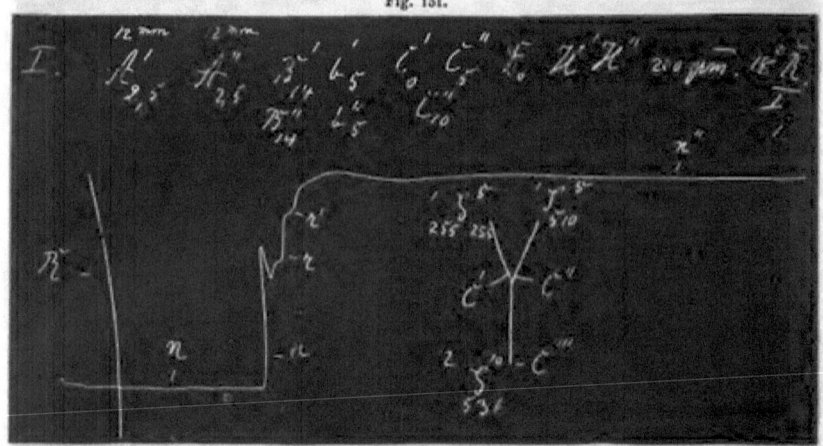

Verlauf zweier gleichen Wellen, welche gleichzeitig von den peripheren Enden zweier Zweigröhren ausgehen.

§ 76. Wenn von den beiden Enden A' und A'' (Fig. 128) zweier gleichen Zweigröhren A und B je eine gleich grosse, positive Welle nach C' und C'' verläuft und gleichzeitig daselbst ankommt, so tritt ein Zweig der von A' kommenden Welle in die Röhre C und ein zweiter Zweig in die Röhre B über; ebenso verläuft ein Zweig der von A'' kommenden Welle nach C und ein zweiter Zweig nach A. Der Beweis hiefür folgt aus den Curven *Fig. 131, 132, 133, 134* und *135*. Der Sphygmograph war in der Mitte des Zweigrohres A aufgesetzt. War C' geschlossen, so wurde daselbst die von A' kommende, positive Welle a vollständig positiv reflectirt und lief als positive Reflexwelle r nach A' zurück (Fig. 131). War dagegen C' vollständig offen und mündete es frei in ein flaches Wassergefäss, so wurde die primäre Welle a vollständig negativ reflectirt und lief als negative Reflexwelle r nach A' zurück (Fig. 132). War aber der Zweig $A'\,C'$ mit den übrigen Schläuchen verbunden und bei C' offen, während C'' geschlossen war, so konnte die von A' kommende Welle a nur in die Röhre C übertreten. Letztere hatte 10 Mm. Durchmesser, die

Fig. 132.

Röhre A aber nur 5 Mm. Durchmesser; es konnte also die Welle a vollständig in die Röhre C eindringen und erregte an der Verbindungsstelle noch eine ungleichnamige Reflexwelle r, welche (§ 50) nach A' zurücklief. Die

Fig. 133.

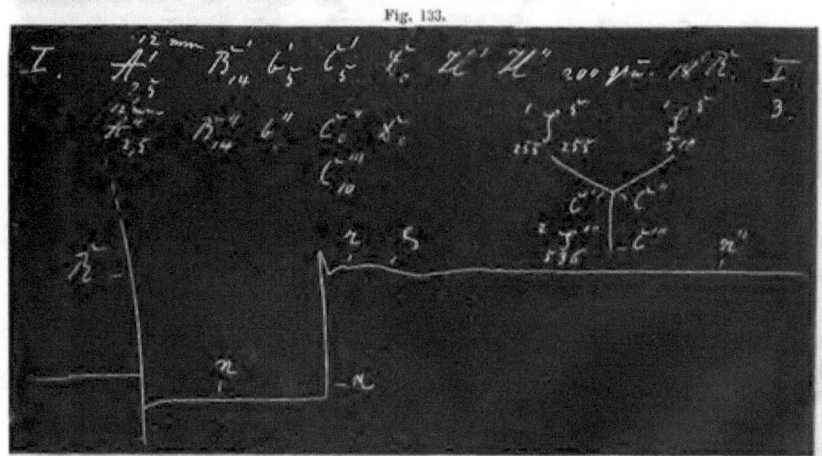

Welle a wurde an dem offenen Ende C''' vollständig negativ reflectirt, lief nach C zurück, drang theilweise in die Röhre A ein und wurde vom Sphygmographen bei ϱ gezeichnet (Fig. 133).

Waren C' und C'' vollständig offen und mit Röhre C verbunden, so konnte die von A' kommende Welle a nicht nur nach C übertreten, sondern auch nach B, an der Verbindungsstelle trat also eine grössere negative Welle r auf als im vorigen Fall; die Welle a lief zum Theil nach B, zum grösseren

Fig. 134.

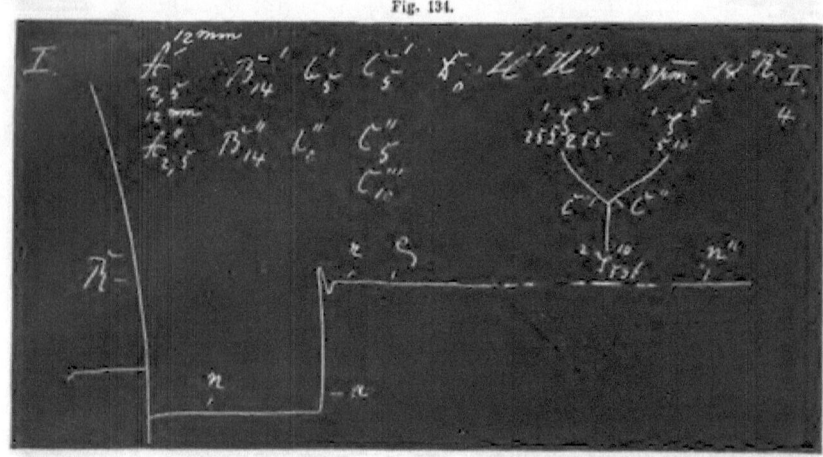

Theil nach C, bei A'' wurde sie positiv, bei C''' negativ reflectirt, in die Röhre A traten also ziemlich gleichzeitig eine kleinere positive und eine grössere negative Reflexwelle, welche sich zum Theil durch Interferenz aufhoben, wesshalb diessmal (Fig. 134) der Sphygmograph eine kleinere negative

Fig. 135.

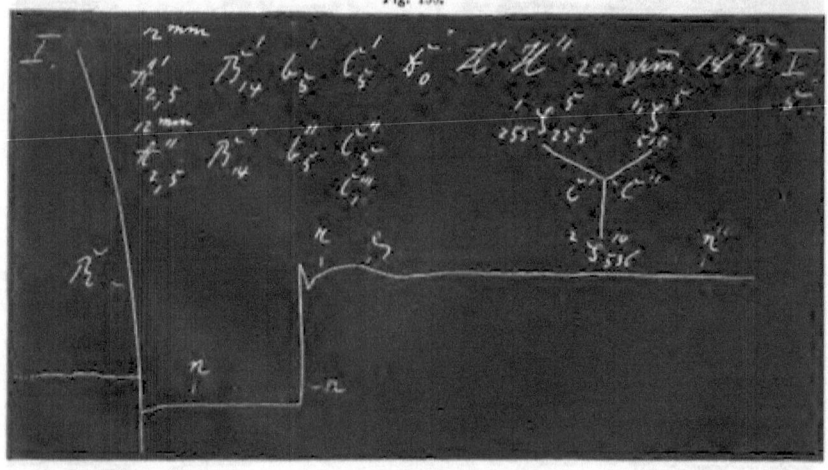

Reflexwelle ϱ zeichnete als im vorigen Fall. Gingen aber von A' eine positive Welle a' aus und eine gleich grosse a'' von A'', und waren C und C' in offener Communication mit C, so konnte die Welle a' nach C übertreten und nach B, und es musste die nach A' zurücklaufende negative Welle r ebenso auftreten wie in Fig. 134, wenn nicht gleichzeitig ein Zweig der Welle a'' nach A übertrat und mit der negativen Welle r nach A' verlief; in letzterem Fall aber musste die Welle r durch Interferenz aufgehoben werden. Fig. 135 zeigt, dass dies wirklich der Fall war; bei r ist auf der Curve von der negativen Welle nichts mehr zu sehen, und damit ist bewiesen, dass sowohl die Welle a' als auch die Welle a'' an der Verbindungsstelle in je zwei Zweige sich theilten und dass a' je einen Zweig nach C und B, a'' aber je einen Zweig nach C und A abgab.

Uebersicht der erhaltenen Resultate. §77. Demnach pflanzt sich die Wellenbewegung nicht bloss aus einem weiteren Schlauch in einen engeren Seitenschlauch fort, sondern auch umgekehrt aus einem engeren in einen weiteren Schlauch. Und wenn sich der aus einem engeren Schlauch kommenden Welle zwei Bahnen erschliessen, eine weite und eine enge, so tritt sie in beide Bahnen auch dann ein, wenn die eine der beiden Bahnen einen sehr stumpfen Winkel mit der ursprünglichen Richtung der Welle bildet; letzteres findet auch dann statt, wenn der in eine andere Bahn einlenkenden Welle am Beginn dieser Bahn eine gleich grosse, gleichnamige Welle entgegen kommt.

Mehrfach verzweigte Röhren. Anwendung auf das arterielle Gefässsystem. §78. Was von einer oder zwei Zweigröhren gilt, findet selbstverständlich auch bei mehrfacher Verzweigung statt, und so lässt sich allgemein sagen: Geht von irgend einer Stelle eines verzweigten Gefässsystems eine Wellenbewegung aus, so pflanzt sie sich in alle Zweige fort, welche in Communication mit diesem System stehen.

Auf das Arteriensystem des Menschen angewendet, führt dieser Satz zunächst zu der allbekannten Thatsache, dass die vom Herzen ausgehende Wellenbewegung in alle peripheren Zweige sich fortpflanzt, dann aber auch zu dem Schluss, dass eine an irgend einer peripheren Stelle z. B. in der Art. radialis auftretende Reflexwelle nicht blos wieder zum Herzen zurückkehrt, sondern auch in alle übrigen Arterien sich fortpflanzt, so dass am Herzen nur ein Theil dieser Reflexwelle ankommt. — Angenommen, die Aorta sei ein Meter lang, habe den Querschnitt Q und theile sich an ihrem peripheren Ende in z einander gleiche Zweige, deren jeder den Querschnitt $q = \dfrac{Q}{z}$ habe, ein Meter lang sei und am peripheren Ende sich in feinste Arterienzweige auflöse; an diesem peripheren Verästlungsgebiet werde der ankommende Theil $\dfrac{a}{z}$ der primären Welle a, welche vom Aortenanfang ausgeht und in 1 Sec. 10 Meter zurücklege, zur Hälfte gleichnamig reflectirt, die andere Hälfte erlösche im Verästlungsgebiet, so wird, wenn man die Verkleinerung der Wellen, welche sie an den Gefässwandungen ohne Reflexion erfahren, vernachlässigt, an der Theilungsstelle B der Aorta die Welle a 0,1 Sec. nach ihrem Beginn im Aortenanfang in z Theile zerfallen, von denen je einer $= \frac{a}{z}$ in jeden Zweig eintritt. Nach 0,2 Sec. wird jede dieser z Wellen an den Verästlungsgebieten der Zweige zur Hälfte zurückgeworfen; jede dieser z Reflexwellen hat somit die Grösse $r_1 = \frac{a}{2z}$. Nach 0,3″ erreichen diese ersten Reflexwellen die Theilungsstelle B und jede theilt sich hier in $2z - 1$ Theile, von welchen jeder die Grösse $\frac{r_1}{2z-1}$ hat; je ein solcher Theil tritt in jeden der übrigen $(z-1)$ Zweige ein und z solcher Theile verlaufen in die Aorta, weil $Q = zq$. Von jeder Reflexwelle $r_1 = \frac{a}{2z}$ verlaufen also nach 0,3″ $z-1$ Theile, welche zusammen $\frac{(z-1)\,r_1}{2z-1}$ betragen, in die übrigen Gefässzweige und z Theile, welche zusammen $\frac{z\,r_1}{2z-1}$ betragen, in die Aorta. Da jeder der z Gefässzweige von jedem der übrigen $(z-1)$ Gefässzweige einen Reflexwellentheil $= \frac{r_1}{2z-1}$ erhält, so bekommt jeder der z Gefässzweige von den übrigen Zweigen in Summe $z-1$ Reflexwellentheile $= \frac{r_1\,(z-1)}{2z-1}$; jeder Zweig erhält also von den übrigen Zweigen soviel zu derselben Zeit zurück als er an sie abgibt. Da die Aorta von jedem der z Zweige einen Reflexwellentheil $= \frac{r_1 \cdot z}{2z-1}$ erhält, so bekommt sie von allen zusammen z solcher Theile $= \frac{r_1\,z^2}{2z-1}$. Man kann also sagen: Nach 0,3″ tritt in jeden Gefässzweig eine zweite Welle ein $w_2 = r_1\,\frac{z-1}{2z-1}$ und in die Aorta eine Welle $k_2 = r_1\,\frac{z^2}{2z-1}$. Nach 0,4″ verwandelt sich w_2 in die Reflexwelle $r_2 = \frac{w_2}{2}$, und k_2 in die gleich grosse Reflexwelle $\varrho_2 = k_2$.

Diese Reflexwellen, nämlich $z \cdot r_2$ und ϱ_2 erreichen nach 0,5″ die Theilungsstelle B und dringen in die sich hier eröffnenden Bahnen ein; in jeden Gefässzweig gelangt also nach 0,5″ eine dritte Welle w_3, welche aus zwei Theilen besteht; der eine Theil $= r_2\,\frac{z-1}{2z-1}$ stammt von den übrigen Gefässzweigen und der andere Theil $= \frac{\varrho_2}{z}$ von der Aorta: es ist also $w_3 = r_2\,\frac{z-1}{2z-1} + \frac{\varrho_2}{z}$; in die Aorta tritt nach 0,5″ eine dritte Welle k_3 ein, welche aus z Theilen besteht, die von den Gefässzweigen kommen; jeder dieser z Theile ist gleich $r_2\,\frac{z}{2z-1}$ und demnach ist die Welle $k_3 = r_2\,\frac{z^2}{2z-1}$.

Setzt man dieses Verfahren fort, so erhält man an den peripheren Enden der Gefässzweige nach 0,6″ z Reflexwellen, von denen jede $r_3 = \frac{w_3}{2}$ ist, und am verschlossenen Aortenanfang eine Reflexwelle $\varrho_3 = k_3$.

Nach 0,7″ tritt in jeden Gefässzweig eine vierte Welle ein $w_4 = r_3 \frac{z}{2z-1} + \frac{\varrho_3}{z}$ und in die Aorta eine vierte Welle $k_4 = r_3 \frac{z^2}{2z-1}$ u. s. w.

Setzt man $\beta = \frac{z-1}{2z-1}$ und $\delta = \frac{z^2}{2z-1}$, so ergibt sich folgende Uebersicht über die erwähnten Wellen:

Bei 0,0″ entsteht am Aortenanfang die primäre Welle a.

Nach 0,1″ tritt in jeden Gefässzweig ein $w_1 = \frac{a}{z}$ und in die Aorta $k_1 = 0$

„ 0,3″ „ „ „ „ $w_2 = \frac{w_1 \cdot \beta}{2}$ „ $k_2 = \frac{w_1 \delta}{2}$

„ 0,5″ „ „ „ „ $w_3 = \frac{w_2 \cdot \beta}{2} + \frac{k_2}{z}$ „ $k_3 = \frac{w_2 \delta}{2}$

„ 0,7″ „ „ „ „ $w_4 = \frac{w_3 \beta}{2} + \frac{k_3}{z}$ „ $k_4 = \frac{w_3 \delta}{2}$

„ 0,9″ „ „ „ „ $w_5 = \frac{w_4 \beta}{2} + \frac{k_4}{z}$ „ $k_5 = \frac{w_4 \delta}{2}$

u. s. w.

Bei 0,0″ entsteht am Aortenanfang die primäre Welle a.
Nach 0,2″ entsteht am peripheren Ende jedes Gefässzweiges

die Reflexwelle $r_1 = \frac{w_1}{2}$ und am Aortenanfang $\varrho_1 = 0$,

„ 0,4″ „ „ $r_2 = \frac{w_2}{2}$ „ „ „ $\varrho_2 = k_2$

„ 0,6″ „ „ $r_3 = \frac{w_3}{2}$ „ „ „ $\varrho_3 = k_3$

„ 0,8″ „ „ $r_4 = \frac{w_4}{2}$ „ „ „ $\varrho_4 = k_4$

„ 1,0″ „ „ $r_5 = \frac{w_5}{2}$ „ „ „ $\varrho_5 = k_5$

u. s. w.

Die Werthe $\beta = \frac{z-1}{2z-1}$ und $\delta = \frac{z^2}{2z-1}$ variiren selbstverständlich mit der Anzahl der Gefässzweige $= z$: je grösser z wird, um so mehr nähert sich der Werth von β dem Werthe 0,5, der Werth von δ aber dem Werthe $\frac{z}{2}$. Berechnet man für eine Reihe von Werthen von z, also für verschiedene Gefässzweigzahlen die Werthe von w_1, w_2 u. s. w. und von k_1, k_2 u. s. w., so ergibt sich folgende Uebersicht:

Theilt sich die Aorta in zwei gleiche Zweige, so ist

$$w_1 = 0{,}5\ a \quad > k_1 = 0{,}0\ a$$
$$w_2 = 0{,}0832\ a \quad < k_2 = 0{,}3332\ a$$
$$w_3 = 0{,}1804\ a \quad > k_3 = 0{,}0554\ a$$
$$w_4 = 0{,}0577\ a \quad < k_4 = 0{,}1202\ a$$
$$w_5 = 0{,}0698\ a \quad > k_5 = 0{,}0386\ a$$

„ „ die Aorta in drei gleiche Zweige, so ist

$$w_1 = 0{,}3333..\ a \quad > k_1 = 0{,}0\ a$$
$$w_2 = 0{,}0666..\ a \quad < k_2 = 0{,}3\ a$$
$$w_3 = 0{,}1133..\ a \quad > k_3 = 0{,}06\ a$$
$$w_4 = 0{,}0427\ a \quad < k_4 = 0{,}102\ a$$
$$w_5 = 0{,}0425\ a \quad > k_5 = 0{,}0384\ a$$

„ „ die Aorta in vier gleiche Zweige, so ist

$$w_1 = 0{,}25\ a \quad > k_1 = 0{,}0\ a$$
$$w_2 = 0{,}0536\ a \quad < k_2 = 0{,}2858\ a$$
$$w_3 = 0{,}0829\ a \quad > k_3 = 0{,}0613\ a$$
$$w_4 = 0{,}0331\ a \quad < k_4 = 0{,}0948\ a$$
$$w_5 = 0{,}0308\ a \quad < k_5 = 0{,}0378\ a$$

„ „ die Aorta in fünf gleiche Zweige, so ist

$$w_1 = 0{,}2\ a \quad > k_1 = 0{,}0\ a$$
$$w_2 = 0{,}0444\ a \quad < k_2 = 0{,}2777..\ a$$
$$w_3 = 0{,}0654\ a \quad > k_3 = 0{,}0616\ a$$
$$w_4 = 0{,}0269\ a \quad < k_4 = 0{,}0907\ a$$
$$w_5 = 0{,}0241\ a \quad < k_5 = 0{,}0374\ a$$

„ „ die Aorta in sechs gleiche Zweige, so ist

$$w_1 = 0{,}1666..\ a \quad > k_1 = 0{,}0\ a$$
$$w_2 = 0{,}0379\ a \quad < k_2 = 0{,}2727\ a$$
$$w_3 = 0{,}0541\ a \quad < k_3 = 0{,}0619\ a$$
$$w_4 = 0{,}0226\ a \quad < k_4 = 0{,}0885\ a$$
$$w_5 = 0{,}0198\ a \quad < k_5 = 0{,}0370\ a$$

„ „ die Aorta in zehn gleiche Zweige, so ist

$$w_1 = 0{,}1\ a \quad > k_1 = 0{,}0\ a$$
$$w_2 = 0{,}0237\ a \quad < k_2 = 0{,}2631\ a$$
$$w_3 = 0{,}0319\ a \quad < k_3 = 0{,}0624\ a$$
$$w_4 = 0{,}0137\ a \quad < k_4 = 0{,}0843\ a$$
$$w_5 = 0{,}0117\ a \quad < k_5 = 0{,}0364\ a$$

„ „ die Aorta in fünfzig gleiche Theile, so ist

$$w_1 = 0{,}02\ a \quad > k_1 = 0{,}0\ a$$
$$w_2 = 0{,}0049\ a \quad < k_2 = 0{,}2525..\ a$$
$$w_3 = 0{,}0063\ a \quad < k_3 = 0{,}0625\ a$$
$$w_4 = 0{,}0028\ a \quad < k_4 = 0{,}0793\ a$$
$$w_5 = 0{,}0033\ a \quad < k_5 = 0{,}0354\ a.$$

F. Wellenbewegung in zusammengesetzten (verzweigten) elastischen Schläuchen. 95

Daraus ist folgendes ersichtlich:

Theilt sich die Aorta in 2 gleiche Zweige, so ist $w_2 = \dfrac{w_1}{6}$

„ „ „ „ „ 3 „ . „ „ „ $w_2 = \dfrac{w_1}{5}$

„ „ „ „ „ 4 „ „ „ „ $w_2 = \dfrac{w_1}{4{,}666\ldots}$;

je grösser die Anzahl der Gefässzweige wird, um so mehr nähert sich der Divisor von w_1 dem Werthe 4, weil allgemein $w_2 = \dfrac{w_1}{2}\beta$; $\dfrac{\beta}{2}$ nähert sich aber um so mehr dem Werth $^1/_4$, je grösser z wird. Man kann also sagen: Wenn in der Peripherie der Gefässzweige die zuerst ankommende Welle w_1 zur Hälfte gleichnamig reflectirt wird und wenn man die Verkleinerung der Wellen durch die Gefässwand nicht berücksichtigt, so ist die zweite, in einen Gefässzweig eintretende Welle w_2 höchstens $^1/_4$ der Welle w_1.

Wird in der Peripherie der Gefässzweige von der Welle w_1 nur $^1/_3$ reflectirt, so ist w_2 höchstens $^1/_6$ der Welle w_1, wird von w_1 nur $^1/_4$ reflectirt, so ist w_2 höchstens $^1/_8$ der Welle w_1 u. s. w.

Ferner ergibt sich, dass bei zwei und drei Gefässzweigen w_1, w_3, w_5, grösser sind als die in die Aorta verlaufenden Wellen k_1, k_3, k_5, und dass w_2, w_4, kleiner sind als k_2, k_4; dass aber schon bei vier und bei fünf Gefässzweigen k_4 den Werth von w_4 übersteigt und dass bei sechs und mehr Gefässzweigen w_2, w_3, w_4, und w_5 sämmtlich kleiner sind als k_2, k_3, k_4, k_5.

Man kann also sagen: Wenn in der Peripherie der Gefässzweige die Hälfte jeder ankommenden Welle gleichnamig reflectirt wird und wenn die Verkleinerung der Wellen durch die Gefässwand ausser Rechnung bleibt, so sind die in die Aorta eintretenden Reflexwellen constant grösser als die in die Gefässzweige eintretenden Reflexwellen, sobald sechs oder mehr Gefässzweige vorhanden sind.

Ferner geht aus den Uebersichten hervor, dass w_3 constant die Welle w_2 an Grösse übertrifft und zwar um so mehr, je weniger Gefässzweige vorhanden sind.

Sind die peripheren Enden der Gefässzweige aber nicht alle gleich weit vom Aortenanfang entfernt, weil die Zweige verschiedene Längen haben und an verschiedenen Stellen der Aorta abgehen, und haben die einzelnen Zweige nicht gleiche Querschnitte, so werden die ersten, in jeden Gefässzweig eintretenden Wellen z w_1 selbstverständlich an der Peripherie nicht mehr gleichzeitig reflectirt und die Reflexwellen treten auch nicht mehr gleichzeitig in die Aorta und die übrigen Zweige ein, es sind also auch die Wellen w_2 und k_2 nicht mehr gleichzeitig und ebensowenig die Wellen w_3 und k_3 u. s. w.

Ferner treten die einzelnen Theile der Welle w_2, welche, wie oben erwähnt gleich ist r, $\frac{z-1}{2z-1}$, und somit aus z — 1 Theilen besteht, auch nicht mehr gleichzeitig in einen Gefässzweig ein, und endlich sind auch die z — 1 Theile der Welle w_2 einander nicht mehr gleich, da die Gefässzweige verschiedene Querschnitte haben; es lösen sich vielmehr die einzelnen Wellen w_2, w_3, w_4 u. s. w. und ebenso die Wellen k_2, k_3, k_4 u. s. w. in Reihen nacheinander auftretender Reflexwellen auf, und in Folge dessen kann es in keinem Gefässzweige mehr zu einer grösseren, von den übrigen Wellen sich deutlich abhebenden Welle kommen.

G. Abnahme und Erlöschen der Wellenbewegung in einfachen, elastischen Schläuchen.

Eine Welle durchläuft um so grössere Schlauchlängen, je grösser ihre bewegende Kraft und je kleiner die zu überwindenden Widerstände sind. § 79. Für die Sphygmographie ist es von Bedeutung, über die Abnahme und das Erlöschen der Wellenbewegung in elastischen Schläuchen Näheres zu erfahren.

Jede Welle ist die Trägerin einer Summe bewegender Kräfte und hat auf ihrem Wege durch einen elastischen Schlauch Widerstände zu überwinden, welche sie allmälig vernichten (vergl. § 44). Demnach durchläuft eine Welle bis zu ihrem Erlöschen um so grössere Schlauchlängen, je grösser einerseits die Summe ihrer bewegenden Kräfte und je kleiner anderseits die Widerstände sind, welche sie auf ihrem Wege zu überwinden hat.

Die bewegende Kraft der Welle ist um so grösser, je grösser die Flüssigkeitsmenge ist, durch deren Eintritt in den Schlauch die Welle entsteht. § 80. Aus § 16 ist ersichtlich, dass eine positive Welle entsteht, wenn eine neue Flüssigkeitsmenge in den Schlauch eingetrieben wird. Es fragt sich nun, in welchem Zusammenhange steht die bewegende Kraft der Welle mit der Quantität der eingetriebenen Flüssigkeit.

Die experimentelle Untersuchung dieser Frage geschah in folgender Weise: An das Standgefäss der I. Wellenerregungsmethode wurde mittelst Ansatzrohrs ein elastischer Schlauch I befestigt; das periphere Ende dieses Schlauchs mit Schlauch II verbunden, welcher weiter ist als Schlauch I und welcher während der ganzen Versuchsdauer den Sphygmographen trug und unverändert blieb; der Sphygmograph wechselte seinen Platz nicht. — Da aus dem Standgefässe unter sonst gleichen Bedingungen um so mehr Wasser ausfliesst, je höher die Wassersäule in demselben und je grösser der Durchmesser des Ansatzrohres ist, so hatte man nur diese Faktoren nacheinander zu variiren, und zu beobachten, wie der Sphygmograph jede dieser Versuchsänderungen beantwortete. Es stellte sich heraus, dass der Sphygmograph unter den Bedingungen, welche das in den Schlauch I tretende Flüssigkeitsquantum vermehren, auch eine grössere Welle zeichnet.

Man kann also sagen: Die bewegende Kraft der Welle ist um so grösser, je grösser die Flüssigkeitsmenge ist, durch deren Eintritt in den Schlauch die Welle entsteht.

Die bewegende Kraft der Welle ist um so grösser, je grösser der Durchmesser und je grösser die Dehnbarkeit des Schlauches ist.
§ 81. Da unter sonst gleichen Bedingungen aus dem Standgefäss um so mehr Wasser in den Schlauch I eindringt, je weiter und je dehnbarer derselbe ist — dabei ist vorausgesetzt, dass der Querschnitt des Ansatzrohres, welches den Schlauch mit dem Standgefäss verbindet, nicht kleiner ist als der Querschnitt des angewandten Schlauches — so ergeben sich aus dem im vorigen Paragraph entwickelten Satze weiter nachstehende Sätze:

1) Die bewegende Kraft der Welle ist um so grösser, je grösser caet. par. der Durchmesser des Schlauches ist.

2) Die bewegende Kraft der Welle ist um so grösser, je grösser caet. par. die Dehnbarkeit des Schlauches ist.

Die Schlauchlänge, welche eine Welle bis zu ihrem Erlöschen durchlaufen kann, ist abhängig vom Querschnitt und von der Mantelfläche des Schlauchs.
§ 82. Die Widerstände, welche die Welle zu überwinden hat, gehen vorzüglich von der Wand des Schlauches aus; je grösser die Wandfläche ist, welche die Welle auf gleicher Weglänge berührt, um so mehr verliert sie an bewegender Kraft.

Demnach hängt bei gleicher Dehnbarkeit der Schläuche die Schlauchlänge, welche eine Welle bis zu ihrem Erlöschen durchlaufen kann, ab vom Querschnitt (q) des Schlauches und von der Wandfläche (m) desselben; je grösser das Verhältniss $\frac{m}{q}$ ist, um so früher erlischt die Welle, und umgekehrt.

H. Abnahme und Erlöschen der Wellenbewegung in zusammengesetzten, elastischen Schläuchen.

Der Weg, welchen eine Welle in zusammengesetzten, elastischen Schläuchen bis zu ihrem Erlöschen durchlaufen kann, ist abhängig von den Querschnitten und Mantelflächen der einzelnen Schläuche.
§ 83. Wird von einem elastischen Schlauche A, welcher mit dem Standgefäss verbunden ist und beispielsweise 18 Meter Länge hat, ein 14 Meter langes Stück abgeschnitten und durch einen anderen Schlauch B oder durch mehrere Schläuche B, C, D u. s. w. von je 14 Meter Länge ersetzt, so hat man ein zusammengesetztes Röhrensystem. Es fragt sich nun, ob eine in den Schlauch A eindringende Welle in dem angesetzten Schlauche B oder in den angesetzten Schläuchen B, C, D rascher abnimmt als in dem ursprünglich vorhandenen Stücke des Schlauches A.

Die Untersuchung, bei welcher vorausgesetzt ist, dass alle in Betracht kommenden Schläuche gleiche Dehnbarkeit haben, ergibt Folgendes:

1) Ist der Querschnitt q′ des Schlauches B oder die Summe der Querschnitte q′ + q″ + q‴ u. s. w. der Schläuche B, C, D u. s. w. **kleiner** als der Querschnitt q des Schlauches A, so kann die Welle aus dem Schlauche A nur theilweise in die Schläuche B, C, D u. s. w. eindringen, ein Theil der Welle wird an der Verbindungsstelle der Schläuche reflectirt. Der andere Theil der Welle, welcher sich in die Schläuche B, C, D fortpflanzt, wird nach Massgabe des Verhältnisses $\frac{q'}{m'}$ resp. $\frac{q' + q'' + q'''....}{m' + m'' + m''''....}$ erschöpft. Da jedes dieser Verhältnisse kleiner ist als das Verhältniss $\frac{q}{m}$, so erfolgt die Erschöpfung der Welle in dem Schlauche B oder in den Schläuchen B, C, D früher, d. h. in geringerer Entfernung vom Standgefässe, als sie im genügend langen Schlauche A erfolgt wäre.

2) Ist der Querschnitt q′ des Schlauches B oder die Summe der Querschnitte q′ + q″ + q‴ ... der Schläuche B, C, D ... **grösser** als der Querschnitt q des Schlauches A, so kann die Welle vollständig in die Schläuche B, C, D ... eindringen; die Erschöpfung der Welle erfolgt aber in diesem Falle nicht nach Massgabe der Verhältnisse $\frac{q'}{m'}$ resp. $\frac{q' + q'' + q'''...}{m' + m'' + m''''...}$, sondern nach Massgabe der Verhältnisse, $\frac{q}{m'}$ resp. $\frac{q}{m' + m'' + m''''...}$, weil die Welle durch ihren Eintritt in die Schläuche B, C, D... nicht einen Zuwachs an bewegender Kraft erhält, sondern dieselbe bewegende Kraft behält, welche sie am Ende des Schlauches A hatte; für die Grösse dieser Kraft war aber der Querschnitt q des Schlauches A massgebend, weil dieser Schlauch an das Standgefäss direct angesetzt ist.

Da jedes der Verhältnisse $\frac{q}{m'}$ und $\frac{q}{m' + m'' + m''''...}$ kleiner ist als das Verhältniss $\frac{q}{m}$, so wird sich die Welle auch in der geräumigeren Bahn der Schläuche B, C, D... früher, d. h. in geringerer Entfernung vom Centrum (Standgefäss) erschöpfen als im Schlauche A. Sie wird aber eine zweite, auf reflectorischem Wege entstandene positive Welle im Gefolge haben; denn an der Verbindungsstelle des Schlauches A mit den Schläuchen B, C, D entsteht im vorliegenden Falle eine negative centripetale Welle, welche das Eintreten einer zweiten positiven Welle in den Schlauch A bewirkt, sobald sie am Standgefäss angekommen ist. (Je kürzer der Schlauch A wird, um so geringer ist die Distanz zwischen der primären positiven Welle und dieser zweiten positiven Welle; schliesslich, wenn A ganz verschwindet, wenn also die Schläuche B, C, D... direct vom Standgefässe ausgehen, fallen diese beiden Wellen zusammen oder, was dasselbe ist, die bewegende Kraft der primären Welle hängt nun nicht mehr vom Querschnitte q, sondern von den Querschnitten q′ oder q′ + q″ + q‴... ab.)

3) Ist die Querschnittssumme $q' + q'' + q'''\ldots$ der Schläuche B, C, D … gleich dem Querschnitt q des Schlauches A, so kann die Welle vollständig in die Schläuche B, C, D eindringen, an der Verbindungsstelle der Schläuche entsteht in diesem Falle keine Reflexwelle, und die Erschöpfung der Welle erfolgt nach Massgabe des Verhältnisses

$$\frac{q}{m' + m'' + m'''\ldots} = \frac{q' + q'' + q'''}{m' + m'' + m'''\ldots}$$

Da dieses Verhältniss kleiner ist als das Verhältniss $\frac{q}{m}$, so erschöpft sich die Welle in den Schläuchen B, C, D … früher als sie sich im genügend langen Schlauche A erschöpfen würde.

Die Grösse der Verhältnisse $\frac{q}{m}$, $\frac{q' + q'' + q'''}{m' + m'' + m'''}$ etc. berechnet sich nach den Formeln

$$q = r^2 \pi$$
$$m = 2 r \pi h,$$

da ein Schlauch als ein Cylinder betrachtet werden kann, dessen Querschnitt und Mantelfläche dem Querschnitt und der Wandfläche des Schlauches gleich sind.

Fig. 136.

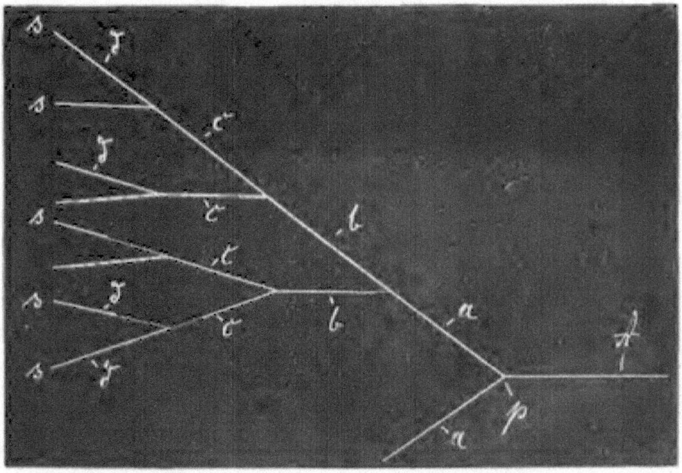

Jede Verästlung eines Schlauches beschleunigt die Abnahme der Wellenbewegung.

§ 84. Aus § 83 ist ersichtlich, dass jede Verästlung eines Schlauches die Verkleinerung und Abschwächung der Wellenbewegung beschleunigt. Angenommen, ein Schlauch A (*Fig. 136*) mit dem Halbmesser $r = 1$ Cm. theile sich in zwei 50 Cm. lange Zweige a, a von gleichem Durchmesser; der Querschnitt jedes Zweiges a sei die Hälfte des Querschnittes von A, sodass also weder eine Verengung noch eine Erweiterung der Strombahn durch die Verästlung entsteht; jeder Zweig a theile sich wieder in zwei Zweige b, b von je 50 Cm. Länge und halbem Querschnitt von a u. s. w., so sind die peripheren Endpunkte s, s der Zweige 4. Ordnung vom peripheren Endpunkt p des Schlauches A 2 Meter (4 × 50 Cm.) entfernt. Die Welle muss also 15 Meter Schlauch durchlaufen, um sich 2 Meter weit vom Punkte p zu entfernen. Die Wandflächen, welche sie auf diesem Wege berührt, und deren Widerstand sie zu überwinden hat, sind gleich der Wandfläche eines 15 Meter langen Schlauches von 0,34 Cm. Radius oder der Wandfläche eines 5,12 Meter langen Schlauches von 1 Cm. Radius. Demnach wird die Welle durch 2 Meter des oben angegebenen, zusammengesetzten Röhrensystems ebenso verkleinert wie durch 5,12 Meter des ungetheilten Schlauches A.

Erhält das Röhrensystem noch eine Verästlung 5. Ordnung, so wirken 2½ Meter desselben ebenso verkleinernd wie 7,94 Meter des ungetheilten Schlauches. Drei Meter eines sechsfach verästelten Röhrensystems wirken wie 11,94 Meter ungetheilten Schlauches u. s. w. in steigender Proportion. Ein Röhrensystem z. B. mit 10. Verästlungsordnung wirkt auf 5 Meter Distanz ebenso wie 52,92 Meter des unverzweigten Schlauchs.

J. Seitendruck im einfachen, elastischen Schlauche bei gleichmässigem Flüssigkeitsstrom.

Die Höhen des Seitendrucks verhalten sich zu einander wie die Längen der zugehörigen Schlauchtheile.

§ 85. Schon im § 33 wurde erwähnt, dass die Schlauchwand eines elastischen, am peripheren Ende vollständig offenen Schlauches unter positivem Druck steht, wenn ein gleichmässiger Flüssigkeitsstrom den Schlauch passirt, dass dieser positive Druck am centralen Schlauchende am höchsten ist, von da gegen die Peripherie abnimmt und am peripheren Schlauchende den Werth Null erreicht. Setzt man mehrere Glasröhren M', M'', M''' (*Fig. 137*) in bestimmten Abständen von einander auf den Schlauch auf, so steht das Wasser bei gleichmässigem Flüssigkeitsstrom in der Glasröhre M', welche dem Wasserbehälter am nächsten liegt, bekanntlich am höchsten und erreicht z. B. den Punkt s; in der Glasröhre M''' aber, welche am peripheren Schlauchende aufgesetzt ist, steht das Wasser am tiefsten. Die gerade Linie s t ändert ihre Lage bei jeder Aenderung der Versuchsbedingungen:

a. Wird der Schlauch um das Stück r t verlängert, so steigt der Druck in allen Manometern und die Linie s t kommt in die Lage r s'. So lange immer nur gleichartige Schlauchstücke angesetzt werden, gelten folgende Verhältnisse zwischen Schlauchlänge und Druckhöhe:

$$n v : m s = t n : t m$$
$$\text{oder } n v' : m s' = r n : r m \text{ u. s. w.,}$$

d. h. die Höhen des Seitendrucks verhalten sich zu einander wie die Längen der zugehörigen (vor dem betreffenden Manometer liegenden) Schlauchtheile.

Fig. 137.

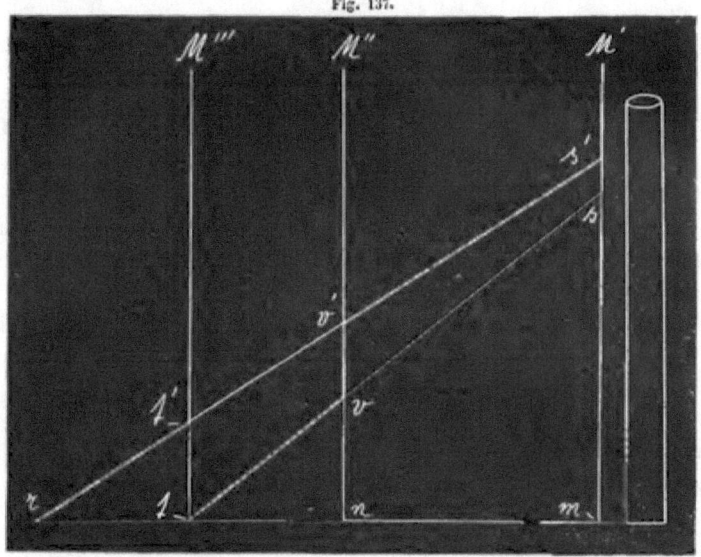

b. Wird der Schlauch verkürzt, so sinkt der Seitendruck in allen Manometern.

c. Wird der Durchmesser des Schlauchs vergrössert (bei gleichbleibendem Durchmesser des Ansatzrohres), so sinkt der Seitendruck in allen Manometern, und umgekehrt.

d. Wird nur das periphere Ausflussende des Schlauchs verengt, so steigt der Seitendruck in allen Querschnitten des Schlauchs.

e. Schliesst man das periphere Ausflussende des Schlauchs vollständig, so wird der Seitendruck auf allen Querschnitten des Schlauchs gleich dem im Wasserbehälter vorhandenen Druck.

f. Wird die Dehnbarkeit des Schlauchs vermindert, so steigt der Seitendruck in allen Querschnitten des Schlauchs, und umgekehrt.

K. Seitendruck in zusammengesetzten elastischen Schläuchen bei gleichmässigem Flüssigkeitsstrom.

Der Seitendruck, welchen ein oder mehrere Schläuche verursachen, ist gleich ihrer Mantelfläche, dividirt durch den Cubus ihres Querschnitts.

§ 86. Zur Herstellung eines zusammengesetzten Schlauchsystems wurden fünf gleichartige Schläuche A, B, C, D, E verwendet, von welchen A 465 Cm. lang, 0,66 Cm. weit und 0,2 Cm. dick ist, während die übrigen Schläuche je 240 Cm. lang sind, sonst aber dieselben Eigenschaften haben wie Schlauch A. Schlauch A trägt zwei Glasröhren M' und M'' zur Messung des Seitendrucks, 450 Cm. von einander entfernt, M' in der Nähe des centralen Schlauchendes, M'' in der Nähe des peripheren Schlauchendes. Je nachdem man nun die Schläuche B, C, D, E hintereinander oder nebeneinander an den Schlauch A ansetzt, erhält man zwei Reihen von Versuchen. Die Verbindung der Schläuche mit einander geschah in der I. Versuchsreihe mittels kurzer, 0,9 Cm. weiter Glasröhren; in der II. Versuchsreihe trug das periphere Ende des Schlauches A ein 6 Cm. langes, 1,8 Cm. weites, 0,4 Cm. dickes Ansatzrohr aus Kautschuk, in dessen Wand 0,9 Cm. weite, kurze Messingröhren befestigt waren, an welchen die Schläuche B, C, D, E angesetzt wurden. Die Wassersäule im Standgefässe hatte 3 Meter Höhe.

Bei gleichmässigem Flüssigkeitsstrom wurden in den Glasröhren M' und M'' folgende Wasserhöhen, in Centimetern ausgedrückt, beobachtet:

I. Versuchsreihe; die Schläuche liegen hintereinander.

		M''	M'
1.	An Schlauch A ist Schlauch B angesetzt	0,858	2,465
2.	„ „ „ sind die Schläuche B und C angesetzt	1,311	2,540
3.	„ „ „ „ „ „ B, C und D „	1,653	2,685
4.	„ „ „ „ „ „ B, C, D und E „	1,863	2,735

II. Versuchsreihe; die Schläuche B, C, D und E liegen nebeneinander.

		M''	M'
1.	An Schlauch A ist Schlauch B angesetzt	0,852	2,450
2.	„ „ „ sind die Schläuche B und C angesetzt	0,274	2,330
3.	„ „ „ „ „ „ B, C und D „	0,130	2,310
4.	„ „ „ „ „ „ B, C, D und E „	0,074	2,300

Da die Schläuche alle gleichartig sind, so muss nach § 85 der Seitendruck in M'' sich zum Seitendruck in M' verhalten wie die zugehörigen Schlauchlängen d. h. $M'' : M' = n\,t : m\,t$. Hiernach berechnen sich aus den Werthen der ersten Versuchsreihe für $n\,t$ folgende Schlauchlängen:

   1. 240,3 Cm. 3. 720,8 Cm.
   2. 480,0 „   4. 961,4 „

Wirklich angewendet wurden:

   1. 240 Cm.   3. 720 Cm.
   2. 480 „   4. 960 „

Aus den Werthen der II. Versuchsreihe dagegen berechnen sich für $n\,t$ die Schlauchlängen:

   1. 239,92 Cm. 3. 26,84 Cm.
   2. 59,48 „   4. 14,96 „

Da auch diese Zahlen jedenfalls kleine Fehler enthalten, so dürfen für dieselben unbedenklich folgende gesetzt werden:

1. 240 Cm.   3. 26,66... Cm.
2. 60 „   4. 15 „

d. h. vier nebeneinander liegende Schläuche von je 240 Cm. Länge verursachen denselben Seitendruck wie ein einfacher, 15 Cm. langer Schlauch; drei nebeneinander liegende denselben Seitendruck wie ein einfacher, 26,67 Cm. langer Schlauch, zwei nebeneinander liegende Schläuche denselben Seitendruck wie ein einfacher, 60 Cm. langer Schlauch.

Bezeichnet s_I den Seitendruck eines 240 Cm. langen Schlauchs, s_{II} den Seitendruck von zwei, s_{III} den von drei, s_{IV} den von vier **hinter einander** liegenden, je 240 Cm. langen Schläuchen, S_{II} den Seitendruck von zwei, S_{III} den Seitendruck von drei, S_{IV} den Seitendruck von vier **neben einander** liegenden Schläuchen von je 240 Cm. Länge, so erhält man folgende Scala:

$s_{IV} = 960$ Cm. einfachen Schlauchs
$s_{III} = 720$ „   „   „
$s_{II} = 480$ „   „   „
$s_I = 240$ „   „   „
$S_{II} = 60$ „   „   „
$S_{III} = 26,66$ „   „   „
$S_{IV} = 15$ „   „   „

Hieraus folgt:

$S_{IV} : s_{IV} = 15 : 960$
$= 1 : 64$
$= 1 : 4^3$

$S_{III} : s_{III} = 26,66... : 720$
$= 1 : 27$
$= 1 : 3^3$

$S_{II} : s_{II} = 60 : 480$
$= 1 : 8$
$= 1 : 2^3$

$S_I : s_I = 240 : 240$
$= 1 : 1$
$= 1 : 1^3$

$S_{IV} : s_I = 15 : 240$
$= 1 : 16$
$= 1 : 4^2$

$S_{III} : s_I = 26,66... : 240$
$= 1 : 9$
$= 1 : 3^2$

$S_{II} : s_I = 60 : 240$
$= 1 : 4$
$= 1 : 2^2$

$$S_I : s_I = 240 : 240$$
$$= 1 : 1$$
$$= 1 : 1^2$$
$$s_{IV} : s_{III} = 960 : 720$$
$$= 4 : 3$$
$$s_{III} : s_{II} = 720 : 480$$
$$= 3 : 2$$
$$s_{II} : s_I = 480 : 240$$
$$= 2 : 1 \text{ u. s. w.}$$

Hieraus geht hervor, dass für den Seitendruck, welchen ein Schlauch verursacht, sowohl seine Mantelfläche (m) als auch seine Querschnittsfläche (q) massgebend sind: denn bei den Verhältnissen $s_{IV} : s_{III} : s_{II} : s_I$ ist der Querschnitt immer derselbe, die Mantelfläche aber verschieden; in diesen Fällen ist also die Mantelfläche für den Seitendruck massgebend; bei den Verhältnissen

$$S_{IV} : s_{IV}$$
$$S_{III} : s_{III} \text{ u. s. w.}$$

ist die Mantelfläche immer dieselbe, der Querschnitt aber verschieden und folglich der Querschnitt für den Seitendruck massgebend.

Ferner ist ersichtlich, dass man obige Verhältnisszahlen erhält, wenn man setzt:

$$S_{IV} = \frac{4\,m}{(4\,q)^3}$$
$$S_{III} = \frac{3\,m}{(3\,q)^3}$$
$$S_{II} = \frac{2\,m}{(2\,q)^3}$$
$$S_I = \frac{m}{q^3}$$
$$s_{IV} = \frac{4\,m}{q^3}$$
$$s_{III} = \frac{3\,m}{q^3}$$
$$s_{II} = \frac{2\,m}{q^3}$$
$$s_I = \frac{m}{q^3}$$

$$\text{z. B. } S_{IV} : s_{IV} = \frac{4\,m}{(4\,q)^3} : \frac{4\,m}{q^3}$$
$$= \frac{1}{64\,q^3} : \frac{1}{q^3}$$
$$= 1 : 64$$
$$= 1 : 4^3$$

$$S_{ll} : s_l = \frac{2\,m}{(2\,q)^3} : \frac{m}{q^3}$$

$$= \frac{2}{8} : 1$$

$$= 1 : 4$$

$$= 1 : 2^2$$

$$S_{lV} : s = \frac{4\,m}{(4\,q)^3} : \frac{m}{q^3}$$

$$= \frac{1}{16} : 1$$

$$= 1 : 4^2 \text{ u. s. w.}$$

und daraus folgt der Satz:

Der Seitendruck (s), welchen ein oder mehrere Schläuche verursachen, ist gleich ihrer Mantelfläche dividirt durch den Cubus ihres Querschnitts, d. h.

$$s = \frac{m}{q^3}$$
$$m = 2\,r\,\pi\,h$$
$$q = r^2\,\pi.$$

Hieraus lassen sich die Aenderungen des Seitendrucks leicht berechnen, welche entstehen durch Theilung eines Schlauchs in zwei oder mehrere Zweige, durch Aenderung des Schlauchdurchmessers und der Schlauchlänge.

Man sieht z. B., dass der Seitendruck (s) unverändert bleibt, wenn man einen Schlauch, dessen Radius r und dessen Länge h ist, ersetzt durch mehrere (n) Schläuche, von welchen jeder den Radius $\varrho = r\sqrt{\frac{1}{n}}$ und die Länge $h^1 = h\sqrt{\frac{1}{n}}$ hat; bei Anwendung dieser Bedingungen bleibt auch der Querschnitt unverändert, d. h. die n Querschnitte der neben einander liegenden Schläuche haben dieselbe Fläche wie der Querschnitt des zuerst angewandten, einfachen Schlauchs. Will man also z. B. einen Schlauch A (r = 1 Cm. h = 100 Cm.) durch vier einander gleiche, neben einander liegende Schläuche B, C, D, E ersetzen ohne Aenderung des Seitendrucks und der Querschnittsfläche, so muss jeder derselben den Radius $\varrho = \sqrt{0{,}25} = 0{,}5$ Cm. und die Länge $h^1 = 100\sqrt{0{,}25} = 50$ Cm. haben.

Soll A durch zwei gleiche Zweige ersetzt werden, so muss jeder den Radius $\varrho = \sqrt{0{,}5} = 0{,}7071067$ Cm. und die Länge $h^1 = 100\sqrt{0{,}5} = 70{,}71067$ Cm. haben.

L. Seitendruck im einfachen, elastischen Schlauch bei ungleichmässigem Flüssigkeitsstrom.

Gruppirung der ungleichmässigen Flüssigkeitsströme. § 87. In § 38 wurde der Unterschied zwischen gleichmässigem und ungleichmässigem Strom festgestellt und gezeigt, dass ein Strom, welcher in einem elastischen Schlauch mit ruhendem Inhalt beginnt, erst dann gleichmässig ist, wenn die fortschreitende Wellenbewegung, welche sein Beginn hervorruft, erloschen ist. Daraus folgt, dass jeder Strom eine gewisse Dauer haben muss, um gleichmässig zu werden, dass Ströme von unbegrenzter Dauer in ihrem Beginn noch nicht gleichmässig sind, und dass Ströme von begrenzter Dauer eine Zeit lang gleichmässig sein können, oder auch, wegen zu geringer Dauer, gar nicht gleichmässig werden. Da während eines gleichmässigen Stroms, welcher einen elastischen Schlauch durchsetzt, der Seitendruck auf jedem Querschnitt des Schlauchs ein constanter ist, so kann man die Ströme auch nach dem Seitendruck, den sie bewirken, eintheilen und unterscheiden:

1. Ströme von unbegrenzter Dauer, welche in ihrem Beginn einen veränderlichen, während ihrer übrigen Dauer aber einen constanten Seitendruck bedingen.

2. Ströme von begrenzter Dauer, welche im Beginn einen veränderlichen, dann eine Zeit lang einen constanten und zum Schluss wieder einen veränderlichen Seitendruck bedingen.

3. Ströme von begrenzter Dauer, welche zu kurz sind, um einen constanten Seitendruck zu Stande kommen zu lassen, welche also während ihrer ganzen Dauer einen veränderlichen Seitendruck bedingen.

Da bei der hier zu lösenden Aufgabe nur der ungleichmässige Theil eines Stroms in Frage kommt, so kann man sich auf die Prüfung der unter *3* genannten Ströme beschränken, weil die übrigen Ströme gewissermassen nur Theile dieser vom Anfang bis zum Ende veränderlichen Ströme sind.

Für die experimentelle Untersuchung ist es nützlich, diese Ströme, welche während ihrer ganzen Dauer variablen Seitendruck bedingen, in zwei Gruppen zu bringen:

a. Ungleichmässige Ströme, welche sich aus einem gleichmässigen Strom entwickeln.

b. Ungleichmässige Ströme, welche in einem elastischen Schlauch mit ruhendem Inhalt entstehen.

Versuchsanordnung und Curven der verschiedenen ungleichmässigen Ströme. § 88. Um nach Belieben bald die eine, bald die andere Art ungleichmässiger Ströme herstellen zu können, habe ich folgenden Apparat construirt (*Fig. 138*): Das obere Ende der centralen Glasröhre *C* mündet in ein weites Gefäss *G*, in welchem der Wasserstand während des ganzen Versuchs constant erhalten werden kann oder nicht; das untere Ende von C setzt sich fort in ein 14 Mm. weites, mit Hahn II versehenes Ansatzrohr, an welchem das centrale Schlauchende S befestigt wird; das

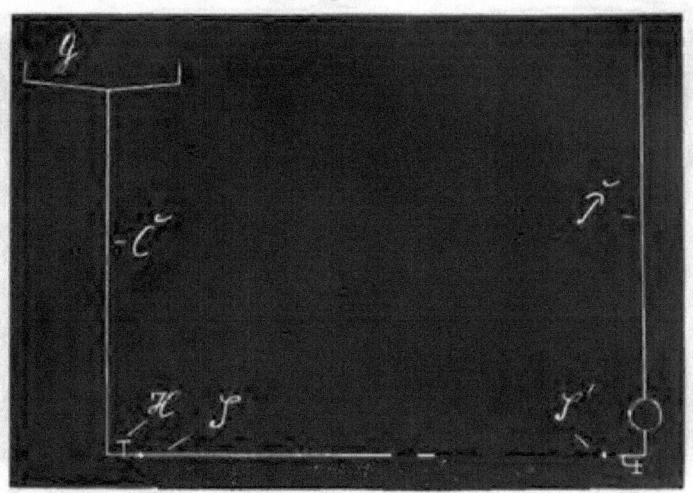
Fig. 138.

periphere Schlauchende S' ist über ein 14 Mm. weites Ansatzrohr gestülpt, das eine weite Glaskugel trägt, die sich nach oben in die periphere senkrechte Glasröhre P fortsetzt.

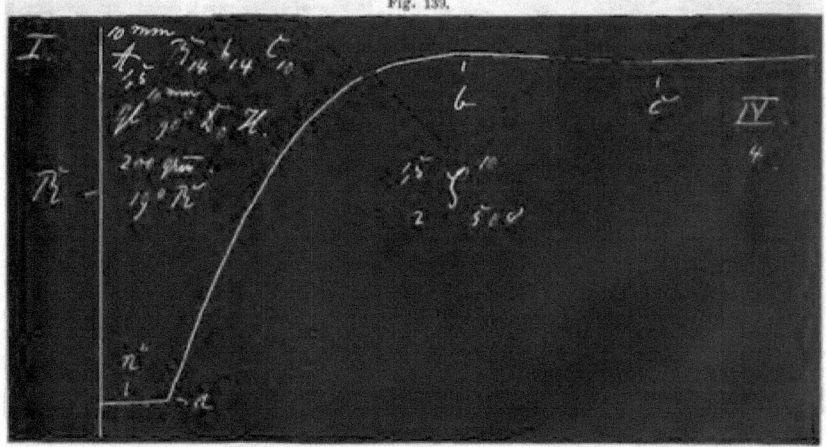
Fig. 139.

Will man nun ungleichmässige Ströme haben, welche sich aus einem gleichmässigen Strom entwickeln, so kann man zwei Wege einschlagen:
  1. Man macht die centrale Wassersäule constant, füllt den Schlauch mit

Wasser, lässt die Glaskugel und die periphere Röhre leer; der Hahn am centralen Schlauchende wird geöffnet, das Wasser ergiesst sich in die leere Glaskugel, während diese sich füllt, wird der centrifugale Strom gleichmässig; nun erst setzt man den Schlitten des Sphygmographen, welcher sich beim

Fig. 140.

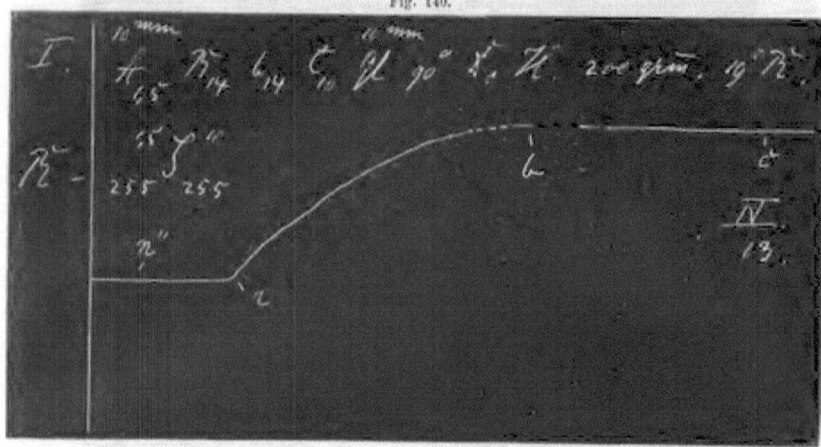

ersten Versuch in der Stellung $_2S_{505}$, beim zweiten Versuch in der Stellung $_{255}S_{255}$ und beim dritten Versuch in der Stellung $_{505}S_2$ befindet, in Bewegung; es entstehen auf den Curventafeln *Fig. 139, 140, 141* zunächst die geraden Linien n″ als graphischer Ausdruck des constanten Seitendrucks des gleich-

Fig. 141.

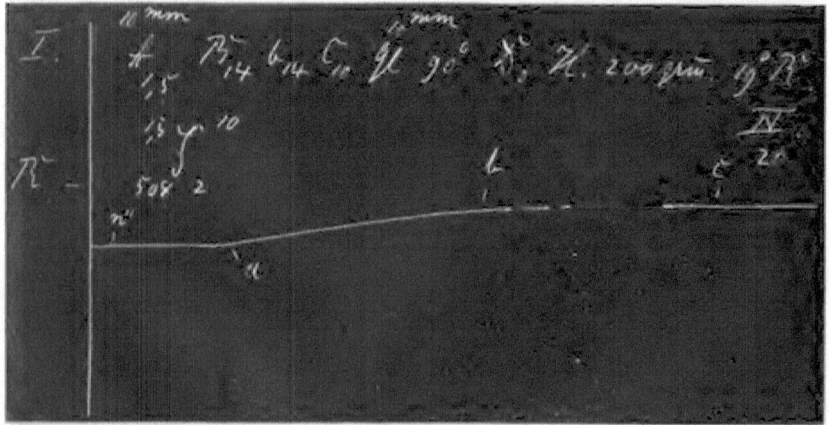

mässigen Stroms. Bald nach Beginn der Schlittenbewegung aber wird die Glaskugel voll, das Wasser beginnt in der peripheren Röhre P aufzusteigen, und es entwickelt sich auf diese Weise aus dem gleichmässigen Strom ein ungleichmässiger Strom, die Wassersäule der Röhre P steigt bis zu einem gewissen Punkt, sinkt dann wieder und kommt unter solchen Schwankungen allmälig definitiv zur Ruhe; der Sphygmograph zeichnet die Curven der Fig. 139, 140 und 141.

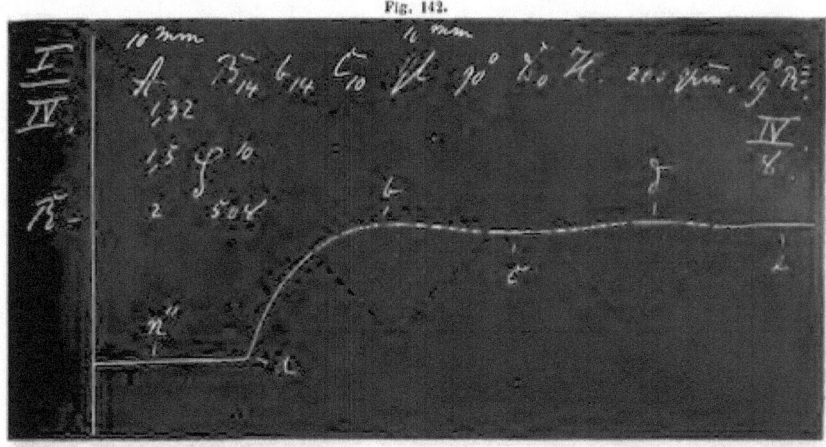

Fig. 142.

2. Man füllt in das centrale Gefäss G genau soviel Flüssigkeit als die Glaskugel fassen kann, lässt Glaskugel und periphere Röhre leer und verfährt im Uebrigen ebenso wie unter 1. angegeben ist. Sowie die Glaskugel voll geworden ist, beginnt die centrale Wassersäule zu sinken und die periphere

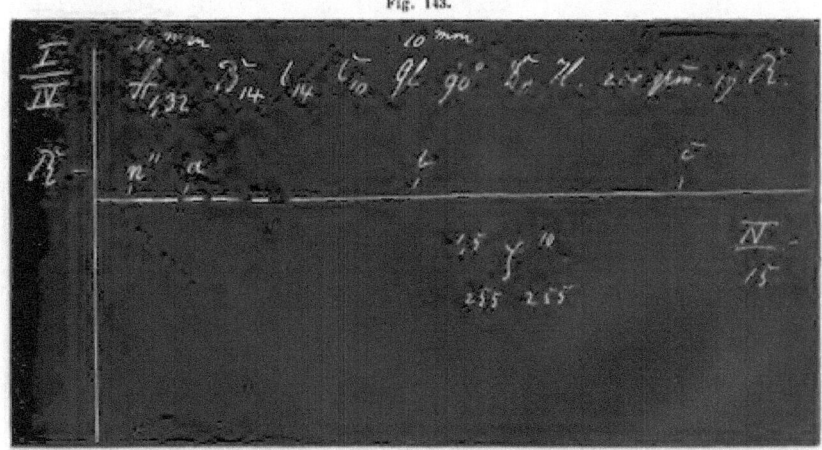

Fig. 143.

zu steigen, und es entwickelt sich auf diese Weise aus dem gleichmässigen Strom ein ungleichmässiger Strom; hat die centrale Wassersäule ihren tiefsten und die periphere Wassersäule ihren höchsten Punkt erreicht, so beginnt die centrale Säule zu steigen und die periphere zu sinken, und unter solchen

Schwankungen kommen dieselben allmälig definitiv zur Ruhe; der Sphygmograph zeichnet in den oben genannten Stellungen die Curven *Fig. 142, 143* und *144*.

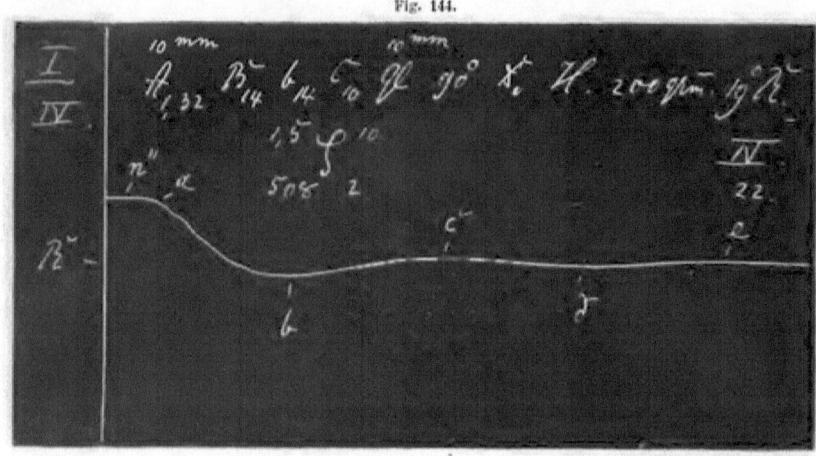

Fig. 144.

Will man ungleichmässige Ströme haben, welche in einem Schlauch mit ruhendem Inhalt entstehen, so kann man wieder auf zweierlei Weise verfahren:

1. Man macht die centrale Wassersäule constant und füllt den Schlauch und die Glaskugel vollständig mit Wasser; der Schlitten des Sphygmographen wird in Bewegung gesetzt und dann der Hahn am centralen Schlauchende

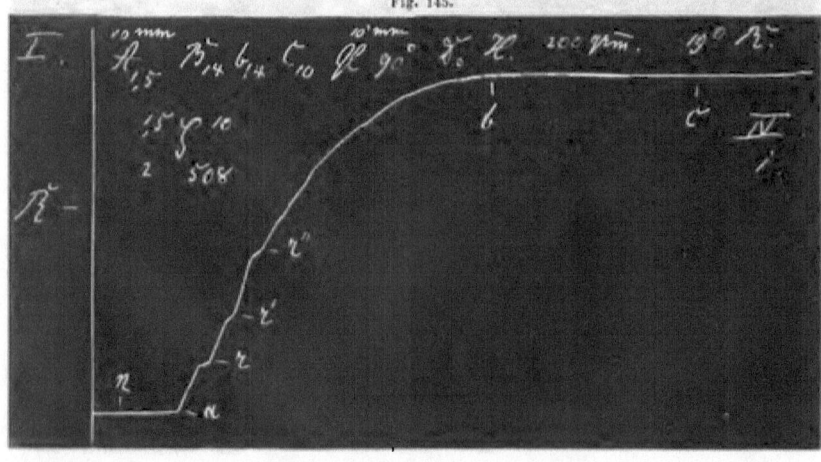

Fig. 145.

geöffnet; eine positive centrifugale Welle pflanzt sich durch den Schlauch fort, das Wasser beginnt in der peripheren Röhre P zu steigen und es entwickelt sich auf diese Weise in dem Schlauch, dessen Inhalt in Ruhe war, ein ungleichmässiger Strom; nach einigen Schwankungen kommt die Wassersäule in P definitiv zur Ruhe; der Sphygmograph zeichnet in den obengenannten Stellungen die Curven *Fig. 145, 146* und *147*.

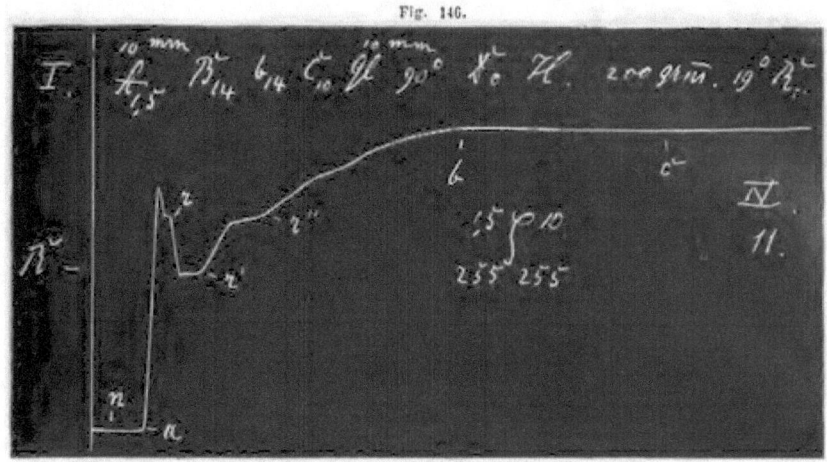

Fig. 146.

2. Man lässt das centrale Gefäss G leer, füllt die Röhre C, den Schlauch und die Glaskugel vollständig mit Wasser, setzt den Schlitten in Bewegung und öffnet den Hahn H, eine positive centrifugale Welle pflanzt sich durch den Schlauch fort, das Wasser sinkt in der centralen Röhre und steigt in

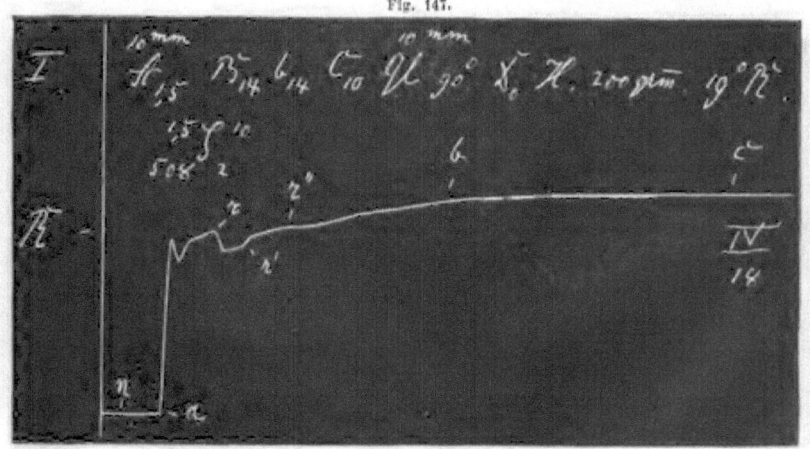

Fig. 147.

der peripheren Röhre, kommt nach einigen Schwankungen in beiden Röhren definitiv zur Ruhe; der Sphygmograph zeichnet in den oben genannten Stellungen die Curven *Fig. 148, 149* und *150*.

112   I. Physikalischer Theil.

Stehende Wellen, bedingt durch Seitendrucksschwankungen, in Folge ungleichmässiger Ströme von wechselnder Richtung (Strömesschwankungen, intermittirender Ströme).

§ 89. Aus *Fig. 139ᵃ*, *140ᵃ* und *141ᵃ*, welche unter analogen Versuchsbedingungen entstanden wie Fig. 139, 140 und 141, ausserdem aber gleichzeitig

Fig. 148.

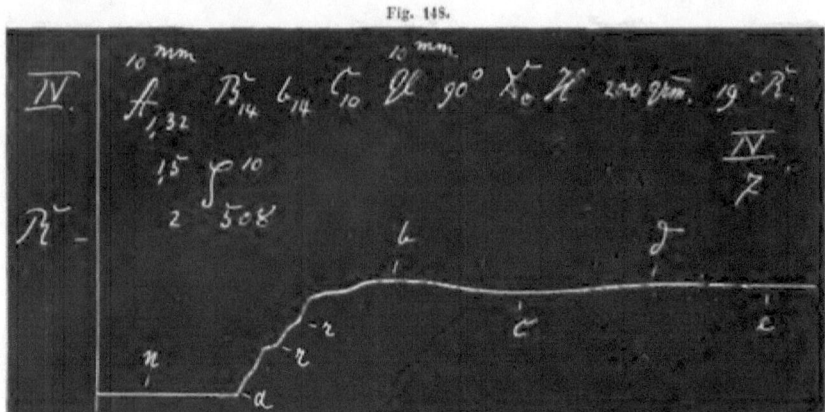

gezeichnet und mit ⅕ Secundeneintheilung versehen sind, ergibt sich, dass im elastischen Schlauch auf allen Querschnitten der Seitendruck steigt und zwar am meisten am peripheren Schlauchende und am wenigsten am centralen Schlauchende: während dieses Steigens zeichnen die Sphygmographen die Linien a b. Hat der Seitendruck sein Maximum erreicht, so beginnt er wieder zu sinken: die Sphygmographen zeichnen dementsprechend die Linien b c.

Fig. 149.

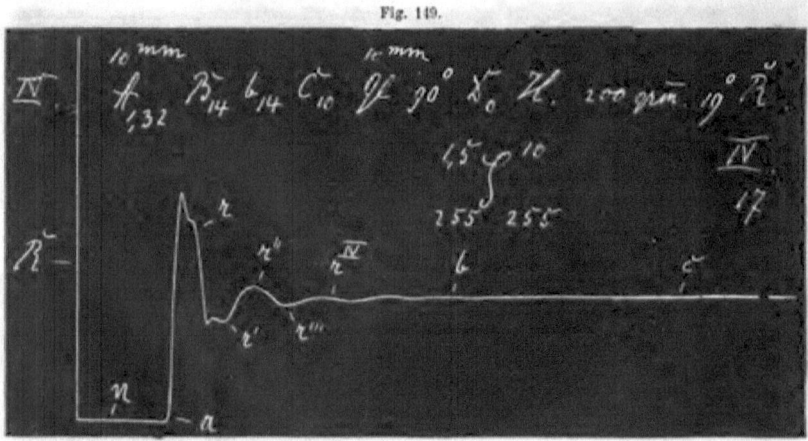

Das Steigen des Seitendrucks beginnt am peripheren Schlauchende und pflanzt sich von da wie eine fortschreitende Welle gegen das centrale Schlauchende fort; der Anfangspunkt der Ascensionslinie a b fällt in Curve 139ᵃ mit der vierten Funkenmarke zusammen, in Curve 140ᵃ mit der fünften und in Curve 141ᵃ mit der sechsten. Von der sechsten Funkenmarke an sind die Ascensionslinien ab dieser drei Curven gleichzeitig. Ob sie aber auch gleichzeitig enden und gleichzeitig in die Descensionslinien bc übergehen, lässt sich

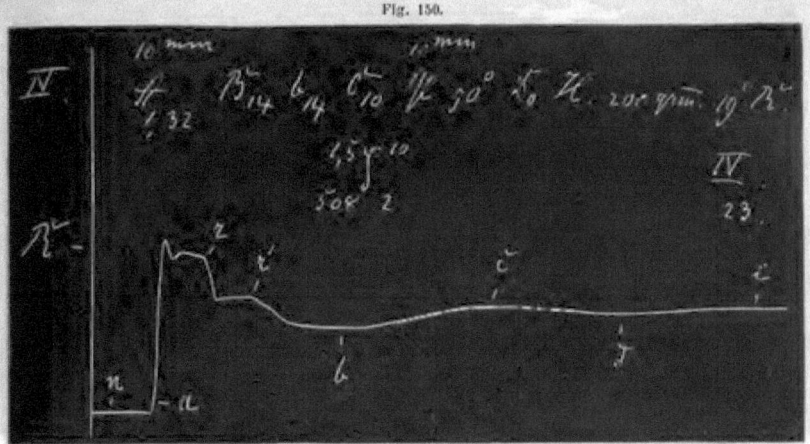

Fig. 150.

aus diesen Curven nicht ersehen, weil die Grenze beider Linien bei den geringen Druckschwankungen nicht scharf ausgeprägt ist.

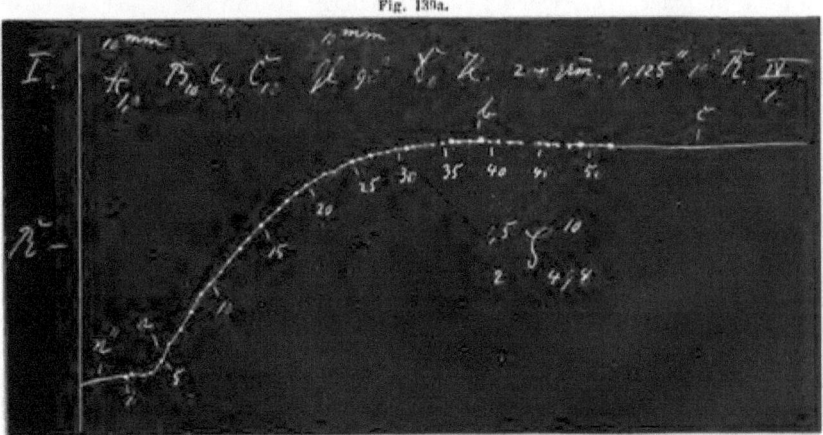

Fig. 130a.

Setzt man indess statt der Sphygmographen auf den Schlauch senkrecht stehende Glasröhren, so kann man mit freiem Auge leicht wahrnehmen, dass die Wassersäulen in den Glasröhren gleichzeitig ihr Maximum erreichen, dann gleichzeitig sinken, gleichzeitig ihr Minimum erreichen, wieder gleichzeitig steigen u. s. w. Es enden also die Ascensionslinien ab der drei Curven

114   I. Physikalischer Theil.

gleichzeitig, die Descensionslinien *b c* derselben beginnen gleichzeitig und enden gleichzeitig, d. h. sie gehören einer stehenden, über den ganzen Schlauch ausgedehnten Welle an. Daraus folgt der Satz: Wenn von einem

Fig. 140a.

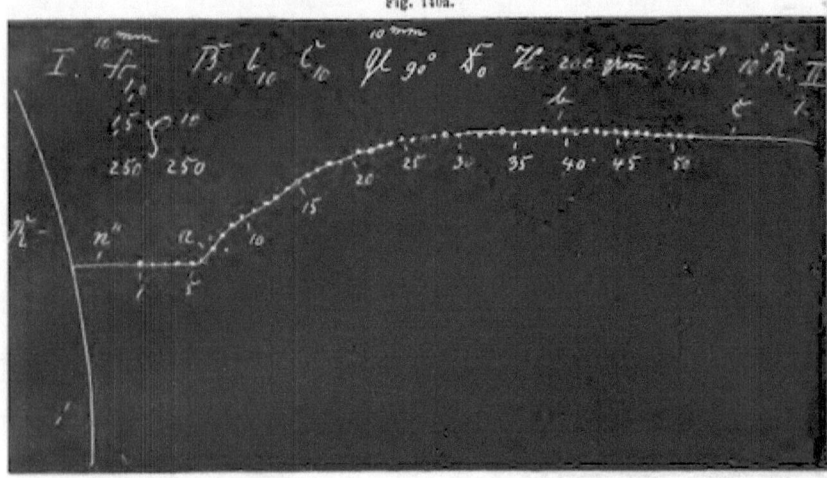

Reservoir mit constanter Wassersäule ein gleichmässiger centrifugaler Strom ausgeht, und man lässt plötzlich das am peripheren Schlauchende ausfliessende Wasser in einer senkrechten Röhre aufsteigen, so entwickeln sich aus dem

Fig. 141a.

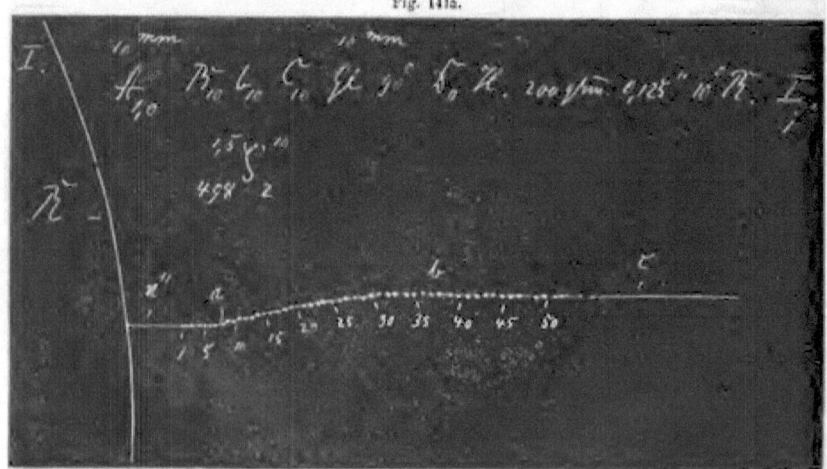

gleichmässigen Strome ungleichmässige Ströme von wechselnder Richtung (Stromesschwankungen, intermittirende Ströme); im Moment des Uebergangs des gleichmässigen Stroms in den ungleichmässigen Strom pflanzt sich das

Steigen des Seitendrucks wie eine fortschreitende Welle gegen das centrale Schlauchende fort, im weiteren Verlauf sind die durch die intermittirenden Ströme bedingten Seitendrucksschwankungen vollkommen gleichzeitig und stellen sich auf den Curven als stehende Wellen dar.

Aus Fig. 142, 143 und 144 ergiebt sich, dass am peripheren Schlauchende der Seitendruck steigt, während er am centralen Schlauchende sinkt. Das Steigen des Seitendrucks beginnt wie im vorigen Fall am peripheren Schlauchende und pflanzt sich von da wie eine fortschreitende Welle gegen die Mitte des Schlauchs fort; das Sinken des Seitendrucks beginnt am centralen Schlauchende und pflanzt sich von da wie eine fortschreitende Welle gegen die Mitte des Schlauchs fort; haben Steigen und Sinken des Seitendrucks die Mitte des Schlauchs erreicht, was gleichzeitig geschieht, so vollzieht sich auf allen Querschnitten der peripheren Schlauchhälfte das Steigen des Seitendrucks und auf allen Querschnitten der centralen Schlauchhälfte das Sinken des Seitendrucks gleichzeitig. Hat der Seitendruck am peripheren Schlauchende sein Maximum und am centralen Schlauchende sein Minimum erreicht, was gleichzeitig geschieht, so beginnt er auf allen Querschnitten der centralen Schlauchhälfte gleichzeitig zu steigen und auf allen Querschnitten der peripheren Schlauchhälfte gleichzeitig zu sinken u. s. w.

In der Mitte der Schlauchlänge bleibt der Seitendruck unverändert.

Die Ascensionslinie ab und die Descensionslinie ab sind also vom Anfang bis zum Ende gleichzeitig; ebenso sind die Ascensionslinie und Descensionslinie bc gleichzeitig und die Ascensionslinie und Descensionslinie cd. Sie gehören somit **stehenden** Wellen an, von welchen jede sich auf die Hälfte der ganzen Schlauchlänge erstreckt.

Daraus folgt der Satz: Wenn von einem Reservoir ein gleichmässiger Strom ausgeht, und man lässt gleichzeitig die centrale Wassersäule sinken und die periphere Wassersäule steigen, so entwickeln sich aus dem gleichmässigen Strom ungleichmässige Ströme von wechselnder Richtung (Stromesschwankungen, intermittirende Ströme); im Moment des Uebergangs des gleichmässigen Stroms in den ungleichmässigen Strom pflanzen sich das Steigen und das Sinken des Seitendrucks wie fortschreitende Wellen von den Schlauchenden gegen die Schlauchmitte fort, im weiteren Verlauf sind die durch die intermittirenden Ströme bedingten Seitendrucksschwankungen auf allen Querschnitten gleichzeitig und stellen sich auf den Curven als stehende Wellen dar. Haben die centrale und die periphere Wassersäule gleichen Durchmesser, so erstreckt sich jede der beiden stehenden Wellen auf die Hälfte der ganzen Schlauchlänge.

Stehende und fortschreitende Wellen, bedingt durch ungleichmässige Ströme. § 90. Die Curven Fig. 145, 146 und 147 und ebenso die Curven Fig. 148, 149 und 150 zeigen, dass ungleichmässige Ströme, welche sich nicht aus gleichmässigen Strömen entwickeln,

116　　　　　　　　　I. Physikalischer Theil.

sondern in einem Schlauch mit ruhendem Inhalt entstehen, eine fortschreitende Wellenbewegung hervorrufen, ausserdem aber dieselben Seitendrucksschwankungen und dieselben stehenden Wellen bedingen wie die aus gleichmässiger Strömen hervorgehenden ungleichmässigen Ströme. Die Ascensionslinien e dieser Curven sind durch eine centrifugal fortschreitende primäre Welle bedingt; die übrigen mit r, r', r'' u. s. w. bezeichneten Ascensions- und Descensionslinien gehören den aus der primären Welle hervorgehenden Reflexwellen an. Ausserdem sieht man, dass diese sechs Curven dieselben mit a b c d u. s. w. bezeichneten Seitendrucksschwankungen aufweisen, wie die sechs Curven des vorigen Paragraphen. Letztere sind frei von fortschreitender Wellenbewegung und zeigen nur stehende Wellen, erstere sechs Curven dagegen zeigen beide Wellenbewegungen, fortschreitende und stehende mit einander combinirt.

Ferner ist leicht zu erkennen, dass die Curven Fig. 139 u. 145 einander bezüglich der stehenden Wellen entsprechen, ebenso Fig. 140 u. 146, Fig. 141 u. 147, Fig. 142 u. 148, Fig. 143 u. 149 und Fig. 144 u. 150. — Fig. 143 ist frei von fortschreitender und stehender Wellenbewegung und dementsprechend zeigt Fig. 149 nur fortschreitende Wellen, nämlich die primäre Welle a und ihre Reflexwellen r, r', r'' u. s. w.; die zwischen r und r^{IV} liegenden Erhebungen dieser Curve sind lediglich das Produkt aufeinander folgender, positiver und negativer Reflexwellen.

Allgemeine Sätze über den Seitendruck ungleichmässiger Ströme. § 91. In § 89 wurde gezeigt, dass die intermittirenden Ströme, welche zwischen einem centralen Reservoir mit constanter Wassersäule und einer peripheren Röhre mit veränderlicher Wassersäule stattfinden, stehende Wellen verursachen, die sich über die g a n z e Schlauchlänge erstrecken, und dass intermittirende Ströme, welche zwischen zwei gleichweiten Reservoiren mit variablen Wassersäulen stattfinden, stehende Wellen bedingen, von denen jede sich auf eine h a l b e Schlauchlänge erstreckt.

Wenn man berücksichtigt, dass ein Reservoir mit constanter Wassersäule eigentlich ein unendlich weites, mit Wasser gefülltes Reservoir ist, und dass ein vollständig offenes Schlauchende, welches das Wasser frei abfliessen lässt, gleich zu achten ist einem Schlauchende, das mit einem unendlich weiten, aber leeren Reservoir in Verbindung steht, so lassen sich aus den oben erwähnten beiden Sätzen über den Seitendruck intermittirender Ströme leicht allgemein giltige Sätze über den Seitendruck intermittirender Ströme ableiten: man braucht sich nur das Resultat dieser beiden Sätze durch Construction zu veranschaulichen: Die Linie CC^5 *Fig. 151* stelle das centrale, cylindrische Reservoir dar, die Linie PP^5 das periphere, die horizontale $C^5 P$ sei der Schlauch. Ist die centrale Wassersäule constant, d. h. ist das centrale Reservoir unendlich weit, so ist am Ende des gleichmässigen Stroms, aus dem sich der ungleichmässige entwickelt, der Seitendruck im Schlauch durch die Ordinaten der Linie CP bestimmt; sowie die Wassersäule in P steigt und den Punkt P¹ erreicht, hat man den Seitendruck CP¹; erreicht sie den Punkt P¹, so ist der Seitendruck gleich den Ordinaten der Linie CP¹; und daraus ist ersichtlich,

Fig. 151.

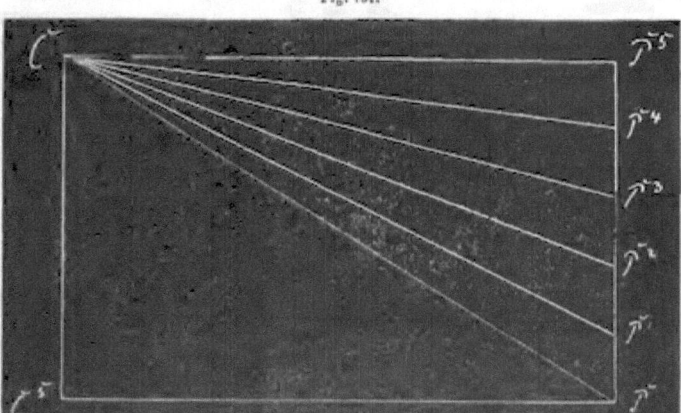

was der erste Satz behauptet, dass nämlich der Seitendruck auf allen Querschnitten des Schlauchs gleichzeitig zunehme, während die Wassersäule in P steige, und dass der Seitendruck am peripheren Schlauchende am meisten zunehme.

Fig. 152.

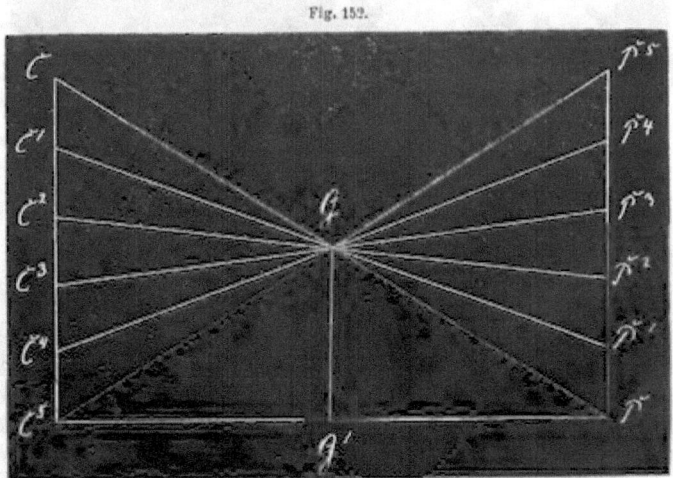

Sind beide Reservoire gleich weit und eben so weit wie der Schlauch, so hat man am Ende des gleichmässigen Stroms den Seitendruck CP (*Fig. 152*); steigt die periphere Wassersäule zum Punkt P¹, so sinkt die centrale eben so weit d. h. zum Punkt C¹, und man hat in diesem Moment den Seitendruck C¹ P¹; steigt sie zum Punkt P¹, so sinkt die centrale zum Punkt C², und man hat den Seitendruck C² P² u. s. w. — Alle diese Seitendruckslinien schneiden sich im Punkte G, dessen Loth den Schlauch in g^1 halbirt; daraus ist ersichtlich, was der zweite Satz behauptet, dass nämlich bei intermittirenden, zwischen gleich weiten Reservoiren stattfindenden Strömen der Seitendruck im centralen Reservoir sinke und im peripheren Reservoir gleichzeitig und in demselben Grade steige, dass in der Mitte der Schlauchlänge der Seitendruck constant bleibe, d. h. einen Gleichgewichtspunkt habe, und dass jede der stehenden Wellen, welche den Seitendrucksschwankungen entsprechen, sich auf eine halbe Schlauchlänge erstrecke.

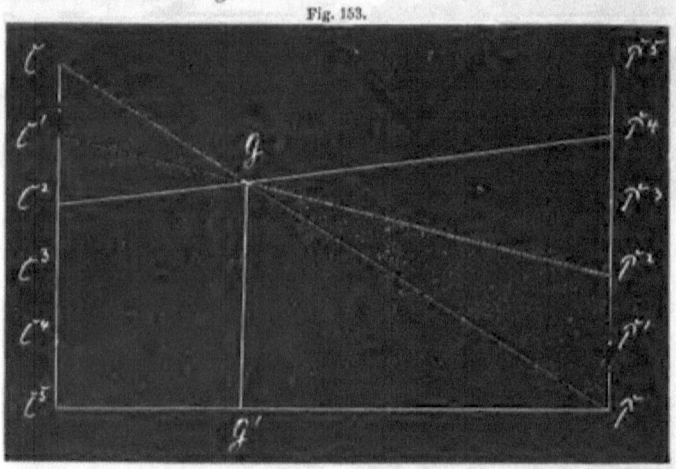

Fig. 153.

Gibt man dem centralen Reservoir den doppelten Querschnitt des peripheren, so hat man am Ende des gleichmässigen Stroms den Seitendruck CP (*Fig. 153*); sinkt die centrale Wassersäule bis C¹, so steigt die periphere bis P² und der Seitendruck ist C¹ P²; sinkt die centrale Wassersäule bis C², so steigt die periphere bis P³ und der Seitendruck ist durch die Linie C² P³ bestimmt. Diese Linien schneiden sich im Punkte G, dessen Loth den Schlauch an der Grenze g^1 des ersten und zweiten Drittheils schneidet. Der Gleichgewichtspunkt des Seitendrucks ist also dem weiteren Reservoir näher gerückt, und zwar verhalten sich die Entfernungen des Gleichgewichtspunkts von den beiden Reservoiren umgekehrt wie die Querschnitte dieser Reservoire. Daraus folgt, dass der Gleichgewichtspunkt des Seitendrucks caet. p. einem Reservoir um so näher rückt, je geräumiger es wird. Wird das centrale Reservoir unendlich weit, so liegt der Gleichgewichtspunkt in diesem Reservoire selbst, und der Seitendruck muss in allen Querschnitten des Schlauchs gleichzeitig steigen und gleichzeitig sinken (Vgl. Fig. 151).

Ist das periphere Reservoir unendlich weit d. h. kann das Wasser aus dem peripheren Schlauchende frei abfliessen, so liegt der Gleichgewichtspunkt des Seitendrucks im peripheren Schlauchende. Während des Sinkens der centralen Wassersäule sinkt auch der Seitendruck auf allen Querschnitten des Schlauchs. Ist die centrale Wassersäule unter Null gesunken, so beginnt ein Rückstrom, die centrale Wassersäule steigt wieder, und gleichzeitig steigt der Druck in allen Querschnitten des Schlauchs. Die Schwankungen des Seitendrucks sind in diesem Fall am centralen Schlauchende am grössten (*Fig. 154*).

Fig. 154.

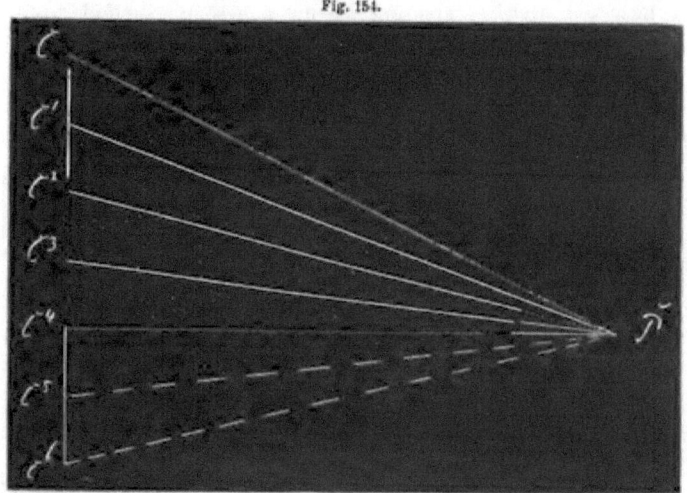

Es lassen sich also folgende Sätze über den Seitendruck ungleichmässiger Ströme aufstellen:

1. Die ungleichmässigen intermittirenden Ströme, welche zwischen zwei, durch einen elastischen Schlauch verbundenen Reservoiren stattfinden, haben Schwankungen des Seitendrucks zur Folge, welche sich graphisch als stehende Wellen darstellen.

2. Diese Schwankungen des Seitendrucks sind an den Schlauchenden am grössten, bewegen sich um einen, zwischen beiden Reservoiren liegenden Gleichgewichtspunkt und haben diesseits und jenseits dieses Punktes entgegengesetzte Richtung.

3. Die Entfernungen des Gleichgewichtspunktes von den beiden Reservoiren verhalten sich umgekehrt wie die Querschnitte dieser cylindrischen Reservoire.

4. Ist daher ein Reservoir unendlich weit, so rückt der Gleichgewichtspunkt des Seitendrucks bis an dieses Reservoir heran, und die gleichzeitigen Schwankungen des Seitendrucks haben somit in allen Querschnitten des Schlauchs gleiche Richtung.

M. Verhältniss zwischen Wellenbewegung und Strombewegung in elastischen Schläuchen.

Ströme von unbegrenzter Dauer.
Ströme von begrenzter Dauer.
Intermittirende Ströme.

§ 92. Wenn zwei Reservoire von unbegrenzter Höhe und starren Wänden Wassersäulen von ungleicher Höhe enthalten und durch einen elastischen Schlauch mit einander communiciren, so entsteht ein **Flüssigkeitsstrom**, sobald man die beiden Wassersäulen sich selbst überlässt.

Das Reservoir, welches ursprünglich die höhere Wassersäule enthält, soll das centrale heissen, das andere das periphere. Sind beide Reservoire unendlich weit, so ist der Strom, welcher zwischen beiden zu Stande kommt, **von unbegrenzter Dauer**; denn unter sonst gleichen Bedingungen dauert der Strom offenbar um so länger, je grösser die Durchmesser der beiden Reservoire sind.

Sind die Durchmesser derselben endlich, sodass ein Strom von **begrenzter Dauer** entsteht, so bleibt es bekanntlich nicht bei einem einzigen Strom, sondern auf den ersten, centrifugalen Strom folgt ein zweiter, centripetaler, auf diesen ein dritter, centrifugaler u. s. f. bis zum definitiven Stillstand der Wassersäule: d. h. die Wassersäule kommt unter Stromesschwankungen zur Ruhe.

Diese **intermittirenden Ströme** fehlen auch dann nicht, wenn eines der beiden Reservoire unendlich weit oder unendlich eng ist. Hiervon kann man sich leicht überzeugen; sind z. B. centrales Reservoir und Schlauch je 10 Mm. weit, und mündet das vollständig offene, periphere Schlauchende in ein weites, flaches, mit Wasser gefülltes Gefäss, aus dem das überschüssige Wasser beliebig abfliessen kann, so hat man ein peripheres Reservoir von unendlichem Durchmesser, in welchem die Wassersäule nicht über einen bestimmten Werth steigen kann. — Sowie der Strom beginnt, sinkt die centrale Wassersäule, sinkt allmälig unter Null (um diess zu ermöglichen, muss die centrale Röhre U förmig nach unten ausgebogen sein), kommt einen Moment zum Stillstand, beginnt wieder zu steigen u. s. w. Ist dagegen das periphere Schlauchende geschlossen, so hat man, streng genommen, ein peripheres Reservoir von unendlich kleinem Durchmesser. Sowie der Strom beginnt, sinkt die centrale Wassersäule auf einen gewissen Punkt, hält einen Moment inne, steigt wieder u. s. f.

Man hat also intermittirende Ströme, obwohl das eine der beiden Reservoire einmal unendlich weit und das andere Mal unendlich eng war. Es fragt sich nun, ob diese Ströme mit Wellenbewegung verknüpft sind, und welche Beziehungen zwischen Strombewegung und Wellenbewegung existiren.

Das Ausströmen des Wassers an eine fortschreitende Welle gebunden.

§ 93. Tritt ein Strom von unbegrenzter Dauer ins centrale Ende des mit Wasser gefüllten Schlauchs ein, dessen Inhalt in Ruhe ist, so pflanzt sich eine positive Welle nach dem peripheren Ende des Schlauchs fort (§ 16). Sobald diese Welle das offene periphere Schlauchende erreicht, beginnt daselbst das Ausströmen des Wassers.

Um diess zu beweisen, wurde an den Apparat der ersten Wellenerregungsmethode ein 670 Cm. langer, elastischer Schlauch befestigt, welcher sich in zwei, je 240 Cm. lange Schläuche derselben Qualität theilte. Der eine dieser letzteren Schläuche trug an seinem peripheren, vollständig geschlossenen (C_o'') Ende den Sphygmographen, der andere war am peripheren Ende vollständig offen (C_i'). Der Sphygmograph wurde in den Kreis der secundären Spirale des Funkeninductors eingeschaltet, der eine Leitungsdraht dieser Spirale am offenen peripheren Schlauchende vorbeigeführt und mit einer kurzen Schleife in dasselbe eingesenkt; vom anderen Leitungsdraht verlief ein Zweig gleichfalls zum offenen peripheren Schlauchende, tauchte aber nicht in dasselbe ein, sondern blieb in sehr kleiner Entfernung von dem Wasserspiegel. So lange

Fig. 155.

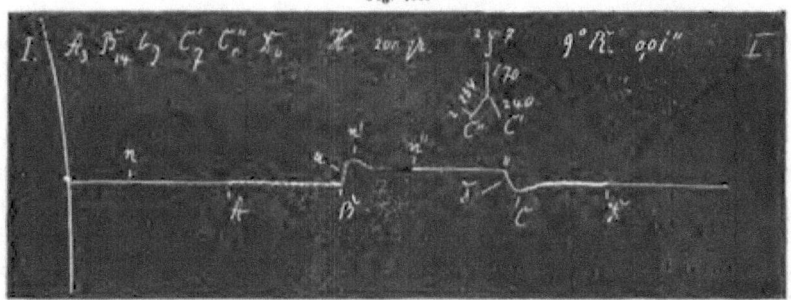

dieser den Draht nicht berührte, schlugen die electrischen Funken durch die Papierplatte des Sphygmographen; sowie aber der Wasserspiegel den Draht berührte, war eine besser leitende Nebenschliessung hergestellt, und der Zeichenstift des Sphygmographen lieferte solange keine Funken, bis durch das Sinken des Wasserspiegels die Nebenschliessung wieder unterbrochen wurde.

Da die positive Welle den Sphygmographen und das offene Schlauchende gleichzeitig erreichte, so bezeichnete der Anfangspunkt der Ascensionslinie das Eintreffen der positiven Welle an beiden Schlauchenden; die Funkenreihe musste auf der Zeichnung fortdauern, bis am offenen Ende der Wasserspiegel durch das Ausströmen des Wassers stieg. Wenn also Beginn des Ausströmens und Ankunft der Welle am peripheren Schlauchende zeitlich zusammenfielen, so musste die Funkenreihe gerade am Anfangspunkt B der Ascensionslinie a aufhören. Dies war wirklich der Fall, wie *Fig. 155* zeigt, und damit ist der Beweis für obigen Satz erbracht.

Alle aus der primären positiven Welle hervorgehenden Reflexwellen, nämlich die negative erste Reflexwelle, die positive zweite, die negative dritte u. s. w. bewegen in diesem Fall die Wassertheilchen in centrifugaler Richtung und machen den Strom allmälig zu einem gleichmässigen. Gleichmässig ist er, sobald die fortschreitende Wellenbewegung erschöpft ist; alsdann ist der Druck auf allen Querschnitten des Schlauchs ein constanter.

Der oben ausgesprochene Satz über die Abhängigkeit des Ausströmens von der primären positiven Welle gilt selbstverständlich auch für Ströme von begrenzter Dauer.

Das Einströmen des Wassers an eine fortschreitende Welle gebunden. § 94. Wird am centralen Schlauchende eine centrifugale negative Welle erregt, so beginnt am offenen peripheren Schlauchende das Einströmen der Flüssigkeit, sobald die negative Welle daselbst ankommt und sich in die erste positive centripetale Reflexwelle verwandelt; das Einströmen des Wassers in den Schlauch ist also in diesem Fall an eine fortschreitende Welle gebunden.

Um diess zu beweisen, wurde an dem im vorigen Paragraphen erwähnten Schlauche nach der dritten Wellenerregungsmethode das Wasser am geschlossenen centralen Schlauchende auf eine Strecke von 100 Cm. aus dem Schlauch verdrängt und sodann plötzlich das Rückströmen des Wassers in den leeren Schlauchtheil eingeleitet; in diesem Moment pflanzt sich eine negative Welle nach der Peripherie fort. Am peripheren Schlauchende war die im § 93 erwähnte Nebenschliessung bei Beginn des Versuchs hergestellt, der Nebenschliessungsdraht tauchte sehr wenig in das Wasser ein, sodass die Nebenschliessung unterbrochen wurde, sowie das Wasser anfing, sich nach dem centralen Schlauchende zu bewegen. Da die negative Welle den Sphygmographen und das offene periphere Schlauchende gleichzeitig erreichte, so bezeichnete der Anfangspunkt der Descensionslinie der Curve das Eintreffen der negativen Welle an beiden peripheren Schlauchenden; die Funkenreihe konnte auf der Zeichnung nicht eher erscheinen, als bis am offenen Schlauchende der Wasserspiegel durch das centripetale Strömen des Wassers sank. Wenn also der Beginn des Einströmens und die Ankunft der negativen Welle am peripheren Schlauchende zeitlich zusammenfielen, so musste die Funkenreihe gerade am Anfangspunkt der Descensionslinie beginnen. Diess war wirklich der Fall, wie *Fig. 156* zeigt, und hiemit ist obiger Satz bewiesen.

Ende des Ausströmens und Beginn des Einströmens des Wassers am peripheren Schlauchende sind auch bei Unterbrechung eines gleichmässigen centrifugalen Stroms abhängig von fortschreitender Wellenbewegung. § 95. Bei dem im § 94 beschriebenen Versuche war der Schlauchinhalt vor dem Auftreten der negativen Welle vollständig in Ruhe. Wenn aber die negative Welle durch plötzliche Unterbrechung eines gleichmässigen Flüssigkeitsstroms erregt wird (§ 34), so hat man es mit einem centrifugal strömenden Schlauchinhalt zu thun, und es fragt sich, wie sich die negative Welle zu diesem verhalte.

Dass das Ausströmen der Flüssigkeit am peripheren Schlauchende noch fortdauert, wenn das Einströmen am centralen Schlauchende schon aufgehört hat, ist bekannt; ob aber das Ausströmen der Flüssigkeit vor oder mit oder nach dem Eintreffen der negativen Welle am peripheren Schlauchende aufhöre, ist fraglich und muss daher näher untersucht werden:

An ein Standgefäss mit constanter Wassersäule wird ein einfacher, 345 Cm. langer, elastischer Schlauch angesetzt, dessen peripheres Ende vollständig offen ist. Der Sphygmograph befindet sich in der Stellung $_{10}S_{335}$, ist also nur 10 Cm. vom peripheren Schlauchende entfernt. Die Leitungsdrähte der secundären

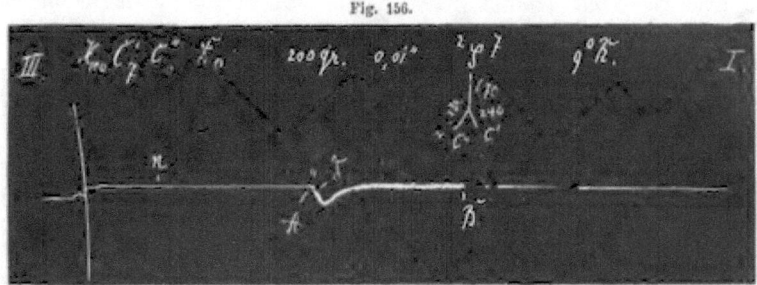

Fig. 156.

Spirale des Funkeninduktors sind in der bereits (§ 93) beschriebenen Weise angeordnet, so dass die Funkenreihe in dem Moment beginnt, in welchem das Ausströmen des Wassers aus dem peripheren Schlauchende aufhört und der centripetale Rückstrom beginnt. Wird die Curventafel in Gang gesetzt und

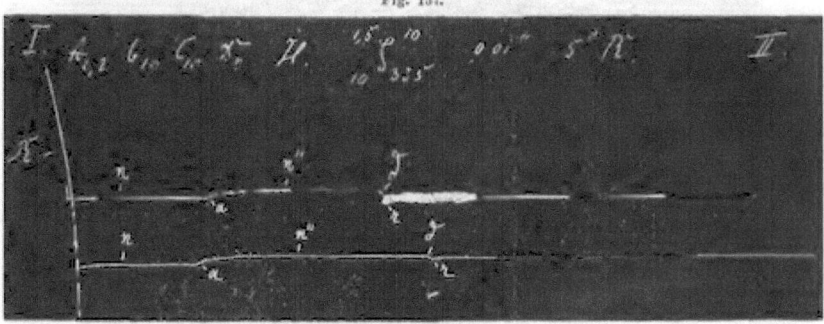

Fig. 157.

der Hahn am centralen Schlauchende geöffnet, so zeichnet der Sphygmograph wegen der Nähe des peripheren Schlauchendes nur die ganz kleine Ascensionslinie a der primären positiven Welle (*Fig. 157*). Der Strom wird gleichmässig und bedingt die gerade Linie n''. Nun wird der Strom am centralen Schlauchende unterbrochen durch plötzlichen Hahnschluss; eine negative Welle pflanzt sich centrifugal durch den Schlauch fort, die Descensionslinie d derselben wird wegen der Nähe des peripheren Schlauchendes alsbald unterbrochen von der Linie r' der ersten positiven Reflexwelle. Linie r' ist horizon-

tal wegen Interferenz der primären negativen Welle und der ersten positiven
Reflexwelle. Der Anfang der Funkenreihe fällt mit der unteren Hälfte der
kleinen Descensionslinie *d* zusammen, liegt also in der Mitte zwischen Anfangspunkt der negativen primären Welle und Anfangspunkt der positiven
ersten Reflexwelle, d. h. die Funkenreihe beginnt in dem Moment, in welchem die negative Welle am peripheren Schlauchende ankommt. Damit ist
nachgewiesen, dass das Ausströmen der Flüssigkeit am peripheren Schlauchende gleichzeitig mit dem Eintreffen der negativen Welle aufhört, und dass
der centripetale Rückstrom in demselben Moment beginnt, in welchem die
erste positive Reflexwelle am peripheren Schlauchende auftritt. Das Aus- und
Einströmen der Flüssigkeit am peripheren Schlauchende ist also auch in diesem Fall abhängig von der fortschreitenden Wellenbewegung.

Fig. 158.

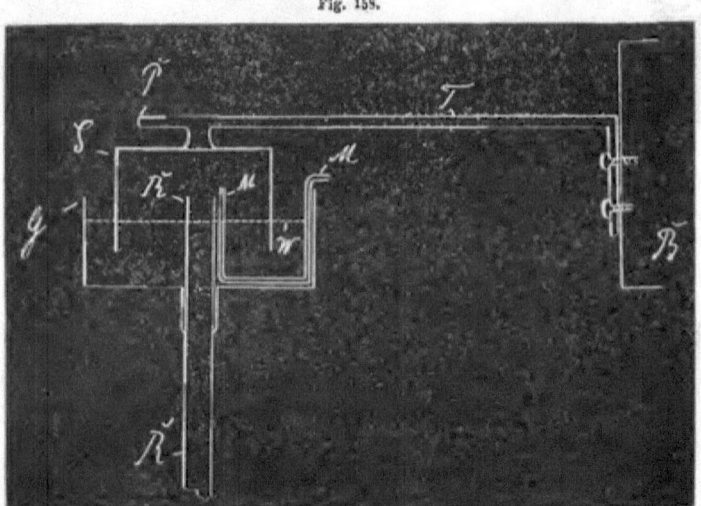

Ströme zwischen zwei gleichen, durch einen gleich weiten Schlauch verbun- denen Reservoiren und ihre Beziehun- gen zu fortschreitender und stehen- der Wellenbewegung.

§ 96. Zwei senkrecht stehende, je 12 Mm. weite
Glasröhren werden durch einen 10 Mm. weiten, elastischen Schlauch mit einander verbunden*). In der
Mitte des Schlauchs wird ein Sphygmograph aufgesetzt. Zur Darstellung der
Schwankungen der Wassersäule in den Glasröhren wird auf das obere Ende
der Glasröhre *R* (*Fig. 158*) ein nach oben offenes, weites Glasgefäss *G* wasserdicht aufgesetzt. Ein zweites Glasgefäss *S* wird mit seiner Bodenfläche an
dem eisernen Stabe *T* befestigt, so dass es frei beweglich über der Glasröhre
R schwebt. Der Stab *T* ist 31 Cm. lang, 2 Cm. breit und 4 Mm. dick, an
das unbewegliche Brett *B* angeschraubt, und beantwortet auch ganz leise Stösse

---

*) Die Glasröhren sind etwas weiter als der Schlauch, weil der Durchmesser des letzteren
unter dem Druck der Wassersäule etwas grösser wird.

mit ergiebigen Schwingungen. Um diese Bewegungen des Stabs zu zeichnen, wird auf sein freies Ende P die Fühlfeder eines Sphygmographen aufgesetzt. Schlieslich giesst man in das Gefäss G Wasser ein, bis sein Spiegel W sich einige Centimeter über den unteren Rand des Gefässes S gehoben hat und die Luft, welche im oberen Theil der Röhre R und im Gefäss S enthalten ist, nach aussen abschliesst. Damit der Wasserspiegel vor dem Versuch in beiden Gefässen G und S gleich hoch steht, wird ein feines Röhrchen M an der Röhre R und an der Wand des Gefässes G entlang geführt, um die Luft des Gefässes S nach aussen entweichen zu lassen. Während des Versuchs wird das äussere Ende des Röhrchens M luftdicht verschlossen.

Fig. 159.

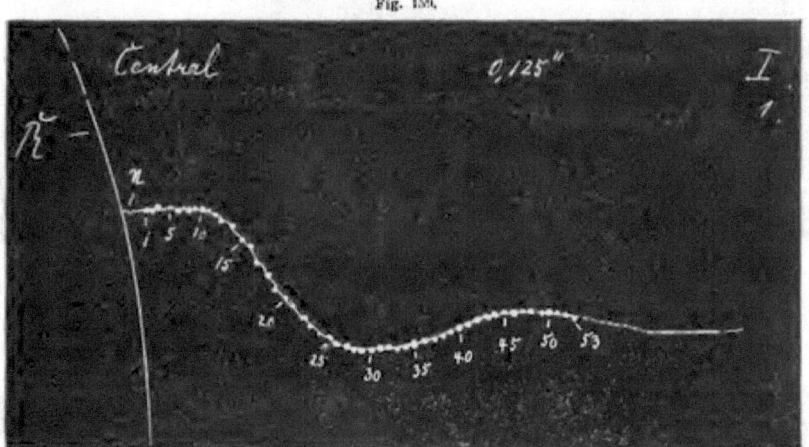

Ist letzteres geschehen, so muss jede Luftverdünnung innerhalb des Gefässes S das freie Ende P des Stabes T sofort abwärts ziehen, und andererseits muss jede Luftverdichtung dasselbe aufwärts bewegen. Da aber jede Bewegung der Wassersäule in der Röhre R die Luft in S verdünnt, wenn sie abwärts gerichtet ist, und verdichtet, wenn sie aufwärts gerichtet ist, so vermag der auf den Stab T aufgesetzte Sphygmograph die Schwankungen der Wassersäule in R zu registriren.

Am oberen Ende der anderen senkrechten Glasröhre wird die gleiche Vorrichtung angebracht.

Das untere Ende der einen (centralen) der beiden senkrechten Glasröhren trägt einen Metallhahn, welcher die Communication zwischen Glasröhre und elastischem Schlauch herstellt und abschliesst. Ist nun die centrale Röhre vollständig mit Wasser gefüllt, ebenso der elastische Schlauch, während die periphere Röhre nur ein paar Centimeter Wasserstand hat, und wird der Metallhahn plötzlich geöffnet, so beginnen in beiden Röhren Schwankungen der Wassersäule. Die drei Sphygmographen aber, von welchen Nr. I an der centralen Glasröhre, Nr. II an der peripheren Glasröhre und Nr. IV an der Mitte des 500 Cm. langen Schlauchs angebracht sind, zeichnen die Curven *Fig. 159, 160* und *161*. Dieselben sind gleichzeitig gezeichnet und mit identischer Zeiteintheilung versehen; jede Curve trägt 53 Funkenmarken und ist in $1/s$ Sec. eingetheilt.

Fig. 160.

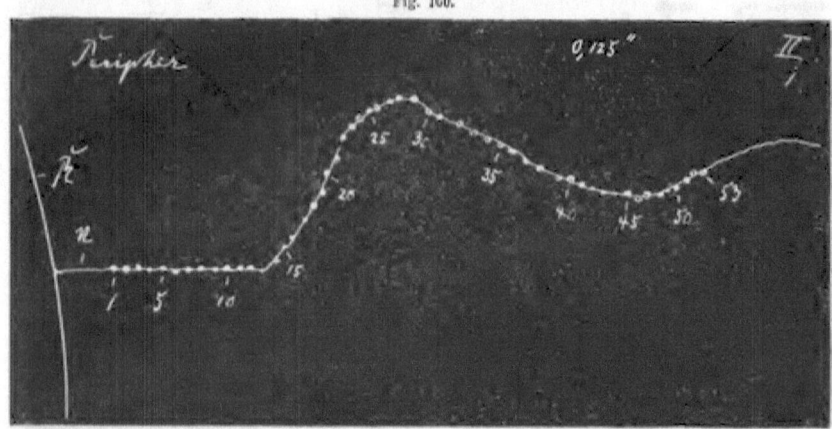

Curve Fig. 159 zeigt, dass die Wassersäule in der centralen Glasröhre von der 10. Marke bis zur 28. Marke, also $18/s$ Sec. lang sinkt, dann von der 28. bis 29. Marke, also $1/s$ Sec. lang still steht und bei der 29. Marke wieder steigt.

Fig. 161.

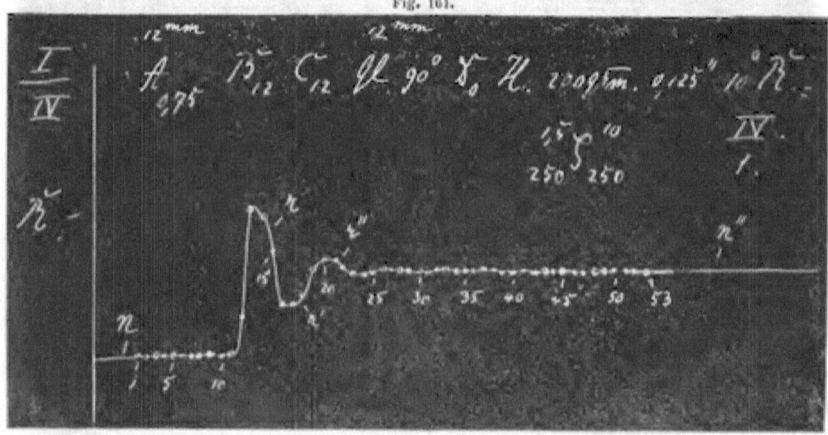

Curve Fig. 160 zeigt für die periphere Glasröhre Steigen der Wassersäule von der 13. bis zur 28. Marke, also $15/s$ Sec. lang; dann Stillstand von der 28. bis 29. Marke und von der 29. Marke an Sinken der Wassersäule.

Curve Fig. 161 zeigt, dass zunächst eine positive Welle durch den Schlauch sich fortpflanzt, deren Ascensionslinie zwischen der 11. und 12. Marke beginnt, dass zwischen der 14. und 15. Marke, also nach ungefähr $3/8$ Secunden die erste, negative Reflexwelle folgt, zwischen der 17. und 18. Marke also nach $3/8$ Secunden die zweite, positive Reflexwelle, zwischen der 20. und 21. Marke, also nach $3/8$ Secunden die dritte, negative Reflexwelle, zwischen der 23. und 24. Marke, also nach $3/8$ Secunden die vierte, positive Reflexwelle u. s. w.

Hieraus ergiebt sich Folgendes: Das Steigen der Wassersäule in der peripheren Glasröhre beginnt nicht gleichzeitig mit dem Sinken der Wassersäule in der centralen Röhre, sondern erst dann, wenn die positive Welle, welche sich zur Zeit der 10. Funkenmarke von der centralen Röhre aus durch den elastischen Schlauch fortpflanzt und zwischen der 11. und 12. Marke die Mitte des Schlauchs erreicht, am peripheren Schlauchende angekommen ist; von da an (13. Marke) gehen das Steigen in der peripheren Röhre und das Sinken in der centralen Röhre gleichzeitig vor sich, und der Stillstand beider Wassersäulen erfolgt gleichzeitig (28. Marke). Nun beginnt die umgekehrte Bewegung, nämlich das Sinken in der peripheren Glasröhre bei der 29. Marke und das Steigen in der centralen Röhre ebenfalls bei der 29. Marke. Im Schlauch herrscht also, eingeleitet von der primären positiven Welle eine erste centrifugale Strömung von der 13. bis 28. Marke dauernd; während dieser Zeit durchlaufen fünf Wellen den Schlauch:

        die erste, negative Reflexwelle
        die zweite, positive   „
        die dritte, negative   „
        die vierte, positive   „
        und die fünfte, negative Reflexwelle.

Nach $1/8$ Sec. Stillstand (ich will nicht behaupten, dass die Wassersäule so lange stille stehe, der Stillstand ist vermuthlich nur ein momentaner; um diess aber nachzuweisen, müsste das registrirende Instrument noch empfindlicher sein) beginnt eine zweite, centripetale Strömung und zwar gleichzeitig (29. Marke) im Schlauch und in beiden Röhren; in der peripheren als ein von der 29. bis 46. Marke ($17/8$ Sec.) dauerndes Sinken, und in der centralen Röhre als ein von der 29. bis 46. Marke ($17/8$ Sec.) dauerndes Steigen. Während dieser Zeit durchlaufen fünf Wellen den Schlauch:

        die sechste, positive Reflexwelle
        die siebente, negative   „
        die achte, positive   „
        die neunte, negative   „
        und die zehnte, positive Reflexwelle.

Die letzten drei dieser Reflexwellen sind nicht mehr nachzuweisen wegen ihrer Kleinheit, d. h. die von der primären positiven Welle abstammenden Reflexwellen erlöschen etwa bei der 35. Marke.

Alsdann beginnt eine dritte, centrifugale Strömung gleichzeitig (46. Marke) im Schlauch und in beiden Röhren; während derselben sinkt die Wassersäule in der centralen Röhre und steigt in der peripheren Röhre.

Dass diese Ströme von Schwankungen des Seitendrucks begleitet sind, die sich graphisch als stehende Wellen darstellen, geht aus dem im Abschnitt L Gesagten hervor. Diese stehenden Wellen sind an den beiden Schlauchenden am bedeutendsten, nehmen gegen die Mitte des Schlauchs ab und verschwinden daselbst, weil wegen der Gleichheit der Durchmesser der beiden senkrechten Röhren in der Mitte des Schlauchs der Gleichgewichtspunkt des Seitendrucks sich befindet (§ 91). — Man kann also sagen: jeder dieser drei Ströme bedingt eine stehende Wellenbewegung, und es fragt sich nur noch, wie sich jeder dieser Ströme zu der im Schlauch nachgewiesenen, fortschreitenden Wellenbewegung verhalte. — Der Beginn des ersten centrifugalen Stroms erregt, wie bereits erwähnt, im elastischen Schlauch eine positive, fortschreitende Welle. Diese Welle hat nach den im Abschnitt C erörterten Gesetzen Reflexwellen im Gefolge, welche bis zu ihrer Erschöpfung den Schlauch durchlaufen

als erste, negative Reflexwelle,
zweite, positive „
dritte, negative „
vierte, positive „

u. s. w. und von der Stromesrichtung unabhängig sind. Der erste Strom kommt zur Ruhe, obwohl alle aus der primären, fortschreitenden Welle hervorgegangenen Reflexwellen in der Richtung dieses Stroms, d. h. centrifugal, bewegend auf die Wassertheilchen wirken; er kommt zur Ruhe, bevor die von ihm erregte, fortschreitende Wellenbewegung erschöpft ist. Sein Ende ist somit unabhängig von der fortschreitenden Wellenbewegung. — Der zweite Strom beginnt, bevor die erwähnte fortschreitende Wellenbewegung erschöpft ist, aber er ist unabhängig von derselben; denn er beginnt in beiden Glasröhren und auf allen Querschnitten des Schlauchs gleichzeitig. Er ruft aber auch keine fortschreitende Wellenbewegung hervor und unterscheidet sich dadurch wesentlich vom ersten Strom. Würde er eine centripetale positive Welle erregen, so müsste diese Welle auf Curve Fig. 161 nachweisbar sein und zwar, da der zweite Strom bei der 29. Marke beginnt, zwischen der 30. und 31. Marke. An dieser Stelle, an welcher bereits die sechste positive Reflexwelle aufgetreten ist, müsste demnach eine verstärkte, positive Welle erscheinen; von einer solchen verstärkten, positiven Welle ist aber Nichts zu sehen; also spricht Curve Fig. 161 gegen die etwaige Annahme, dass der zweite, centripetale Strom eine positive, fortschreitende Welle errege. Ein weiterer Beweis ist bereits in § 90 Fig. 143 enthalten. Es wurde daselbst gezeigt, dass in der Mitte des zwei gleichweite Glasröhren verbindenden Schlauchs keinerlei Wellenbewegung nachzuweisen ist, weder eine stehende noch eine fortschreitende, wenn man dafür gesorgt hat, dass die den ersten, centrifugalen Strom einleitende positive, centrifugale Welle und ihre Reflexwellen auf der Curve nicht zum Vorschein kommen. Hätte der zweite Strom eine eigene fortschreitende Wellenbewegung erregt, so müsste dieselbe in Fig. 143 unbedingt sichtbar sein, da die vom ersten Strom herrührenden, fortschreitenden Wellen bei dem entsprechenden Versuch ausgeschlossen waren. Fig. 143 zeigt aber nur eine gerade Linie. Also bedingt der zweite Strom vom Anfang bis zum Ende nur eine stehende Wellenbewegung.

Dasselbe gilt auch von den noch folgenden Strömen; sie alle erregen keine fortschreitende Wellenbewegung. — Der Grund hiefür ist leicht zu erkennen; man braucht nur die Druckverhältnisse etwas näher zu betrachten, welche im Schlauch herrschen unmittelbar vor dem ersten Strom und unmittelbar vor dem zweiten und den folgenden Strömen: Vor Beginn des ersten Stroms ist der Druck in allen Querschnitten des Schlauchs derselbe, nämlich gleich Null. Sowie am unteren Ende der centralen Glasröhre der Hahn geöffnet wird, entsteht am centralen Schlauchende ein bedeutender, der Höhe der Wassersäule in der centralen Röhre entsprechender, positiver Druck, und in Folge dieser Gleichgewichtsstörung des Drucks pflanzt sich eine positive Welle centrifugal durch den Schlauch fort.

Ganz anders verhält sich die Sache unmittelbar vor dem zweiten Strom: Um diese Zeit hat der erste, centrifugale Strom in beiden Glasröhren und also auch in allen Querschnitten des Schlauchs sein Ende erreicht; der Druck ist in diesem Moment in allen Querschnitten des Schlauchs ein anderer, und zwar vom centralen gegen das periphere Schlauchende stetig zunehmender (Fig. 152); es besteht somit längs des ganzen Schlauchs zwischen je zwei auf einander folgenden Querschnitten eine und dieselbe Druckdifferenz. Der Ausgleich dieser Differenzen muss gleichzeitig beginnen, eben weil der erste Strom in der centralen und peripheren Glasröhre und auf allen Querschnitten des Schlauchs gleichzeitig zur Ruhe kommt. Ein auf allen Querschnitten gleichzeitig beginnender Ausgleich der vorhandenen, gleichen Druckdifferenzen ist aber keine durch den Schlauch fortschreitende Wellenbewegung, sondern nichts anderes als der Beginn eines Stroms.

Was hier vom zweiten Strom gesagt wurde, gilt auch von allen noch folgenden Strömen.

Daraus ergeben sich folgende Sätze: Haben die beiden Reservoire und der sie verbindende Schlauch gleiche Durchmesser, so ist

1) jeder der intermittirenden Ströme mit einer stehenden Welle verknüpft;

2) der erste Strom, welcher nicht auf allen Querschnitten gleichzeitig, sondern am centralen Schlauchende beginnt, ist von einer fortschreitenden Wellenbewegung eingeleitet, endet aber ohne neue fortschreitende Wellenbewegung auf allen Querschnitten gleichzeitig;

3) die folgenden Ströme beginnen auf allen Querschnitten gleichzeitig

und enden auf allen Querschnitten gleichzeitig und sind vollständig frei von fortschreitender Wellenbewegung.

Ströme zwischen zwei Reservoiren, von denen das eine am unteren Ende enger ist als der Schlauch, und ihre Beziehungen zu fortschreitender u. stehender Wellenbewegung.

§ 97. Ist ein Reservoir an seinem unteren Ende enger als der Schlauch, so sind die Ströme, welche gegen dieses Reservoir verlaufen, sowohl mit einer stehenden als auch mit einer fortschreitenden Welle verknüpft; denn in diesem Fall kann nicht die ganze, im Schlauch enthaltene, strömende Wassersäule im Reservoir aufsteigen, sondern nur ein Theil derselben; der andere Theil wird an der Verbindungsstelle zwischen Schlauch und Glasröhre aufgehalten; dadurch entsteht eine positive, in entgegengesetzter Richtung fortschreitende Welle.

Um dies zu beweisen, lässt man das periphere Schlauchende in eine leere Glaskugel münden, welche sich nach oben in eine senkrecht stehende Glasröhre fortsetzt, welche ebenso weit ist wie der Schlauch, und deren unteres Ende einen Hahn (H') trägt. Während das Wasser in die Glaskugel strömt, wird der Strom gleichmässig, und der auf den Schlauch in der Stellung $_{100}S_{400}$ aufgesetzte Sphygmograph zeichnet dann nur die gerade Linie n'' (*Fig. 162*).

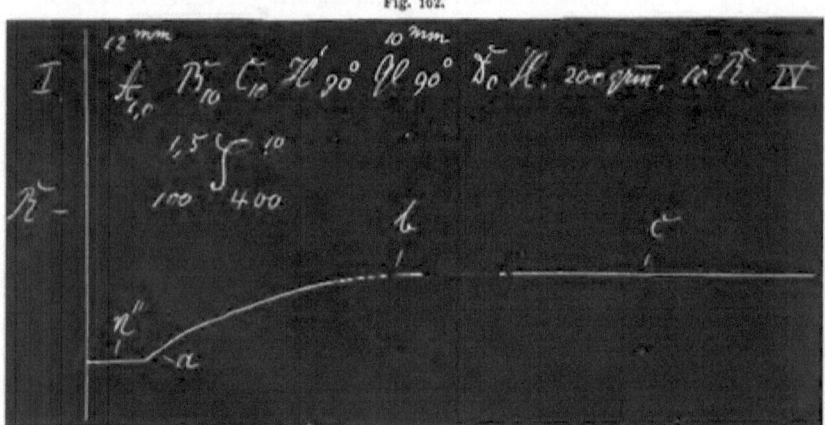

Fig. 162.

Ist die Kugel voll geworden und der Hahn vollständig offen (H' 90°), so steigt das Wasser in der Glasröhre ungehindert auf; man erhält dementsprechend die Ascensionslinie a der stehenden Welle (Fig. 162); ist der Hahn aber theilweise geschlossen (H' 60°), so erhält man neben der stehenden Welle auch noch die positive centripetal fortschreitende Welle a mit ihrer Reflexwelle r (*Fig. 163*). Die Glasröhre füllt sich in diesem Fall etwas langsamer als im vorigen, die Wassersäule erreicht später ihr Maximum, und daher braucht auch die stehende Welle mehr Zeit zu ihrem Entstehen, d. h. ihre Curve wird länger und flacher.

Je mehr man den Hahn H' schliesst, um so grösser wird die fortschreitende Welle, und um so kleiner und flacher wird die stehende Welle.

Fig. 163.

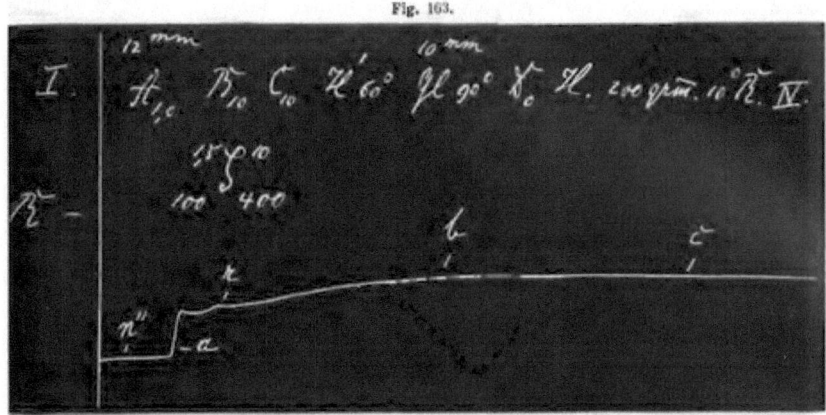

Ströme zwischen einem am peripheren Ende geschlossenen Schlauch und einem Reservoir, das mindestens ebenso weit ist als der Schlauch, und ihre Beziehungen zu fortschreitender und stehender Wellenbewegung.

§ 98. Ist eins der beiden Reservoire unendlich eng, d. h. ist ein Ende des Schlauches geschlossen, so sind die intermittirenden Ströme nur mit fortschreitender Wellenbewegung verknüpft und in ihrer Dauer genau an die Fortpflanzungsgeschwindigkeit der Wellen gebunden. Man muss hier zwei Fälle unterscheiden:

a. der Strom, welcher gegen das geschlossene (periphere) Schlauchende verläuft, kann am anderen (centralen) Schlauchende beginnen,

b. er kann aber auch auf allen Querschnitten gleichzeitig beginnen.

Im ersteren Fall ist der Strom von einer fortschreitenden Welle eingeleitet, und das Einströmen der Flüssigkeit am centralen Schlauchende dauert dann gerade so lange, bis die Welle zweimal den Schlauch durchlaufen hat d. h. bis die erste positive Reflexwelle das centrale Schlauchende erreicht hat. In diesem Moment beginnt am centralen Schlauchende das Ausströmen des Wassers, und dauert so lange, bis die zweite negative Reflexwelle das geschlossene periphere Schlauchende erreicht hat und von da als dritte negative Reflexwelle zum centralen Schlauchende zurückgekehrt ist u. s. w.

Beweis: Als centrales Reservoir dient eine 12 Mm. weite Glasröhre, in welcher das Wasser 75 Cm. hoch steht und an deren oberem Ende der in § 96 beschriebene, mit Sphygmograph I versehene Apparat zur Registrirung der Schwankungen der Wassersäule angebracht ist. Der 500 Cm. lange, mit Wasser bei Nulldruck gefüllte Schlauch ist am peripheren Ende geschlossen, der Sphygmograph IV befindet sich 10 Cm. vom centralen Ende entfernt. Oeffnet man plötzlich den Hahn, so sinkt die Wassersäule, und das Einströmen in den Schlauch beginnt; nach einiger Zeit steigt sie wieder, sobald nämlich das Wasser in's Reservoir zurückströmt; diese Stromesschwankungen dauern einige Zeit. Der Sphygmograph I zeichnet die Curve *Fig. 164*; die Ascensionslinien a', a'', a''' u. s. w. entsprechen dem Steigen der Wassersäule,

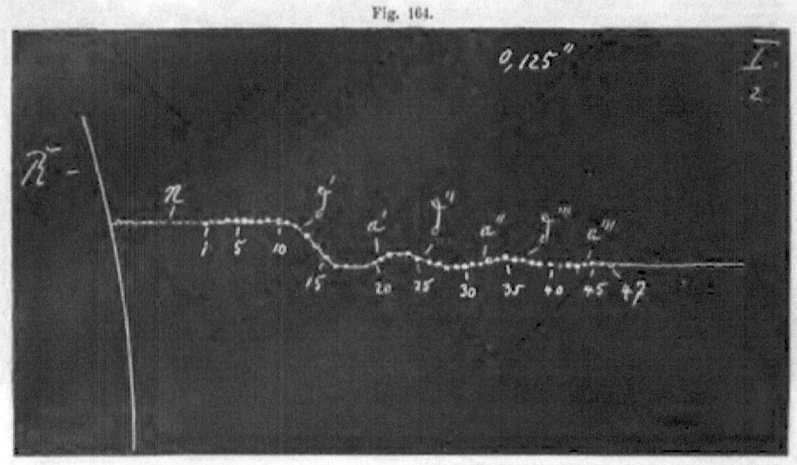

Fig. 164.

die Descensionslinien d', d'', d''' u. s. w. dem Sinken derselben. Sphygmograph IV zeichnet die Curve *Fig. 165*. Beide Curven sind gleichzeitig gezeichnet und haben identische Zeiteintheilung. Wegen der Nähe des centralen Schlauchendes bewirkt die erste positive Reflexwelle in der Curve Fig. 165 nur die

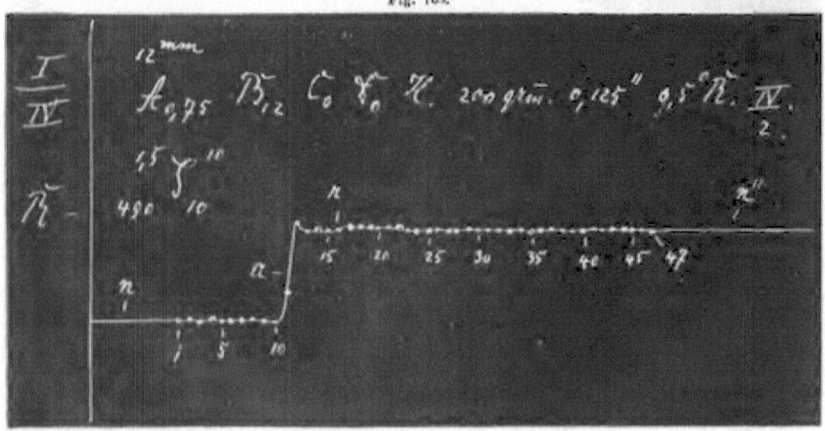

Fig. 165.

kleine Ascensionslinie r: die Mitte dieser Linie entspricht dem Moment, in welchem diese Reflexwelle das centrale Schlauchende erreicht; dieser Moment fällt zusammen mit der 16. Funkenmarke. Curve Fig. 164 zeigt, dass um dieselbe Zeit auch das Sinken der Wassersäule oder das Einströmen des

Wassers in das centrale Schlauchende aufhört und das Ausströmen aus dem centralen Schlauchende beginnt. Das Einströmen dauert also gerade so lange, bis die Welle zweimal den Schlauch durchlaufen hat, was zu beweisen war. Im zweiten Fall, wenn nämlich der Strom, welcher gegen das geschlossene periphere Schlauchende verläuft, auf allen Querschnitten des Schlauchs gleichzeitig beginnt, entsteht im Moment seines Anfangs nicht am centralen, sondern am geschlossenen peripheren Schlauchende eine neue positive centripetale Welle, und das Einströmen in's centrale Schlauchende dauert dann so lange, bis diese Welle das centrale Schlauchende erreicht hat; der weitere Verlauf der Stromesschwankungen und der fortschreitenden Wellen ist dann ebenso wie im ersten Fall. Um einen solchen, auf allen Querschnitten gleichzeitig

Fig. 166.

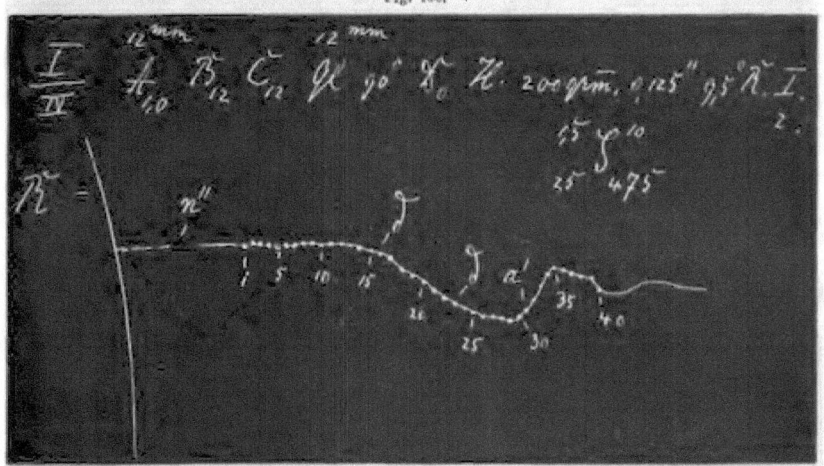

beginnenden Strom zu erhalten, braucht man nur einen centripetalen, gleichmässigen Strom herzustellen, denselben dann in die centrale Röhre aufsteigen zu lassen, und im Moment, wo die Wassersäule ihren höchsten Stand erreicht hat, das periphere Schlauchende zu schliessen. Auf den 500 Cm. langen Schlauch, der die beiden Reservoire verbindet, werden drei Sphygmographen aufgesetzt:

Nr. I in der Stellung $_{25}S_{475}$
Nr. II „ „ „ $_{250}S_{250}$
Nr. IV „ „ „ $_{475}S_{25}$

Alle drei Instrumente werden in den Kreis der secundären Spirale des Funkeninduktors eingeschaltet, und die von ihnen gleichzeitig gelieferten Zeichnungen *Fig. 166*, *167* und *168* demnach mit identischer Zeiteintheilung versehen. Ist der Flüssigkeitsstrom gleichmässig geworden, so werden die drei Curventafeln in Bewegung gesetzt; auf jeder Zeichnung erscheint während dieses Stroms nur die gerade Linie n''. Sowie die Wassersäule im peripheren Reservoir sinkt und im centralen steigt, zeichnet das Instrument Nr. I die Descensionslinie $d\,d$ einer stehenden Welle, und das Instrument Nr. IV die

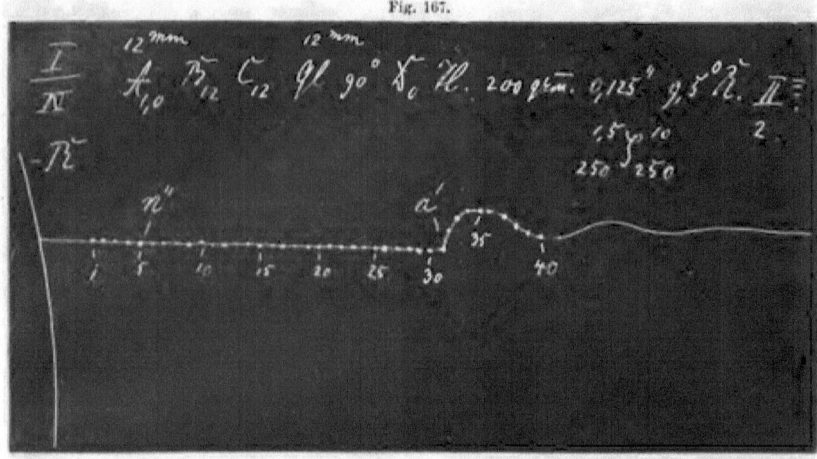

Fig. 167.

Ascensionslinie $a\,a$ einer stehenden Welle; Instrument Nr. II zeichnet keine stehende Welle, weil es sich in der Mitte des Schlauchs befindet, wo der Gleichgewichtspunkt des Seitendrucks liegt.

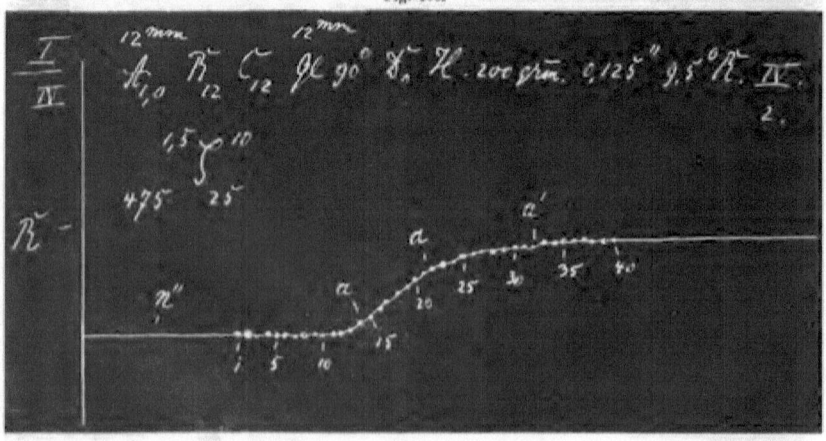

Fig. 168.

Im Moment, in welchem der erste, centripetale Strom auf allen Querschnitten zur Ruhe gelangt und der zweite, centrifugale Strom (Rückstrom) beginnt, wird der Hahn an der peripheren Glasröhre geschlossen. In Folge dessen tritt die Ascensionslinie a' einer positiven Welle auf, welche auf Curve Fig. 166 zwischen der 29. und 30. Marke, auf Curve Fig. 167 bei der 31. und auf Curve Fig. 168 bei der 32. Marke beginnt. Die positive Welle ist demnach eine fortschreitende centripetale, was zu beweisen war.

Fig. 169.

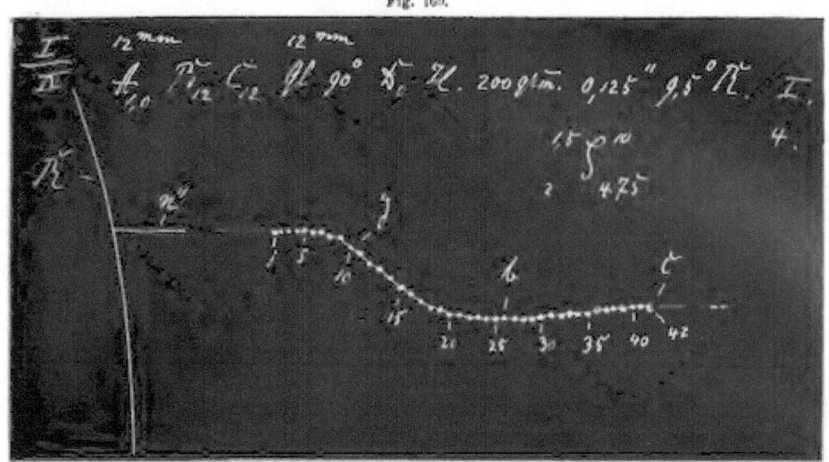

Lässt man dagegen den zweiten, centrifugalen Strom ungehindert in das periphere Reservoir eintreten, so kommt diese fortschreitende Welle nicht zum Vorschein, sondern das Instrument Nr. I zeichnet nun die Ascensionslinie *b c* einer stehenden Welle, Instrument Nr. IV die Descensionslinie *b c* einer stehenden Welle, Instrument Nr. II aber eine gerade Linie (*Fig. 169, 170* und *171*).

Fig. 170.

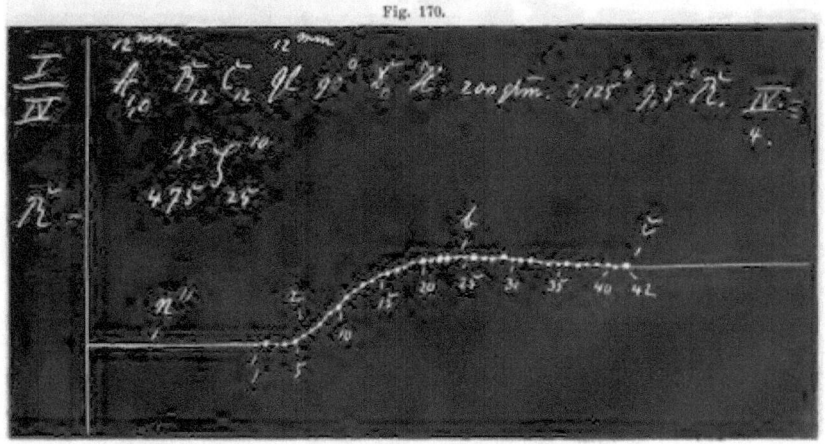

Aenderung der Reservoirmündung während der Stromesdauer und ihre Beziehungen zur fortschreitenden Wellenbewegung.

§ 99. Aendert sich die Mündung eines Reservoirs während der Stromesdauer, so wird dadurch jedesmal eine fortschreitende Welle erzeugt.

a. Wird die Mündung des Reservoirs, von welchem der Strom ausgeht, während seiner Dauer plötzlich enger, so entsteht eine negative, in der Richtung des Stroms fortschreitende Welle, welche sich mit der stehenden Welle combinirt.

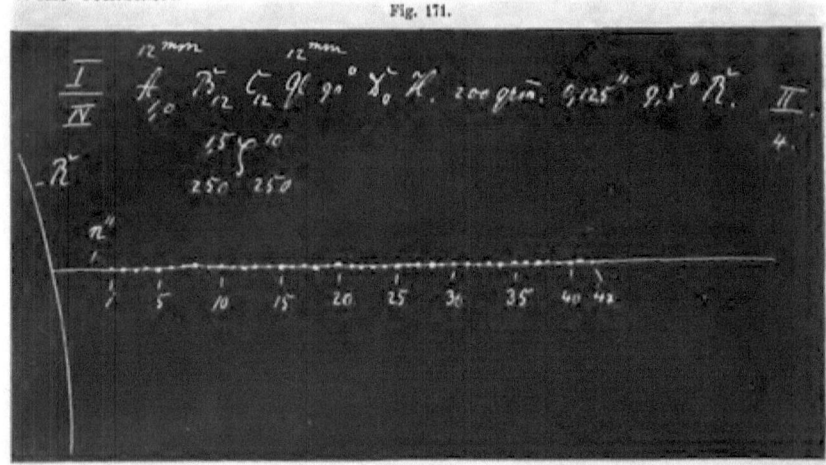

Fig. 171.

Beweis: Versuchsanordnung wie in § 97 (Centrales Reservoir 12 Mm. weit, mit constanter Wassersäule, Schlauch 10 Mm. weit, 500 Cm. lang, periphere Glaskugel nach oben in senkrechte, 10 Mm. weite Glasröhre ausmündend, Sphygmograph in der Stellung $_{100}S_{400}$.) Im Moment, in welchem die

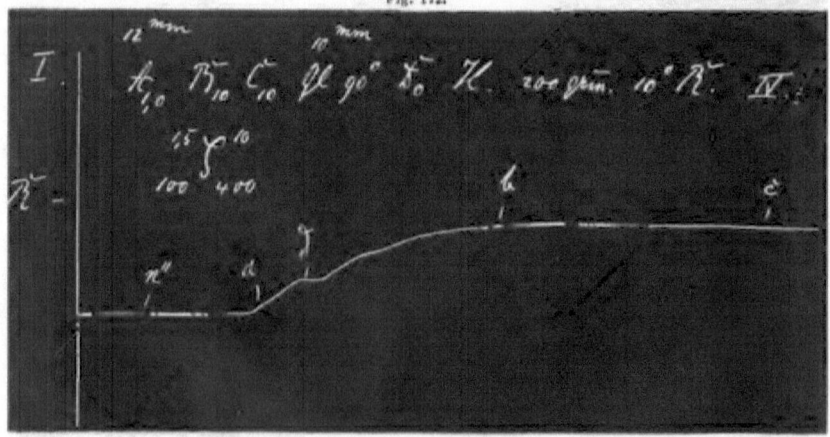

Fig. 172.

periphere Wassersäule zu steigen beginnt, wird die Mündung der centralen Glasröhre durch Hahndrehung verengt; der Sphygmograph zeichnet Curve *Fig. 172*, in welcher n'' dem gleichmässigen Strom, d der negativen, centrifugal fortschreitenden, durch Hahndrehung erzeugten Welle, $a\ b$ der positiven, durch das Steigen der peripheren Wassersäule bedingten, stehenden Welle entspricht.

b. Wird die Mündung des Reservoirs, von welchem der Strom ausgeht, während seiner Dauer plötzlich weiter, so entsteht eine positive, in der Richtung des Stroms fortschreitende Welle, welche sich mit der stehenden Welle combinirt.

Beweis: Versuchsanordnung wie bei *a*. Der Hahn am unteren Ende der 12 Mm. weiten Glasröhre ist während des gleichmässigen Stroms nicht vollständig geöffnet und wird im Moment, in welchem die periphere Wassersäule steigt, vollständig geöffnet. Der Sphygmograph zeichnet die Ascensionslinie a' (*Fig. 173*) der durch Hahneröffnung erzeugten positiven, centrifugalen Welle und die Ascensionslinie $a\ b$ der stehenden Welle.

Fig. 173.

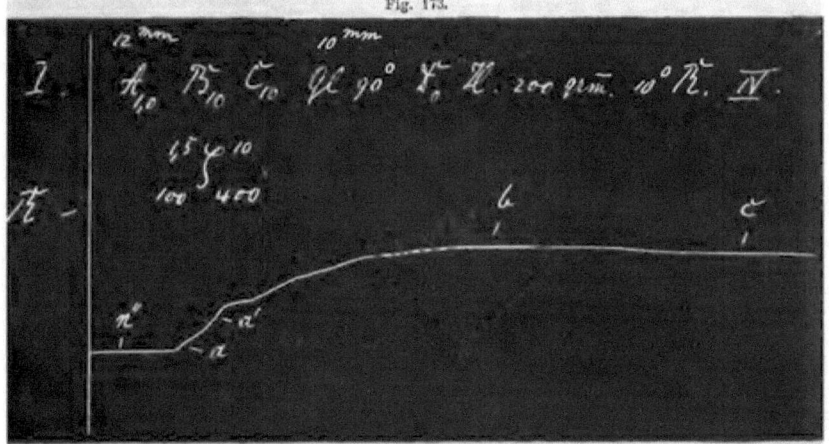

c. Wird das den Strom aufnehmende Reservoir während der Stromesdauer plötzlich enger, so entsteht daselbst eine dem Strom entgegen laufende, positive Welle, welche sich mit der stehenden, durch das Steigen der peripheren Wassersäule erzeugten Welle combinirt.

Beweis: Versuchsanordnung wie bei *a*; während die Wassersäule in der peripheren Glasröhre steigt, wird das untere Ende derselben durch Hahndrehung verengt. Der Sphygmograph zeichnet *Fig. 174*, in welcher a' die Ascensionslinie der centripetal fortschreitenden positiven Welle und $a\ b$ die Ascensionslinie der stehenden Wellen bezeichnen.

d. Wird das den Strom aufnehmende Reservoir während der Stromesdauer plötzlich weiter, so entsteht daselbst eine dem Strom entgegen laufende, negative Welle, welche sich mit der durch das Steigen der peripheren Wassersäule erzeugten stehenden Welle combinirt.

Beweis: Die periphere Glasröhre ist 15 Mm. weit und trägt an ihrem unteren Ende einen ebenso weiten Hahn. Letzterer wird vor dem Versuch so weit geschlossen, dass er auf die aufsteigende Wassersäule dieselbe Wirkung hat, wie ein 10 Mm. weiter Hahn; während die Wassersäule in der peripheren Glasröhre steigt, wird der Hahn plötzlich vollständig geöffnet; es

Fig. 174.

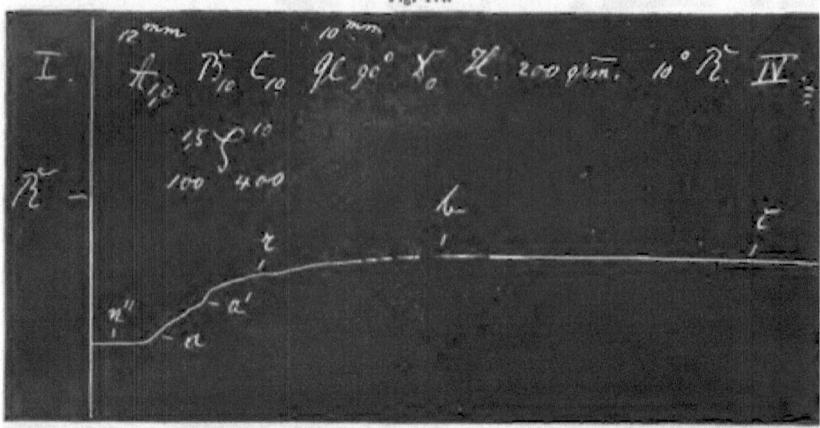

entsteht *Fig. 175*, in welcher das mit d bezeichnete Thal durch die centripetal fortschreitende, negative Welle bedingt ist, während $a\,b$ die Ascensionslinie der stehenden Welle bezeichnet.

Fig. 175.

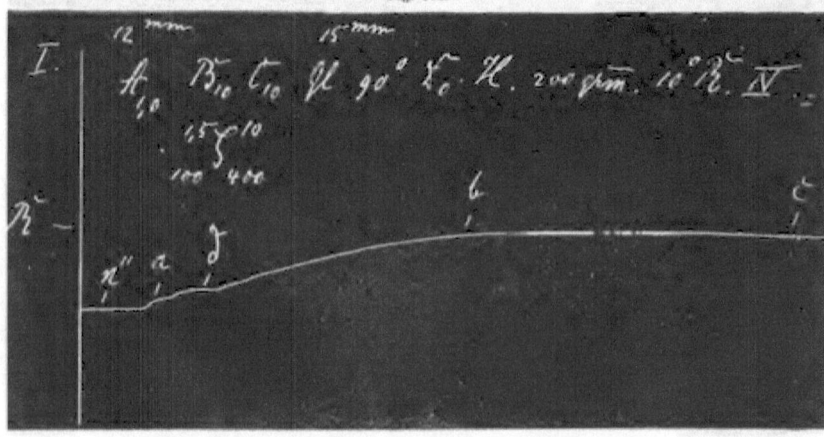

e. Wird in den unter *a* und *c* besprochenen Fällen die Reservoirmündung nicht bloss enger, sondern vollständig geschlossen, so verschwindet die stehende Wellenbewegung gänzlich und wird vollständig durch die fortschreitende Welle ersetzt, von welcher nun auch die Dauer der intermittirenden Ströme allein abhängt.

Hat man z. B. einen gleichmässigen centrifugalen Strom, aus dem sich ein ungleichmässiger Strom entwickelt durch das Aufsteigen des Wassers in einer peripheren Glasröhre, und wird das centrale Reservoir im Beginn des ungleichmässigen Stroms plötzlich geschlossen, so zeichnet der Sphygmograph

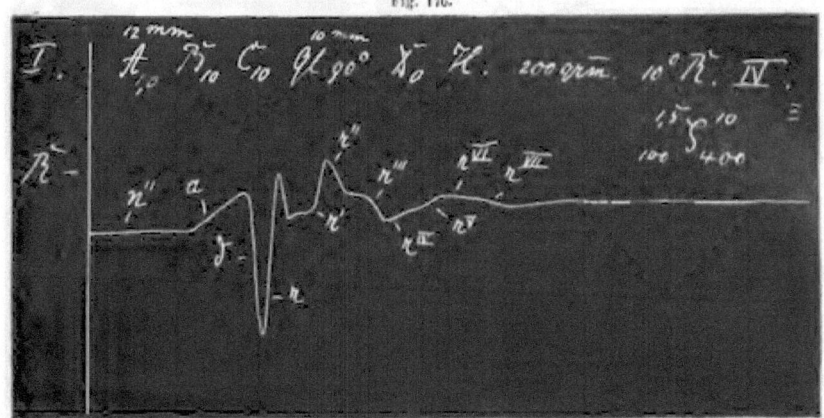

Fig. 176.

in der Stellung $_{100}S_{200}$ die Curve *Fig. 176*, in welcher die Ascensionslinie a den Anfang der stehenden Welle bezeichnet; dieselbe ist unterbrochen durch die Descensionslinie d der centrifugalen negativen Welle, welche nebst ihren Reflexwellen $r — r^{VII}$ an die Stelle der stehenden Welle getreten ist.

N. Kritische Bemerkungen.

Die von Isebree Moens beschriebenen Schliessungs- und Oeffnungswellen.
§ 100. Isebree Moens (die Pulscurve von Dr. A. Isebree Moens, Leiden, E. I. Brill 1878) unterscheidet zwischen Schliessungs- und Oeffnungswellen. Er lässt von einem centralen Reservoir einen gleichmässigen Flüssigkeitsstrom durch einen elastischen, am peripheren Ende vollständig offenen Schlauch in ein peripheres Reservoir übertreten, unterbricht dann den Strom am centralen Schlauchende durch plötzlichen Schluss des Hahns und beobachtet nun zweierlei Erscheinungen: 1) ein abwechselndes Aus- und Einströmen des Wassers am peripheren Schlauchende d. h. „eine intermittirende Strombewegung" und 2) Schwingungen des elastischen Schlauchs, „Schliessungsschwingungen." Weil aber, so folgert er weiter, in einer elastischen Röhre mit dem Auftreten der intermittirenden Strömungsbewegung der Flüssigkeit zugleich eine Wellenbewegung entstehe, so erhalten die „Schliessungsschwingungen" den Charakter von Wellen, welche sich mit der den Wellen eigenen Geschwindigkeit durch die elastische Röhre fortpflanzen. Aus diesem Grunde nennt er die in einem elastischen Schlauche auf-

tretenden „Schliessungsschwingungen" „Schliessungswellen" (Seite 32 und 33). — Liess er dagegen aus dem centralen Reservoir durch plötzliches Oeffnen des Hahns Flüssigkeit in den mit Wasser gefüllten, elastischen Schlauch übertreten, der mit seinem offenen peripheren Ende in das periphere Reservoir mündete, so erhielt er mit der centrifugalen Strömungsbewegung der Flüssigkeit auch Wellenbewegung: „Oeffnungswellen" (Seite 113).

Da in meinen bis jetzt beschriebenen Untersuchungen über Wellenbewegung nur von fortschreitenden und stehenden Wellen und von Reflexwellen die Rede ist, so fragt es sich zunächst, ob die Moens'schen „Schliessungswellen" und „Oeffnungswellen" eine besondere Art von Wellen darstellen oder nicht.

Um zu verstehen, was mit den Namen „Schliessungswelle" und „Oeffnungswelle" bezeichnet ist, muss die Versuchsanordnung näher betrachtet werden, welcher die „Schliessungswellen" und „Oeffnungswellen" ihre Entstehung verdanken. — Um „Schliessungswellen" zu erhalten, lässt Moens von einem centralen Reservoir durch einen elastischen Schlauch einen gleichmässigen Strom nach dem peripheren Reservoir gehen, und unterbricht plötzlich diesen Strom am centralen Schlauchende durch Hahnschluss. Man erhält also zunächst eine centrifugale negative Welle — p (§ 34), welche das Ausströmen der Flüssigkeit aus dem peripheren Schlauchende beendet, sobald sie daselbst ankommt (§ 95), welche sich ferner sofort in die centripetale positive erste Reflexwelle + r' verwandelt. Diese letztere Welle ist Moens nicht entgangen; er bezeichnet sie (Seite 78) mit b, b', erklärt sie aber nicht für eine Reflexwelle, was sie wirklich ist, sondern lässt sie durch den zweiten Strom (Rückstrom) entstehen, weil „jeder plötzliche Stromwechsel von Wellenbewegung begleitet" sei.

Letzterer Satz ist, obwohl er im vorliegenden Falle zutrifft, nebenbei bemerkt, nicht allgemein giltig; denn wenn der erste Strom auf allen Querschnitten gleichzeitig zur Ruhe kommt und der zweite Strom auf allen Querschnitten gleichzeitig beginnt, so ist der Stromwechsel von keiner fortschreitenden Wellenbewegung begleitet. Der Stromwechsel ist im vorliegenden Fall nur desshalb von fortschreitender Wellenbewegung begleitet, weil die Welle — p den ersten Strom am peripheren Schlauchende beendet, und weil demnach der zweite Strom am peripheren Schlauchende gleichzeitig mit der Reflexwelle + r' beginnt. Reflexwelle + r' wird am geschlossenen, centralen Schlauchende gleichnamig reflectirt, und kehrt als positive centrifugale zweite Reflexwelle + r'' zum peripheren Schlauchende zurück. Sowie sie letzteres erreicht, hört das Einströmen (zweiter Strom) am peripheren Schlauchende auf. Das Einströmen der Flüssigkeit ist also von dieser Wellenbewegung abhängig und dauert genau so lange, bis die Welle den Schlauch zweimal durchlaufen hat.

Moens lässt die Welle b, b' am geschlossenen Schlauchende M ebenfalls zurückgeworfen werden und als b″, b‴ zum peripheren Ende N zurückkehren. Diess ist richtig. Aber er behauptet, dass das Einströmen (Rückströmen) der Flüssigkeit in den Schlauch unabhängig sei von dieser Wellenbewegung. „Unabhängig von dieser Wellenbewegung", sagt er Seite 78, „fliesst die Flüssigkeit aus dem Reservoir immerfort in die Röhre nach M, wodurch diese allmälig gefüllt und die Röhrenwand gespannt wird." Diess ist wie soeben erwähnt, ein Irrthum, und dieser Irrthum führt ihn zu der weiteren irrigen Annahme, dass die in den Schlauch zurückströmende Flüssigkeit, wenn sie am centralen Schlauchende zuerst zur Ruhe gebracht sei und in Folge der Spannung des Schlauchs wieder umkehre und gegen das periphere Ende N ströme, eine neue Welle, „die erste Schliessungswelle" errege, welche von M nach N verlaufe, also spontan in M entstehe und mit der von N herstammenden, und in M reflectirten Welle nichts gemein habe.

Fig. 177.

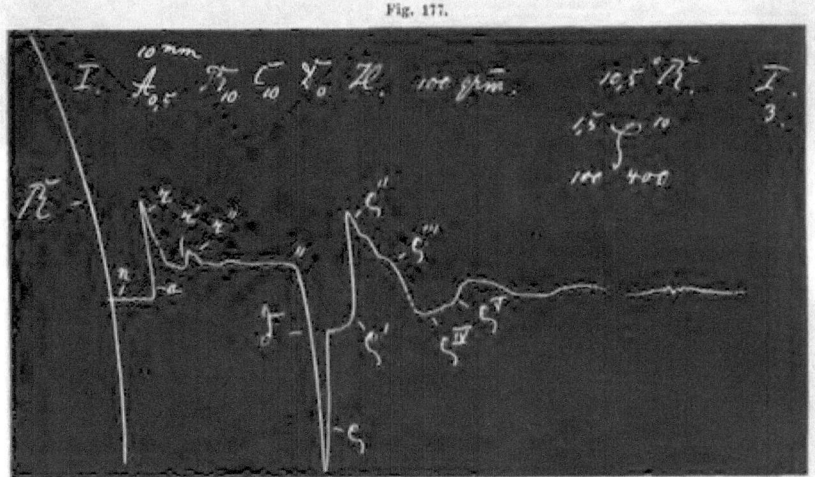

Bei den Versuchsbedingungen, unter welchen Moens zeichnete, kommt eine solche, von der primären Wellenbewegung unabhängige, spontan entstehende Wellenbewegung, die er „Schliessungswelle" nennt, gar nicht zu Stande. Eine solche Welle kommt, wie ich im § 98 b gezeigt habe, nur dann zu Stande, wenn der Rückstrom auf allen Querschnitten des Schlauchs gleichzeitig beginnt, und wenn das Schlauchende, gegen welches der Strom gerichtet ist, in demselben Moment, wo dieser Strom beginnt, geschlossen wird. Wollte man also den Namen „Schliessungswelle" beibehalten, so müsste man ihn der in den Curven Fig. 166, 167 und 168 dargestellten Welle a′ beilegen.

Hieraus folgt, dass Moens seine Curven No. 15, 16 und 18, in welchen er die „Schliessungswellen" nachzuweisen versucht, unrichtig gedeutet habe. Dies ist in der That der Fall: Die Curven seiner Fig. 15 sind unter analogen

Versuchsbedingungen gezeichnet, wie meine *Fig. 177, 178* und *179*; sie lassen sich also mit einander vergleichen. Die von mir mit d bezeichneten Descensionslinien der primären negativen Welle entsprechen den bei 0, 0′, 0″ beginnenden Descensionslinien seiner Curven. Seine zu s′ und s″ sich erhebenden

Fig. 178.

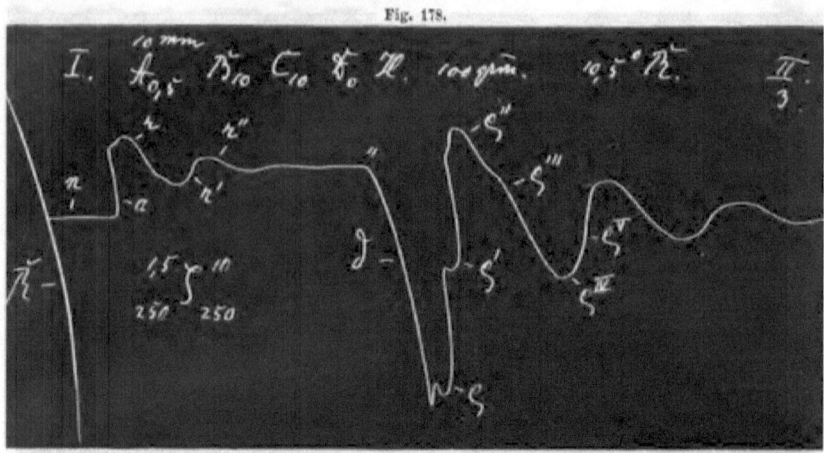

Ascensionslinien entsprechen meinen mit ϱ bezeichneten Ascensionslinien der positiven centripetalen ersten Reflexwelle. Die Endpunkte dieser Ascensionslinien bezeichnet er mit s′ und s″, und nennt sie (Seite 79) Wellengipfel.

Fig. 179.

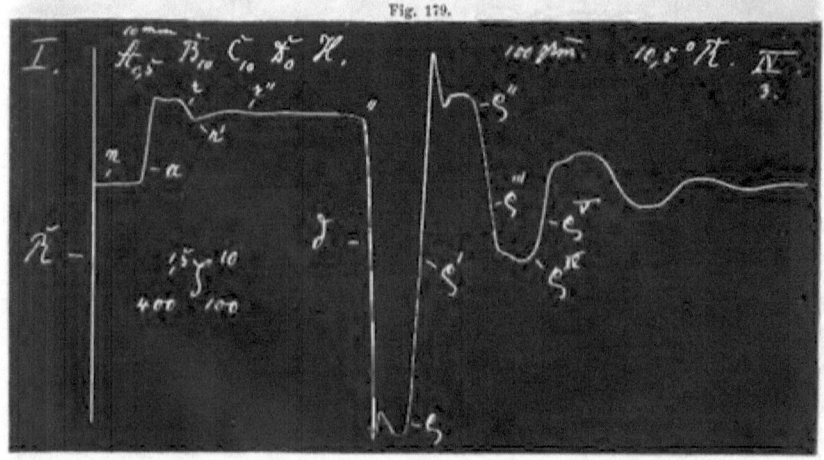

Diese „Wellengipfel" werden aber von ihm nicht als Endpunkte der Ascensionslinien ϱ erkannt, sondern als Gipfel einer positiven Welle gedeutet, welche nach dem Schliessen des Hahns noch vor der „Schliessungswelle" durch aspirirte Wassertheilchen am centralen Schauchende entstanden sein soll (Seite 79).

Seine zu b', b" sich erhebenden Ascensionslinien entsprechen meinen mit ϱ' bezeichneten Ascensionslinien der positiven centrifugalen, zweiten Reflexwelle. — Die mit b', b", bezeichneten Punkte sind keine Wellengipfel, sondern die Anfangspunkte der von mir mit ϱ'' bezeichneten, negativen, centripetalen, dritten Reflexwelle. Moens dagegen hält sie für die Gipfel einer positiven Welle, welche im Beginn des centripetalen zweiten Stroms am peripheren Schlauchende entstehe, centripetal verlaufe und am centralen Schlauchende reflectirt werde; er verwechselt also die Anfangspunkte der dritten Reflexwelle mit der ersten Reflexwelle; denn die erste Reflexwelle entsteht gleichzeitig mit dem Beginn des zweiten Stroms am peripheren Schlauchende. — Die von Moens mit A, A' und A" bezeichneten Punkte sind identisch mit den Anfangspunkten der mit ϱ''' bezeichneten Descensionslinien der negativen, centrifugalen, vierten Reflexwelle meiner Curven. Wenn er also in den Anfangspunkten dieser Descensionslinie die Gipfel seiner ersten Schliessungswelle erblickt, so deutet er seine Curven unrichtig.

Fig. 177a.

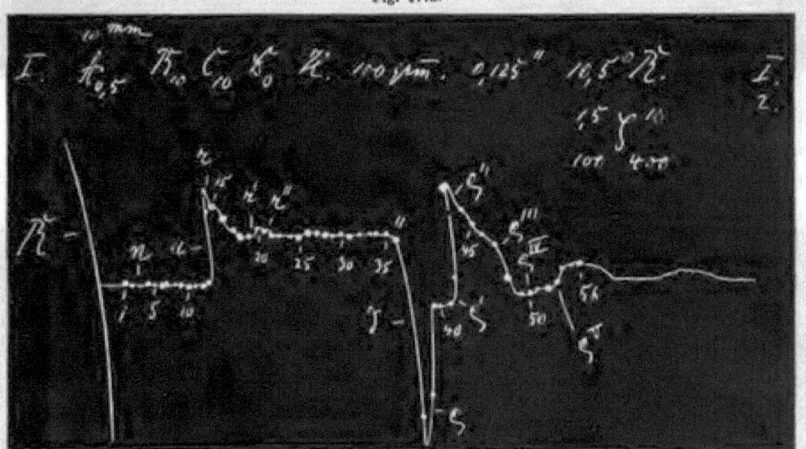

Die Richtigkeit meiner Erklärung lässt sich leicht beweisen. Nach § 56, d, 2 folgen unter den gegebenen Versuchsbedingungen auf die primäre centrifugale negative Welle eine centripetale positive erste Reflexwelle, eine centrifugale positive zweite, eine centripetale negative dritte, eine centrifugale negative vierte, eine centripetale positive fünfte, eine centrifugale positive sechste Reflexwelle u. s. w., d. h. die positiven und negativen Reflexwellen folgen in derselben Reihenfolge auf einander wie die Ascensionslinien und Descensionslinien ϱ. ϱ', ϱ'', ϱ''', ϱ^{IV} und ϱ^{V} der Curven 177, 178 und 179. Dass aber die mit d, ϱ', ϱ''', ϱ^{V} bezeichneten Linien dieser Curven centrifugalen Wellen angehören, und die mit ϱ, ϱ'', ϱ^{IV} bezeichneten Linien durch centripetale Wellen bedingt sind, ist aus den Curven *Fig. 177ª, 178ª* und *179ª* ersichtlich, welche gleichzeitig gezeichnet, mit identischer Zeiteintheilung versehen und unter denselben Bedingungen entstanden sind, wie Fig. 177, 178 und 179. Da das Instrument IV in der Nähe des centralen Schlauchendes zeichnete, Instrument II in der

Fig. 178a.

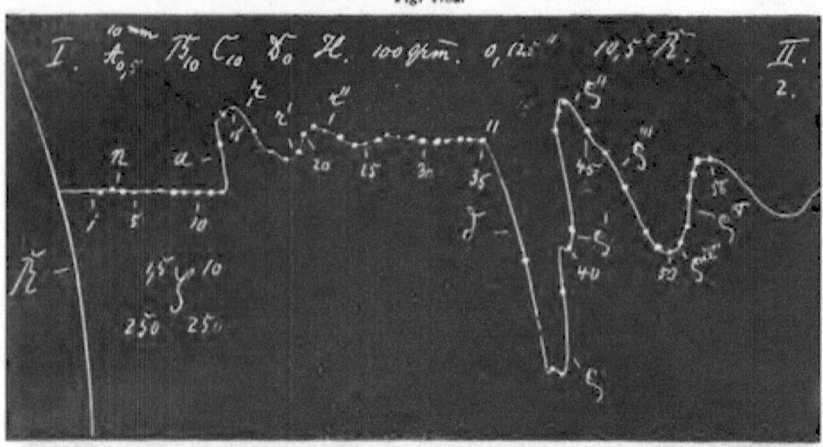

Mitte des Schlauchs und Instrument I in der Nähe des peripheren Schlauchendes, so müssen die Linien d, ϱ^I, ϱ^{III} und ϱ^V, wenn sie centrifugalen Wellen angehören, in Curve Fig. 179^a früher erscheinen als in Fig. 178^a und in

Fig. 179a.

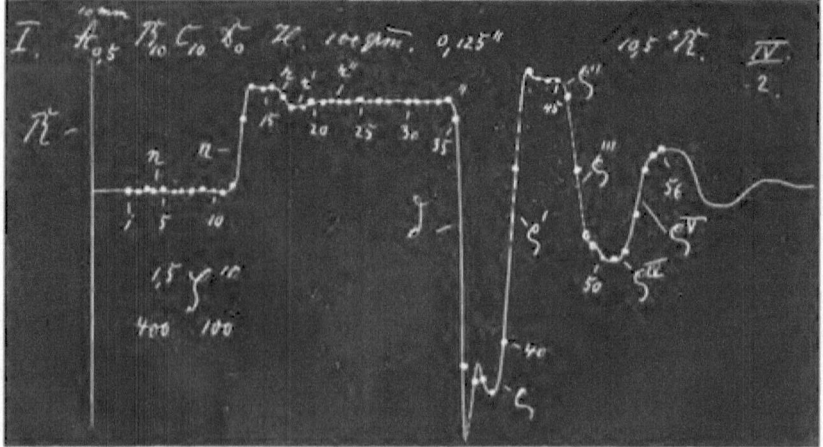

letzterer wieder früher als in Fig. 177^a; dies ist in der That der Fall; die Descensionslinie d beginnt in Fig. 179^a bei der 34. Marke, in Fig. 178^a bei der 35. und in Fig. 177^a bei der 36. Marke. Die Ascensionslinie ϱ^I schliesst sich in Fig. 179^a ohne Unterbrechung an die Ascensionslinie ϱ an und beginnt in Fig. 178^a bei der 40. und in Fig. 177^a bei der 41. Marke. Die Descensionslinie ϱ''' schliesst sich in Fig. 179^a ohne Unterbrechung an die Descensionslinie ϱ'' an und beginnt in Fig 178^a bei der 46. und in Fig. 177^a bei der 47. Marke. Die Ascensionslinie ϱ^V schliesst sich in Fig. 179^a ohne Unterbrechung an die Ascensionslinie ϱ^{IV} an und beginnt in Fig. 178^a bei der 52. und in Fig. 177^a bei der 53. Marke.

Dagegen müssen die Linien ϱ, ϱ'' und ϱ^{IV}, wenn sie centripetalen Wellen angehören, in Curve 177^a früher erscheinen als in Fig. 178^a und in letzterer wieder früher als in Fig. 179^a; diess ist wirklich der Fall; die Ascensionslinie ϱ beginnt in Fig. 177^a zwischen der 37. und 38. Marke, in Fig. 178^a bei der 38. und in Fig. 179^a bei der 39. Marke. Die Descensionslinie ϱ'' beginnt in Fig. 177^a bei der 43., in Fig. 178^a bei der 44. und in Fig. 179^a bei der 45. Marke. Die Ascensionslinie ϱ^{IV} beginnt in Fig. 177^a zwischen der 48. und 49. Marke, in Fig. 178^a zwischen der 49. und 50. und in Fig. 179^a zwischen der 50. und 51. Marke.

Was ich hier sagte, gilt nur von der Fig. 15 (Moens); seine Fig. 16 ist viel complicirter und lässt sich nicht ohne Weiteres mit Fig. 15 vergleichen; letztere hatte eine negative primäre Welle, Fig. 16 aber hat eine primäre positive und eine alsbald darauf folgende primäre negative Welle und daher doppelt soviele Reflexwellen als Fig. 15. — Fig. 18 (Moens) ist wieder einfacher und kann mit Fig. 15 verglichen werden; die Deutung der als Gipfel der Schliessungswellen angesehenen Punkte und die Deutung der mit b, b', b'', b''' bezeichneten Curventheile sind gleichfalls unrichtig. Letztere Curventheile sind nichts anderes als Reflexwellen, welche von der primären negativen Welle abstammen.

Was Moens „Oeffnungswellen" nennt, sind fortschreitende Wellen und zwar besteht jede dieser „Oeffnungswellen" aus zwei, von ihm nicht richtig erkannten, fortschreitenden Wellen. In seiner Fig. 20 besteht z. B. die mit a, a', a'' bezeichnete Oeffnungswelle aus der Ascensionslinie der primären positiven Welle und der Descensionslinie der am offenen peripheren Schlauchende entstandenen, centripetalen negativen, ersten Reflexwelle. Da letztere in der Nähe des centralen Schlauchendes später auf die primäre positive Welle folgt, als in der Nähe des peripheren Schlauchendes (§ 55), so zeigt natürlich die untere Curve eine „Oeffnungswelle" a mit breitem Gipfel und die obere Curve eine „Oeffnungswelle" a'' mit spitzem Gipfel.

Die mit β, β' und β'' bezeichneten „Oeffnungswellen" bestehen aus je zwei reflectirten Wellen und zwar aus der Ascensionslinie der centrifugalen, positiven, zweiten, und der Descensionslinie der centripetalen, negativen, dritten Reflexwelle u. s. w. Da nämlich während des ersten Theils des Versuchs das centrale und das periphere Schlauchende offen waren, so folgen die primäre Welle und ihre Reflexwellen in der Reihenfolge aufeinander, welche ich in § 56, b, 1 angegeben habe.

Mit den „Oeffnungswellen", welche Moens in den Curven der Fig. 21 zeichnete, verhält es sich ebenso.

Moens zieht nun durch die Gipfel der nahe am peripheren Schlauchende gewonnenen „Oeffnungswellen" vertikale Linien und findet, dass diese Linien durch die Mitte der übrigen „Oeffnungswellen" gehen, welche in der Mitte des Schlauchs und in der Nähe des centralen Schlauchendes gewonnen sind. Daraus zieht er den Schluss, dass die Mitte jeder „Oeffnungswelle" gleichzeitig an allen Stellen der Röhre vorkommt, und dass daher diese „Oeffnungwellen" mit stehenden Wellen verglichen werden können (Seite 118). Wenn man aber bedenkt, dass jede dieser „Oeffnungswellen" aus zwei Wellen besteht, aus der primären positiven Welle und der zugehörigen, negativen, ersten Reflexwelle, aus der positiven, zweiten Reflexwelle und der zugehörigen negativen, dritten Reflexwelle, so beweist die beschriebene Halbirung der „Oeffnungswellen" durch die senkrechten Linien nichts anderes, als dass die primäre positive Welle und die zugehörige erste Reflexwelle, ferner die zweite Reflexwelle und die zugehörige dritte Reflexwelle u. s. w. vom reflectirenden peripheren Schlauchende gleich weit entfernt sind, und dass der mit a'' bezeichnete Gipfelpunkt ungefähr dem Moment entspricht, in welchem die primäre Welle am peripheren Schlauchende ankommt; dass dieser Moment auf allen zusammengehörigen, gleichzeitig gezeichneten Curven derselbe sein muss, ist selbstverständlich. Hieraus aber folgt, dass die Annahme unberechtigt ist, die „Oeffnungswellen" seien stehende Wellen.

Demnach sind die Curventheile, welche Moens als den graphischen Ausdruck seiner „Schliessungswellen" und seiner „Oeffnungswellen" erklärt, lediglich das Produkt der primär erzeugten Welle und ihrer Reflexwellen; die Ascensionslinie jeder „Schliessungswelle" besteht aus den Ascensionslinien von zwei positiven, fortschreitenden Wellen und die Descensionslinie jeder „Schliessungswelle" besteht aus den Descensionslinien von zwei negativen, fortschreitenden Wellen; das graphische Bild jeder „Schliessungswelle" umfasst also vier fortschreitende Wellen und demnach entspricht die Distanz der Gipfel zweier Schliessungswellen der Zeit, während welcher die fortschreitende Wellenbewegung genau viermal den ganzen Schlauch durchläuft.

Die Ascensionslinie jeder „Oeffnungswelle" dagegen entspricht der Ascensionslinie einer positiven, fortschreitenden Welle, und die Descensionslinie jeder „Oeffnungswelle" entspricht der Descensionslinie einer negativen, fortschreitenden Welle; das graphische Bild jeder „Oeffnungswelle" umfasst also zwei fortschreitende Wellen, und demnach entspricht die Distanz der Gipfel zweier „Oeffnungswellen" der Zeit, während welcher die fortschreitende Wellenbewegung genau zweimal den ganzen Schlauch durchläuft.

Damit erklärt sich von selbst der Unterschied, welchen Moens bezüglich der Dauer dieser Wellen fand. Er sagt (Seite 116): „Die in einer an beiden Enden offenen Röhre entstehenden Wellen (Oeffnungswellen) haben eine Dauer gleich der Hälfte der Dauer T der in derselben Röhre entstehenden Wellen, wenn eines der Röhrenenden offen und das andere geschlossen ist (Schliessungswellen)".

Dieser Unterschied der Dauer begründet also gleichfalls keinen specifischen Unterschied zwischen „Schliessungs- und Oeffnungswellen", sondern beweist nur das oben Gesagte, dass nämlich die „Oeffnungswellen" Curventheile sind, welche aus zwei fortschreitenden Wellen bestehen, während die „Schliessungswellen" Curventheile sind, welche sich aus vier fortschreitenden Wellen zusammensetzen. Der Grund aber, warum im einen Fall die wellenartigen Curvenbilder aus zwei, und im anderen Fall aus vier fortschreitenden Wellen bestehen, liegt in dem bereits früher (§ 56 b, 1) erwähnten Umstande, dass in einem an beiden Enden offenen Schlauche auf die primäre positive Welle eine negative erste, dann eine positive zweite, dann eine negative dritte Welle folgt u. s. w., dass also auf jede positive eine negative Welle folgt, während in einem Schlauch, dessen eines Ende geschlossen ist, auf die primäre positive Welle zwei negative Wellen, dann wieder zwei positive Wellen folgen u. s. w. (§ 56, d). Und daraus folgt, dass die Moens'schen „Schliessungswellen" und „Oeffnungswellen" keine besondere Art von Wellen darstellen, und dass man somit diese Namen recht wohl fallen lassen kann.

Die von Landois beschriebenen Rückstosswellen. § 101. Curventheile, welche Moens mit dem Namen Schliessungswellen bezeichnet, hat Landois Rückstosswellen genannt; er denkt sich ihr Zustandekommen zwar anders als Moens, aber ebenfalls unrichtig. Seite 110 gibt er eine Erklärung über das Zustandekommen der „Rückstosswellen" nach Unterbrechung eines centrifugalen Flüssigkeitsstroms, deren Unhaltbarkeit Moens bereits nachgewiesen hat. — Dementsprechend verkennt Landois auch durchgehends die wirklichen Rückstosswellen und ihren Einfluss auf die Form der Curven. Wo letztere Rückstosswellen erkennen lassen, spricht Landois in der Regel von Elasticitätselevationen; z. B. in der von ihm gezeichneten Fig. 19 sind die mit S, T, Q bezeichneten Elevationen Produkte mehrerer fortschreitenden Wellen, und die mit 1, 2, 3 bezeichneten Erhebungen sind durch wirkliche Rückstosswellen bedingt und bezeichnen die Anfangs- und Endpunkte ihrer Ascensions- und Descensionslinien.

Die „Gesetze", welche Landois über Rückstosswellen aufstellt, beziehen sich folgerichtig auch nicht auf wirkliche Rückstosswellen, sondern auf die aus mehreren Wellen zusammengesetzten, von Moens „Schliessungswellen" genannten Curventheile.

Was ich im vorigen Paragraph über die Moens'schen „Schliessungswellen" gesagt habe, gilt auch von den Landois'schen Rückstosswellen.

Die von Landois beschriebenen Elasticitätselevationen. § 102. Landois hat „kleinere Erhebungen" der sphygmographischen Curven, welche er an elastischen Schläuchen gewann, mit dem

10*

Namen „Elasticitäts-Elevationen" bezeichnet und behauptet, dass dieselben durch Schwingungen der elastischen Röhrenwand bedingt seien. Er räumt diesen Elasticitäts-Elevationen ein sehr weites Feld ein und schreibt ihnen zahlreiche Eigenthümlichkeiten seiner Curven zu, die er anders nicht erklären kann. Den von ihm beschriebenen Anakrotismus und Katakrotismus der Curven haben nahezu vollständig die Elasticitätserhebungen und die ihnen zu Grunde liegenden Eigenschwingungen der Röhrenwand zu erklären.

Nach den Sätzen, welche ich in den früheren Paragraphen über die Wellenerregungsmethoden, über positive und negative Wellen, Reflexwellen und Welleninterferenz entwickelt habe, ist der Nachweis nicht schwierig, dass nur ein kleiner Theil der Landois'schen Elasticitätserhebungen factisch durch Eigenschwingungen der Röhrenwand bedingt ist, und dass der grössere Theil derselben auf ganz andere Weise zu Stande kommt.

Das Nähere über die Eigenschwingungen der Röhrenwand habe ich in § 14 angegeben; ich wiederhole hier nur, dass ihr Erscheinen eine bestimmte Maximalgeschwindigkeit des Zeichenstifts des Sphygmographen zur Voraussetzung hat, und dass sie in den meisten Fällen, so oft nämlich die Maximalgeschwindigkeit des Zeichenstifts den Werth von 120 Mm. in der Secunde übersteigt, mit Eigenschwingungen des sphygmographischen Zeichenapparats verbunden sind. Eine nähere Betrachtung der von Landois gezeichneten Curven zeigt nun sofort, dass Landois auch an Curventheilen, welche mit sehr geringer Geschwindigkeit des Zeichenstifts gezeichnet sind, Elasticitätselevationen beschreibt. Beispielsweise ist in seiner Fig. 20 pag. 116 der die Ziffern 1, 2, 3 tragende Curventheil mit so geringer Geschwindigkeit des Zeichenstifts gezeichnet, dass an demselben unmöglich Elasticitätselevationen auftreten können; ebenso verhält es sich mit dem die Ziffern 2, 3, 4, 5 tragenden Curventheil seiner Fig. 21 pag. 117, und mit vielen anderen Curven.

Wirkliche Elasticitätselevationen, hervorgerufen durch Eigenschwingungen der Röhrenwand und des Sphygmographen. a. Ich will nun zunächst an mehreren Curven nachweisen, wie sich die Eigenschwingungen der Röhrenwand und des Sphygmographen darstellen:

Die Curve *Fig. 180* zeigt sehr deutliche derartige Eigenschwingungen. Die Ascensionslinie a derselben sollte direkt in die Linie n' sich fortsetzen, da aber die Linie a mit sehr grosser Geschwindigkeit gezeichnet ist, so steigt sie erstens zu weit nach oben, und in Folge dessen folgen ihr noch die Descensionslinie d, die Ascensionslinie a' und noch eine kleine Descensionslinie, oder mit anderen Worten: zwischen Ascensionslinie a und der Linie n' liegen zwei ganze Eigenschwingungen der Röhrenwand und des Sphygmographen. Beim Zeichen $''$ beginnt der diastolische Theil der Curve; der Zeichenstift zeichnet zuerst die Descensionslinie d', dann die Ascensionslinie a'' und noch eine kleine Descensionslinie, anstatt direct von d' zur Linie n''' überzugehen.

Die Linie d' ist in Folge übermässiger Geschwindigkeit des Zeichenstifts zu lang nach unten fortgesetzt und bildet mit ihrem untersten Theil und der Linie a'' eine ganze Eigenschwingung.

Fig. 180.

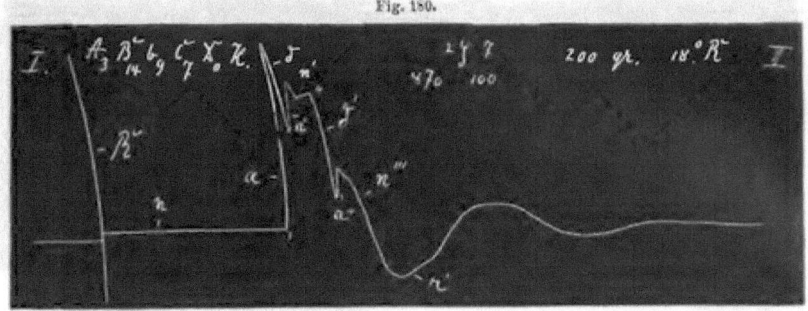

Die Richtigkeit dieser Erklärung folgt aus *Fig. 181*, welche eine ganz ähnliche Zeichnung giebt und zeigt, dass die primäre Ascensionslinie a mit einer Maximalgeschwindigkeit von 450 Mm. in der Secunde beschrieben, also sicher zu gross gezeichnet ist und desshalb von einer Nachschwingung begleitet sein muss; hiedurch entsteht die Descensionslinie d; aber auch diese ist noch mit übermässiger Geschwindigkeit, nämlich mit 250 Mm. Maximalgeschwindigkeit gezeichnet, muss also ebenfalls eine Nachschwingung im Gefolge haben, daher die zweite kleine Ascensionslinie; diese ist mit 100 Mm. Maximalgeschwindigkeit gezeichnet und folglich von keiner Nachschwingung mehr begleitet. Die grosse diastolische primäre Descensionslinie ist mit 250 Mm. Maximalgeschwindigkeit, also gleichfalls zu gross gezeichnet, wesshalb ihr eine als Nachschwingung aufzufassende, kleine Ascensionslinie folgt.

Fig. 181.

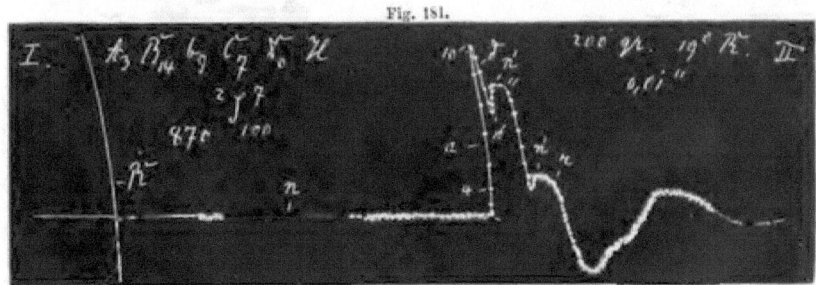

Die von Landois gezeichnete Fig. 17 zeigt solche systolische und diastolische Nachschwingungen. Die Curven *Fig. 182* und *183*, deren diastolischer Theil bei dem Zeichen " beginnt, zeigen scheinbar nur diastolische Schwingungen; da aber die Ascensionslinie a der Curve Fig. 183 mit 450 Mm. Maximalgeschwindigkeit gezeichnet ist, so ist sie sicher zu gross, folglich muss ihr oberstes Ende und der Anfangstheil der grossen Descensionslinie *d* noch als systolische Eigenschwingung aufgefasst werden, deren Descensionslinie wegen

Fig. 182.

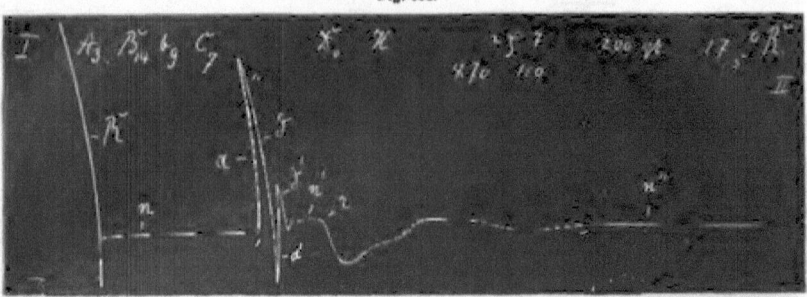

der kurzen Dauer der Systole mit der primären Descensionslinie *d* zusammenfällt. Dass letztere und die folgende Ascensionslinie *a'* gleichfalls zu gross

Fig. 183.

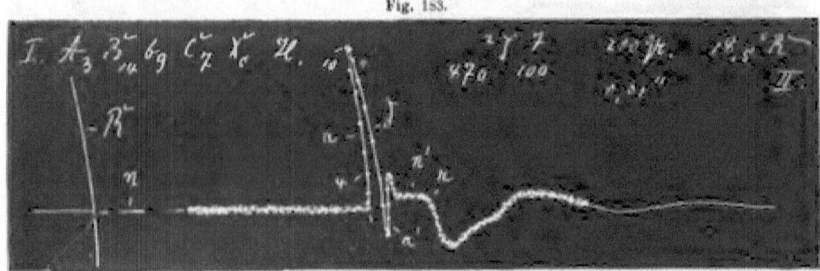

gezeichnet sind, ist sofort klar. Aber nicht immer hat man es mit so gewaltigen Nachschwingungen zu thun. Viele der vorstehenden Curven zeigen nur

Fig. 184.

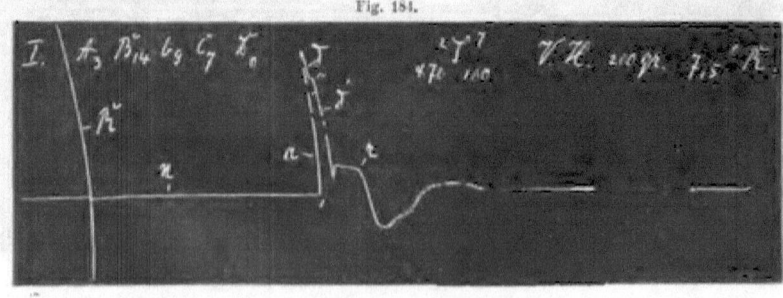

ganz kleine Andeutungen derselben, so z. B. Fig. 38 eine etwas zu gross gezeichnete Ascensionslinie *a* und in Folge dessen die kleine Descensionslinie *d*, ebenso Fig. 39. — Fig. 117 lässt an der primären Ascensionslinie und an der primären Descensionslinie nur eine Spur einer Nachschwingung erkennen.

Kleine Zeitintervalle, von Landois als Elasticitäts-elevationen gedeutet.
 b. Die Curve *Fig. 184* zeigt beim Zeichen " eine ganz kurze, horizontale Linie, ein kleines Zeitintervall zwischen den Descensionslinien *d* und *d'*, welches nach Landois als Elasticitätselevation aufzufassen wäre. Nun aber ist (siehe § 40) die Descensionslinie *d'* durch die Thalwelle bedingt, welche entsteht, wenn der Zufluss des Wassers durch Hahnschluss plötzlich unterbrochen wird, d. h. beim Zeichen " beginnt der diastolische Theil der Curve. Je nachdem die Diastole früher oder später eintritt,

Fig. 185.

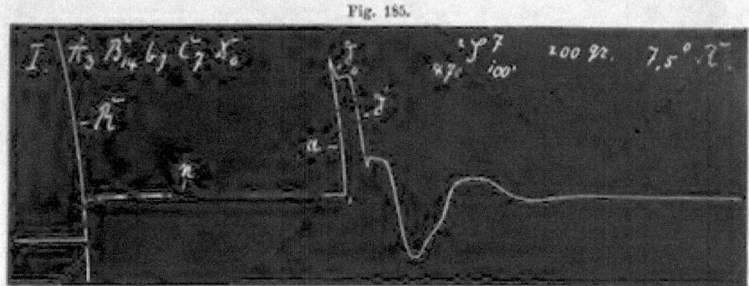

was ganz in der Willkür des Experimentators liegt, wird das Zeitintervall zwischen den Descensionslinien *d* und *d'* kleiner oder grösser. In Curve *Fig. 185* trat die Diastole verhältnissmässig spät ein, daher die grosse Unterbrechung zwischen *d* und *d'*, welche Landois kaum mehr als Elasticitätselevation deuten wird, in Curve *Fig. 186* begann die Diastole so früh, dass die Linien *d* und *d'* ohne Unterbrechung ineinander übergehn. In der Curve

Fig. 186.

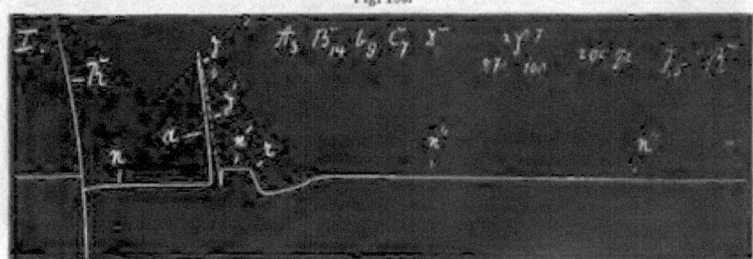

Fig. 184 dagegen war die Dauer der Systole gerade gross genug, um zwischen *d* und *d'* eine kleine Unterbrechung hervorzurufen, welche mit einer Elasticitätselevation verwechselt werden könnte. Also verdankt die Landois'sche Elasticitätselevation, welche in Fig. 184 beim Zeichen " sichtbar ist, lediglich einem kleinen Zeitintervall zwischen den Linien *d* und *d'* ihren Ursprung, hängt nur von der Dauer der Systole ab und hat mit einer Eigenschwingung der Röhrenwand nichts zu thun. Letzteres lässt sich ohne Weiteres auch schon daraus erkennen, dass die unmittelbar vorausgehende, kurze Descensions-

152 I. Physikalischer Theil.

linie *d*, welche durch eine Nachschwingung bedingt ist, ihrerseits mit einer
viel zu kleinen Geschwindigkeit gezeichnet ist, um noch eine Nachschwingung
im Gefolge haben zu können.

Fig. 187.

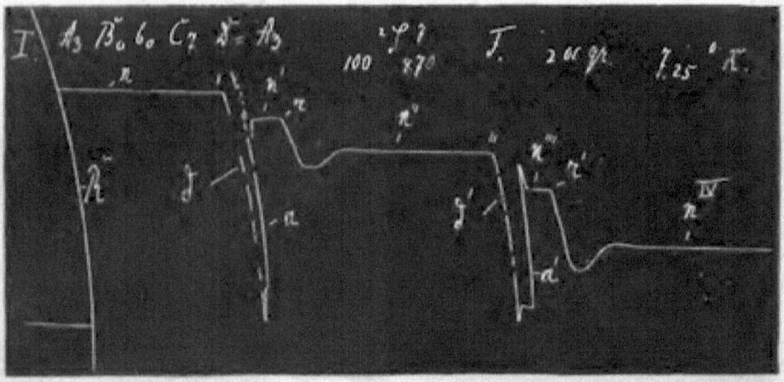

Der gleiche Nachweis lässt sich mit den Curven *Fig. 187* und *188* liefern.
Die aufsteigende Linie *a* der ersten Curve der Fig. 187 zeigt an ihrem unteren
Ende eine Landois'sche Elasticitätselevation. Die Ascensionslinien *a* und *a'*

Fig. 188.

dieser Tafel sind bedingt durch plötzlichen Verschluss des peripheren Schlauchendes, aus welchem das Wasser abfloss. Je später der Verschluss eintritt,
um so grösser wird die Entfernung der Linien *d* und *a* und der Linien *d'* und *a'*;
tritt der Verschluss gar nicht ein, wie in Fig. 188, so fehlt die Ascensionslinie *a* gänzlich. Bei der ersten Curve der Fig. 187 war die Zeit zwischen
Oeffnen und Schliessen des peripheren Schlauchendes kleiner als bei der zweiten
Curve dieser Tafel, daher die kleine Unterbrechung zwischen den beiden Ascensionslinien der ersten Curve, welche als Elasticitätselevation imponiren kann;
zwischen den Ascensionslinien der zweiten Curve der Fig. 187 liegt schon ein

sehr grosses Zeitintervall, welches wohl Niemand mehr einer Elasticitätselevation zuschreiben wird. Man wird übrigens bemerkt haben, dass in Fig. 188 die Descensionslinie *d* zu gross gezeichnet ist und in Folge dessen an ihrem unteren Ende eine wirkliche Nachschwingung aufweist. Dasselbe gilt von den Descensionslinien *d* und *d'* der Fig. 187; beide sind zu gross gezeichnet und haben daher an ihrem unteren Ende eine wirkliche Nachschwingung, auf diese folgt dann das oben besprochene Zeitintervall vor den Ascensionslinien *a* und *a'*. Letztere sind ebenfalls zu gross gezeichnet und haben daher an ihrem oberen Ende eine deutliche Nachschwingung. Folgendes Experiment wird die Sache noch klarer machen: bringt man den Sphygmographen ganz nahe (10 Cm.) an das auf 2 Mm. verengte, periphere Ende eines 150 Cm. langen, sehr dehnbaren Schlauchs, so fällt die Ascensionslinie *a* einer primären positiven Welle mit der Ascensionslinie *a'* der positiven Reflexwelle zusammen (*Fig. 189*);

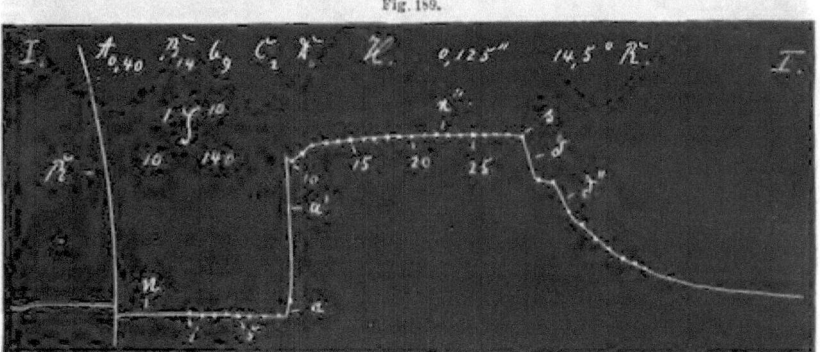

Fig. 189.

man erhält daher eine ununterbrochene Ascensionslinie *a a'*, welche nur an ihrem oberen Ende, kurz vor dem 10. Funken, eine kleine Nachschwingung zeigt. Es liegt nun ganz im Belieben des Experimentators, in der Mitte der Ascensionslinie *a a'* eine Landois'sche Elasticitätsschwingung auftreten zu lassen. Man braucht nur den Sphygmographen mehr und mehr vom peripheren Schlauchende zu entfernen; dadurch wird die Interferenz beider Wellen, der primären positiven Welle und der ersten, positiven Rückstosswelle immer unvollständiger, und ehe man das Interferenzgebiet überschreitet (30 Cm. vom peripheren Schlauchende entfernt), kann man an einer leichten Biegung der Ascensionslinien *a a'* schon ihre Zusammensetzung aus zwei Wellen erkennen (*Fig. 190*). Verlässt man das Interferenzgebiet, ohne sich weit von demselben zu entfernen (Abstand vom peripheren Schlauchende = 40 Cm.), so treten beide Wellen gesondert auf, durch ein kleines Zeitintervall von einander getrennt, — und die Landois'sche Elasticitätselevation ist fertig (*Fig. 191*, unmittelbar vor dem 10. Funken).

154 I. Physikalischer Theil.

Genanntes Zeitintervall hängt aber, wie gesagt, lediglich vom Standorte des Sphygmographen ab, und von einer Eigenschwingung der Röhrenwand ist an dieser Stelle keine Spur vorhanden. Je mehr man sich mit dem Sphygmographen vom peripheren Schlauchende entfernt, um so grösser wird dieses Zeitintervall, weil der Abstand der positiven Reflexwelle von der primären Welle durch diese Verschiebung des Instruments immer grösser wird; siehe

Fig. 190.

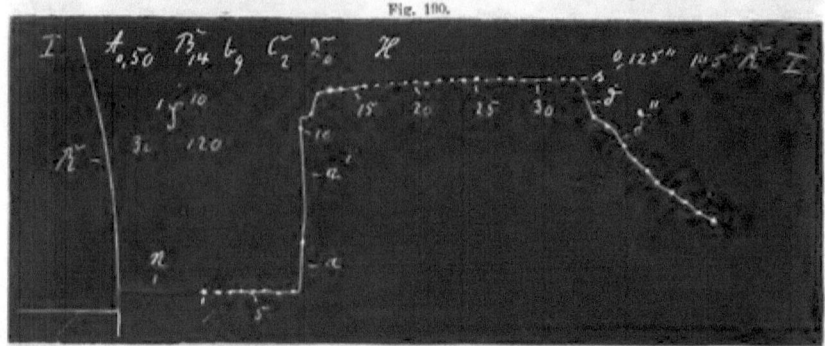

Fig. 192 (Abstand = 50 Cm.), *Fig. 193* (Abstand = 70 Cm.), *Fig. 194* (Abstand = 120 Cm.). In Fig. 194 hat genanntes Zeitintervall schon einen Werth von mehr als $1/8$ Secunde, und Niemand wird in demselben den Ausdruck

Fig. 191.

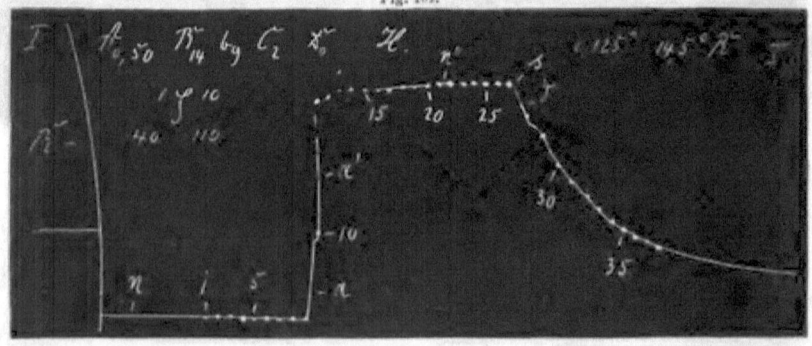

einer Eigenschwingung der Röhrenwand erkennen wollen. Wollte man eine Eigenschwingung der Röhrenwand und des Sphygmographen an dieser Stelle erzeugen, so müsste man die Geschwindigkeit, mit welcher die Ascensionslinie *a* gezeichnet wurde, vergrössern z. B. durch Vergrösserung der Wassersäule im Standgefäss, durch Verringerung der Reibung zwischen Zeichenstift und Papierfläche und dergl. Die Folge wäre dann, dass die Ascensionslinie *a* sich etwas nach oben verlängern und von einer kleinen Descensionslinie gefolgt würde, welche an die Stelle der das Zeitintervall ausdrückenden, horizontalen Linie treten würde. Eine Andeutung hievon sieht man in den

Figuren *Fig. 192* und *193*, und hieraus ergiebt sich klar das wirkliche Verhältniss zwischen Eigenschwingung und Zeitintervall: Ist zwischen zwei

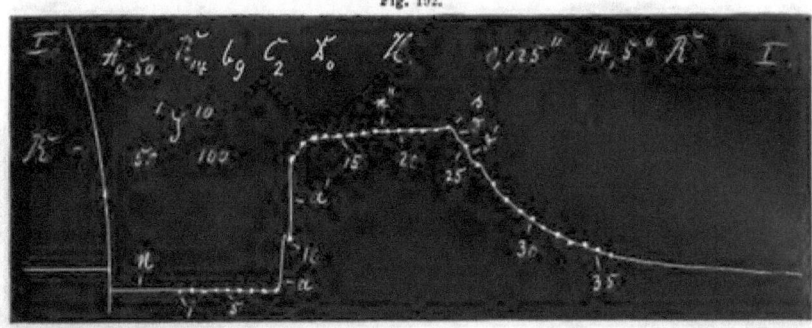
Fig. 192.

Wellen ein Zeitintervall vorhanden, so kann am Ende der ersten

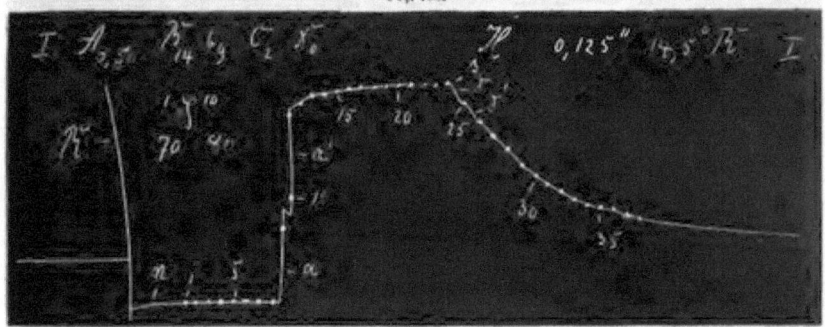
Fig. 193.

Welle, wenn nämlich die erforderliche Maximalgeschwindigkeit des Zeichenstifts vorhanden war, eine Eigenschwingung oder

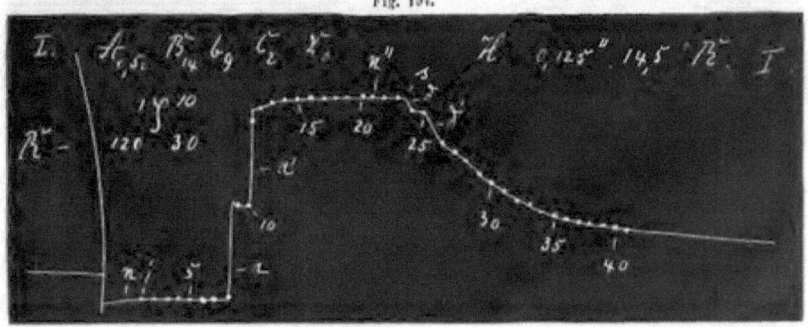
Fig. 194.

Nachschwingung der Röhrenwand zum Ausdruck kommen; ist aber zwischen zwei Wellen ein Zeitintervall nicht vorhanden, so kann eine Eigenschwingung der Röhrenwand oder des Sphygmographen niemals im Verlauf der gemeinsamen Ascensionslinie, sondern immer nur am Ende derselben auftreten, mag die Maximalgeschwindigkeit des Zeichenstifts auch noch so gross sein.

Betrachtet man nun z. B. die Landois'sche Fig. 34, so wird man sofort erkennen, dass die Ascensionslinie der Curve A zwei Zeitintervalle aufweist; in das erste derselben fällt eine Eigenschwingung, das zweite zeigt keine Spur derselben. Die Ascensionslinie der Curve B hat drei Zeitintervalle, und die Ascensionslinie der Curve C hat vier Zeitintervalle; nur in das erste Intervall derselben fällt eine Eigenschwingung, die übrigen sind absolut frei davon wegen ungenügender Geschwindigkeit des Zeichenstifts. Gleichwohl erklärt Landois alle diese Zeitintervalle als das Produkt von Elasticitätsschwingungen; factisch aber zeigen diese Curven, dass nach der ersten primären positiven Welle eine positive Reflexwelle folgte und auf diese noch eine zweite und noch eine dritte positive Reflexwelle. Diese Reflexwellen sind Landois entgangen.

Was soeben von der primären positiven Welle und der ersten positiven Reflexwelle gesagt wurde, gilt auch von der primären negativen Welle und der zugehörigen ersten negativen Reflexwelle. In Fig. 189 ist die Descensionslinie d steil und lang, weil sie aus zwei zusammenfallenden Descensionslinien besteht, von welchen die eine der primären negativen Welle, die andere der ersten, negativen Reflexwelle angehört. Da diese negativen Wellen etwas länger sind als die positiven, so hat das Interferenzgebiet ebenfalls eine grössere Länge (ungefähr 50 Cm.); dementsprechend zeichnet der Sphymograph erst in einer Entfernung von 50 Cm. vom peripheren Schlauchende die Descensionslinie d der primären negativen Welle und d' der ersten, negativen Reflexwelle gesondert (Fig. 192). Bei 70 Cm. Entfernung (Fig. 193) sind die Descensionslinien d und d' schon durch ein sehr deutliches Zeitintervall, in welches der 25. Funke fällt, von einander getrennt, und bei 120 Cm. Entfernung beträgt das Zeitintervall (Fig. 194) schon $1/5$ Sekunde. Von Eigenschwingungen der Röhrenwand oder des Sphygmographen ist hier Nichts wahrzunehmen, weil diese Descensionslinien offenbar mit geringer Geschwindigkeit gezeichnet wurden.

An Curve *Fig. 195* ist die Ascensionslinie ebenfalls durch eine Landois'sche Elasticitätselevation in zwei Theile a und a' getheilt, während die Ascensionslinie a der *Fig. 196* keine Spur derselben zeigt. Auch diese sogenannte Elevation ist nichts anderes als ein kleines Zeitintervall, welches zwischen der primären positiven Welle a und der Reflexwelle a' liegt und seine Entstehung der hier angewandten Landois'schen Wellenerregungsmethode (3. Methode) verdankt, während Fig. 196, welche dieses Intervall nicht aufweist, nach der ersten Methode gezeichnet ist. Die Erklärung hiefür ist folgende: Fig. 195 wurde gezeichnet, während der Sphygmograph 400 Cm. vom offenen peripheren und 250 Cm. vom offenen centralen Schlauchende entfernt war; nach Landois' Methode wurde das Einströmen des Wassers durch Abheben einer Leiste eingeleitet, welche zwischen Sphygmograph und centralem Schlauchende, 150 Cm. von letzterem entfernt, den Schlauch comprimirte. Wurde die Leiste gehoben,

Fig. 195.

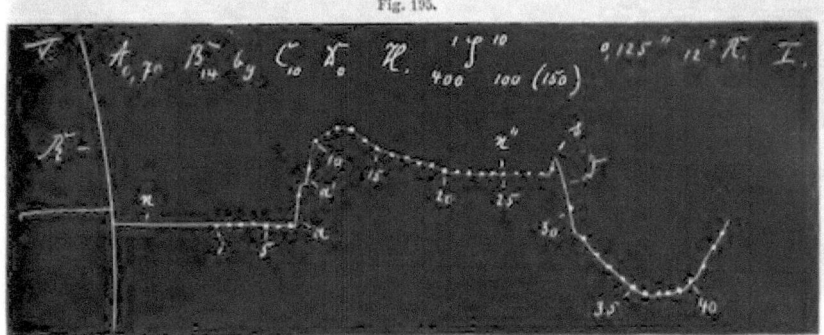

so entstand eine positive centrifugale Welle + P, welche nach 100 Cm. Weg den Sphygmographen erreichte und die Ascensionslinie a hervorrief, gleichzeitig entstand an der Verschlussstelle der Leiste eine negative Welle — N, welche gegen das offene centrale Schlauchende verlief, daselbst sich in die

Fig. 196.

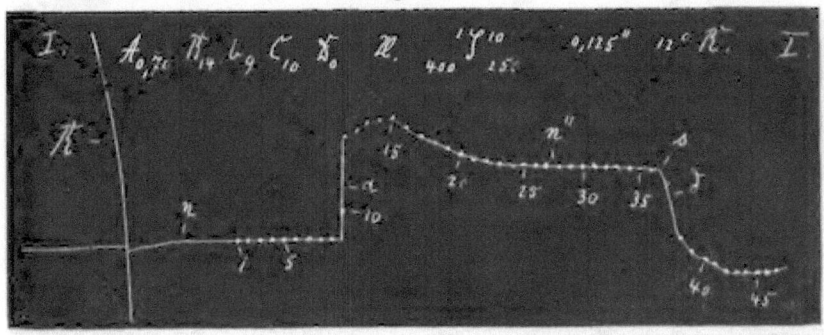

positive Reflexwelle + ϱ' verwandelte, welche nach weiteren 250 Cm. Weg den Sphygmographen erreichte und die Ascensionslinie a' zeichnete. Da die Ascensionslinie a schon vollendet war, ehe die Welle + ϱ' ankam, so entstand zwischen a und a' ein kleines Zeitintervall, welches mit einer Elasticitätselevation Nichts zu thun hat. Rückt man mit der Verschlussstelle näher an den Sphygmographen, so kommt die Welle + ϱ' noch später hinter der Welle + P, das Zeitintervall muss daher noch deutlicher hervortreten *Fig. 197*. (Der Abstand der Verschlussstelle vom Sphygmographen betrug hier 50 Cm., also hatte die Welle — N 200 Cm. bis zum centralen Schlauchende und von da als $+ \varrho'$ noch 250 Cm. bis zum Sphygmographen zurückzulegen, im Ganzen also 450 Cm., während sie im vorigen Versuch Fig. 195 nur 350 Cm. zurückzulegen hatte, ehe sie den Sphygmographen erreichte.)

Fig. 197.

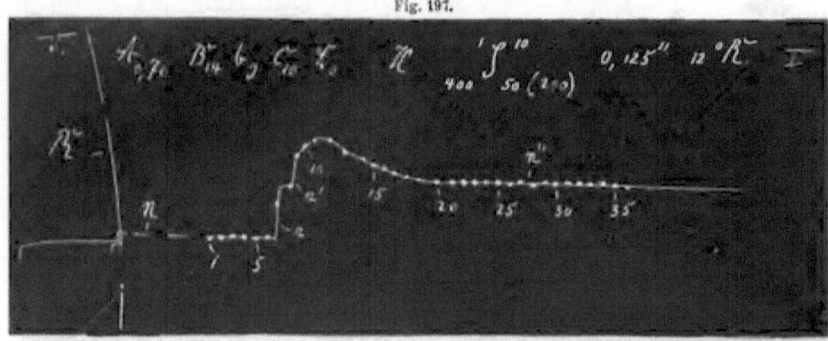

Rückt man dagegen die Leiste näher an das centrale Schlauchende, sodass sie von letzterem 50 Cm. und vom Sphygmographen 200 Cm. entfernt ist, so hat die Welle — N 50 Cm. bis zum centralen Schlauchende und von da als $+ \varrho'$ 250 Cm. bis zum Sphygmographen zurückzulegen, im Ganzen also nur 300 Cm., und folgt desshalb nach kürzerer Zeit auf die Welle $+$ P: die Ascensionslinie a ist dann noch nicht vollendet, wenn die Welle $+ \varrho$ beim

Fig. 198.

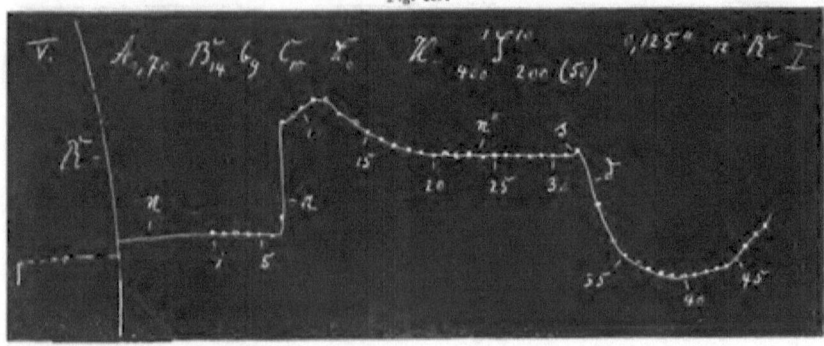

Sphygmographen ankommt, das Zeitintervall zwischen den beiden Ascensionslinien verschwindet, statt zwei Ascensionslinien a und a' erhält man eine einzige, entsprechend grössere (*Fig. 198*), und die Landois'sche Elasticitätselevation ist beseitigt. Rückt man endlich mit der Leiste ganz an's centrale Schlauchende, so fällt die negative Welle — N und daher auch die Reflexwelle $+ \varrho'$ ganz weg, man ist dadurch von der 5. zur 1. Wellenerregungsmethode übergegangen und erhält Fig. 196, deren Ascensionslinie keine Spur einer Unterbrechung zeigt.

Sommerbrodt's Oscillationen der Gefässwand.

§ 103. Sommerbrodt (Ein neuer Sphygmograph und neue Beobachtungen an den Pulscurven der Radialarterie, von Dr. Julius Sommerbrodt. Breslau 1876) hat mit einem neuen Sphygmographen an den meisten Radialis-Pulscurven vom gesunden Menschen mehr oder minder deutliche Wellenberge und Wellenthäler gefunden, in welchen er den graphischen Ausdruck der Oscillationen erblickt, unter denen sich die elastische Gefässwand ausdehne und zusammenziehe.

Diese Erhebungen an den auf- und absteigenden Pulscurvenschenkeln sind lediglich Kunstprodukte seines Instruments, bedingt durch Schwingungen des 5 Cm. hohen Stäbchens, welches die Gewichte trägt.

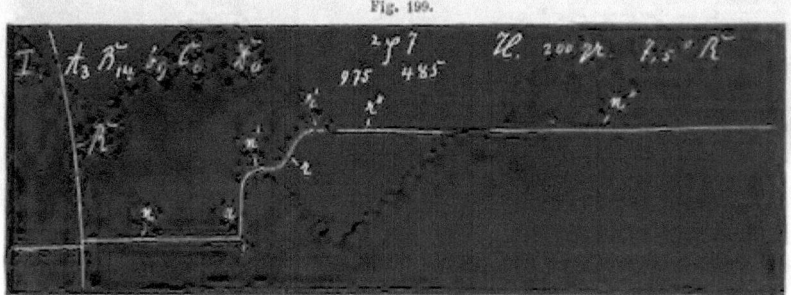

Fig. 199.

Der Sommerbrodt'sche Sphygmograph zeichnet auch Oscillationserhebungen, wenn er auf einen massiven Holzstab aufgesetzt wird; die Erhebungen treten um so deutlicher auf, je stärker der Stoss der Welle ist, und je stärker das Instrument mit Gewichten belastet ist. Man kann mit blossem Auge die Schwingungen des oben genannten Stäbchens erkennen, welche bei jedem Stoss auf die Pelotte des Hebelarms eintreten. Das Stäbchen schwingt vorzüglich (nicht ausschliesslich) in der Richtung der Längsachse des Instruments; schiebt man dem Gewichtschälchen eine kleine Pappscheibe unter, welche dasselbe stützt und die Schwingungen in der Längsachse aufhebt, so werden die Oscillationserhebungen der Curven geringer, da dann nur noch seitliche Schwingungen möglich sind.

Die von Landois beschriebenen Ausgleichsschwankungen.

§ 104. Seite 142, § 47 sagt Landois a. a. O. Folgendes „Die Ausgleichsschwankungen bestehen darin, dass das Niveau der Curve nach der ersten Erhebung des Schreibhebels stets anfangs tiefer liegt und erst später in eine horizontale, höhere Lage übergeht. Diese entspricht der Dehnung des Rohrs, welche durch den Druck der gleichmässig durchströmenden Flüssigkeit bewirkt wird."

Nach dieser Erklärung hätte man in den Curven Fig. 7 und Fig. 38 eine Ausgleichsschwankung bei dem Buchstaben r; ebenso enthielten *Fig.* 199 und 200 bei dem Buchstaben r eine Ausgleichsschwankung. Letztere Curven sind aber bei verschlossenem, peripheren Schlauchende gezeichnet, wo von einer gleichmässig durchströmenden Flüssigkeit nicht mehr die Rede sein kann. Ausserdem fällt sofort auf, warum die Dehnung des Rohrs, welcher diese Ausgleichsschwankungen ihre Entstehung verdanken sollen, nicht allmälig, sondern ziemlich plötzlich erfolgt. Darüber gibt Landois keine Erklärung.

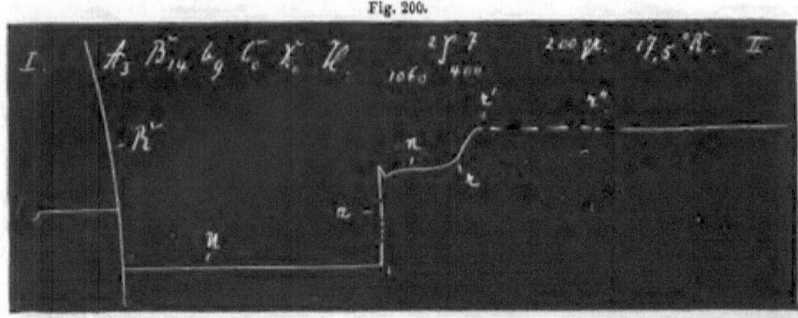
Fig. 200.

In Wirklichkeit sind die mit *r* bezeichneten Ascensionslinien lediglich durch die erste positive **Reflexwelle** bedingt, welche von dem theilweise oder ganz verschlossenen, peripheren Schlauchende zum centralen Schlauchende verläuft. Da der Sphygmograph bei Versuch No. 200 weiter vom peripheren

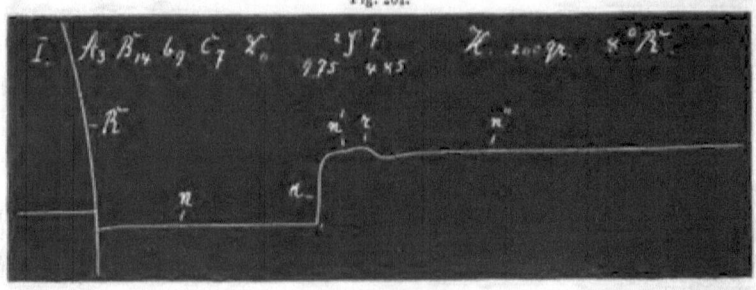
Fig. 201.

Schlauchende entfernt war als bei Versuch No. 199, so kommt die Ascensionslinie *r* in der Curve Fig. 200 entsprechend später. Wird das periphere Schlauchende vollständig geöffnet, so erhält man statt der positiven Reflexwelle eine negative, und statt der Ascensionslinie *r* eine Descensionslinie *r* (*Fig. 201*), und damit ist der Beweis geliefert, dass die Landois'sche Ausgleichsschwankung lediglich einer positiven Rückstosswelle ihre Entstehung verdankt. Den Namen „Ausgleichsschwankung" kann man also ohne Bedenken fallen lassen.

II. Physiologischer Theil.

Jede Herzsysto'e schickt durch's Arteriensystem eine positive centrifugale Welle. § 105. Jede Systole des linken Ventrikels treibt in das mit Blut gefüllte Arteriensystem eine neue Quantität Bluts.

Fig. 202.

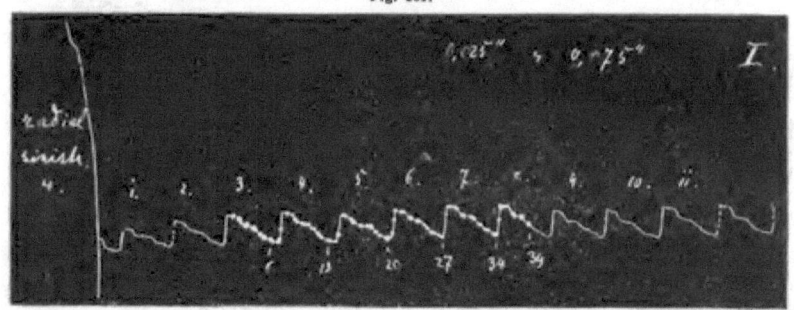

Es sind somit die Bedingungen gegeben, welche § 16 für Entstehung einer positiven Welle fordert, und daraus ergibt sich, dass bei jeder Systole des

Fig. 203.

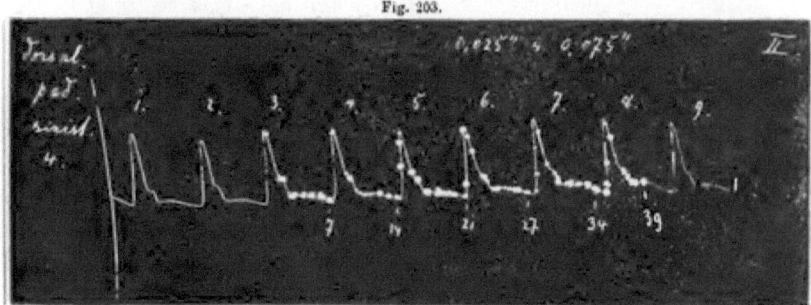

Herzens am Anfang der Aorta eine positive centrifugale Welle entsteht. Es ist natürlich überflüssig, diese Welle, die bekannte Pulswelle, nachzuweisen. Aus den Curven *Fig. 202* und *203*, welche an derselben Person gleichzeitig gezeichnet und mit identischer Zeiteintheilung versehen sind, folgt, dass diese positive Welle am Handgelenk früher ankommt, als am Fussrücken, und somit centrifugal verläuft. — Die genaueren Werthe sind im § 114 angegeben.

Blutstrom vom Herzen zur Aorta oder Herz-Aortenstrom. § 106. Während jeder Herzsystole geht ein Blutstrom von einer gewissen Dauer vom Ventrikel zur Aorta. Die Dauer dieses Blutstroms ist nicht identisch mit der Dauer der Herzsystole, sondern etwas kleiner als diese. Donders hat bekanntlich nachgewiesen, dass das Blut nicht in demselben Moment in die Aorta übertritt, in welchem die Herzsystole beginnt, sondern erst dann, wenn der Druck im Herzen dem Druck im Aortenanfang gleich geworden ist. Und ausserdem ergibt eine kurze Ueberlegung, dass das Ende des Herz-Aortenstroms nicht nothwendig mit dem Ende der Herzsystole zusammenfällt; denn es kann der Ventrikel möglicherweise in manchen Fällen seinen Inhalt vollständig entleert haben und doch noch einige Zeit in Contraction verharren. Ich erwähne dies hier, weil ich später (§ 126) zeigen werde, dass man aus der sphymographischen Pulscurve allein, unabhängig von den Herztönen, deren Zeitwerth immerhin ein etwas breiter ist, die Dauer des Herz-Aortenstroms ermitteln kann.

Centrifugaler Blutstrom im Arteriensystem oder Arterienstrom. § 107. Im Arteriensystem findet nicht nur eine centrifugale Wellenbewegung statt, sondern auch eine centrifugale Strömung des Bluts, das bekannte Abfliessen des Bluts aus dem arteriellen in das venöse System. Dieser centrifugale Blutstrom folgt mit Nothwendigkeit aus der relativ grossen Frequenz der Herzcontractionen und der messbaren Dauer des Herz-Aortenstroms und ist mit letzterem nicht zu verwechseln; denn der Arterienstrom dauert offenbar noch fort zu einer Zeit, wo der Herz-Aortenstrom schon beendet ist. Die Flüssigkeitstheilchen könnten nur dann nicht in centrifugale Strömung gerathen, wenn auf die positive Welle sofort eine gleich grosse negative Welle folgen würde durch Rückfluss einer ebenso grossen Blutmenge in's Herz wie diejenige war, welche vom Herzen in die Aorta geworfen wurde.

Unterbrechung des Herz-Aortenstroms. § 108. Der Herz-Aortenstrom findet bekanntlich eine regelmässige Unterbrechung.

Diese Unterbrechung kann offenbar auf zweierlei Weise herbeigeführt werden, entweder *a*) durch vollständige Entleerung des Herz-Ventrikels, oder *b*) durch Beendigung der Herzcontraction (Beginn der Herzdiastole) *vor* vollständiger Entleerung des Ventrikels. Das Ende der Ventrikelcontraction kann selbstverständlich auch zeitlich genau zusammenfallen mit der vollständigen Entleerung des Ventrikels.

Erste diastolische Thalwelle d. h. centrifugale Thalwelle, durch Unterbrechung des Herz-Aortenstroms entstanden. § 109. Wird aber ein centrifugaler Flüssigkeitsstrom, mag er gleichmässig oder nicht gleichmässig sein, auf irgend eine Weise plötzlich unterbrochen, so pflanzt sich von der Unterbrechungsstelle eine negative Welle in centrifugaler Richtung fort (§ 32 und 40).

Demnach muss die im vorigen Paragraphen besprochene Unterbrechung des Herz-Aortenstroms eine centrifugale negative Welle erzeugen, welche vom Aortenanfang zur Peripherie des Arteriensystems sich fortpflanzt. Diese Thalwelle hat mit den Semilunarklappen der Aorta Nichts zu thun und würde auch auftreten, wenn die Semilunarklappen ausgeschnitten wären. Sie ist ferner auch unabhängig von der Art der Unterbrechung des Blutstroms und kommt zu Stande, ob nun die Unterbrechung des Blutstroms durch vollständige Entleerung des Herzventrikels oder durch Beendigung der Ventrikelcontraction herbeigeführt wird.

Könnte man einen Metallhahn an die Stelle der Semilunarklappen setzen, so müsste sich eine Thalwelle vom Aortenanfang centrifugal fortpflanzen, sobald durch Drehung dieses Hahns der Blutzufluss zur Aorta unterbrochen würde.

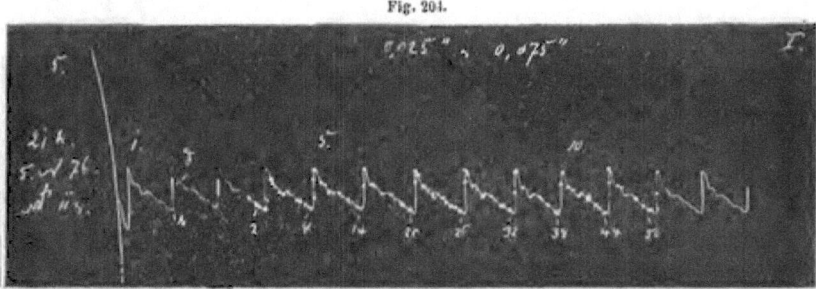

Fig. 204.

Diese Thalwelle, durch Unterbrechung des centrifugalen Blutstroms entstanden, ist bisher von den Autoren übersehen worden, und die Descensionslinie, welche durch diese Thalwelle bedingt wird, hat daher mancherlei Deutungen und Benennungen erfahren. O. J. B. Wolff (Charakteristik des Arterienpulses, S. 12) nennt sie z. B. „den rechten Schenkel der ersten secundären Ascension". Ich will sie die erste diastolische Thalwelle nennen; sie lässt sich an jeder Pulscurve nachweisen: Fig. 202 Curve 3 zeigt sie zusammenfallend mit den drei Punkten der 2. Funkengruppe.

Curve 5 zeigt sie bei der 16. Gruppe, Curve 7 zwischen der 29. und 30. Gruppe. Fig. 203, Curve 3 zeigt sie zwischen der 2. und 3. Gruppe, Curve 4 zwischen der 9. und 10. Gruppe, Curve 7 zeigt sie zusammenfallend mit den drei Punkten der 30. Gruppe.

Fig. 204, Curve 5 zeigt sie zwischen der 10. und 11. Gruppe; Curve 6 zwischen der 16. und 17. Gruppe.

Fig. 205, Curve 4 zeigt sie zwischen der 6. und 7. Gruppe. Curve 5 zusammenfallend mit den drei Punkten der 13. Gruppe.

Zu beachten ist hiebei (vgl. § 37), dass eine Thalwelle keinen negativen Druck bedeutet, sondern lediglich Druckabnahme, mag der Druck positiv oder

11*

negativ sein: die Descensionslinie der ersten diastolischen Thalwelle bekundet hier nur ein Sinken des positiven Drucks.

Zweite diastolische Thalwelle d. h. centrifugale Thalwelle, entstanden durch das Rückströmen des Bluts in der Aorta gegen das Herz. § 110. Sowie die Contraction des Herzventrikels beendet ist, d. h. im Beginn der Herzdiastole, sinkt im Ventrikel, also hinter den Semilunarklappen, der Druck plötzlich wenigstens auf Null. In Folge dessen muss ein Theil des im Aortenanfang immer noch unter positivem Druck stehenden Bluts rückwärts gegen den Ventrikel ausweichen, der andere Theil hat eine centrifugale Richtung.

Diese rückwärts ausweichende Blutbewegung veranlasst ihrerseits wieder eine centrifugale negative Welle, die zweite diastolische Thalwelle. Letztere fällt mit der ersten diastolischen Thalwelle vollständig zusammen, wenn Ende der Ventrikelcontraction zusammenfällt mit der Unterbrechung des Herz-Aortenstroms.

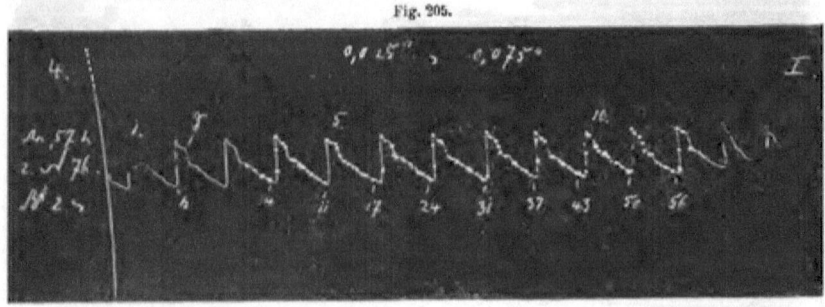

Fig. 205.

Zwei gleichnamige Wellen verstärken sich, wenn sie zusammenfallen (§ 65). Die beiden diastolischen Thalwellen verstärken sich also, wenn sie mit einander zusammenfallen.

Bezüglich der Entstehung der zweiten diastolischen Thalwelle, welche den Autoren ebenfalls entgangen ist, verweise ich auf § 29 und 31, wo nachgewiesen wurde, dass eine negative Welle sich vom einen Ende A zum anderen Ende B eines elastischen Schlauchs, dessen Inhalt unter positivem Druck steht, fortpflanzt, wenn man aus dem Ende A plötzlich Flüssigkeit ausströmen lässt.

Ferner erwähne ich folgenden Versuch: An das eine Ende eines elastischen, mit Flüssigkeit gefüllten Schlauchs wird ein in zwei Aeste sich theilendes, gabelförmiges Metallrohr angesetzt, dessen einer Ast mit dem Standgefäss der I. Wellenerregungsmethode communicirt, dessen anderer Ast in ein feines Glasröhrchen ausläuft; beide Aeste werden durch einen Doppelhahn verschliessbar gemacht in der Weise, dass der eine Ast in demselben Moment sich öffnet, in welchem der andere geschlossen ist. Nun lässt man einen gleichmässigen Strom vom Standgefäss durch den Schlauch gehen; in Folge dessen entsteht im Schlauch ein positiver Druck, welcher am centralen Ende am höchsten ist.

Sowie man jetzt den Doppelhahn dreht und den Wasserzufluss aus dem Standgefäss abschneidet, strömt aus dem oben erwähnten Glasröhrchen das Wasser rückwärts aus, obwohl der Druck im centralen Schlauchende sofort sinkt. Das Ausströmen aus dem Glasröhrchen dauert so lange fort, bis der Druck im centralen Schlauchende unter Null gesunken ist. — Hiemit ist gezeigt, dass aus dem centralen Schlauchende das Wasser rückwärts ausströmen kann, obwohl der Schlauchinhalt eine centrifugale Bewegung hat und obwohl der Flüssigkeitszufluss aus dem Standgefäss abgeschnitten ist, so lange nämlich als der Druck im centralen Schlauchende nicht unter Null gesunken ist, und damit ist nachgewiesen, dass aus dem centralen Aortenende, obwohl das Blut eine centrifugale Bewegung hat und obwohl der Druck in Folge abgeschnittenen Zuflusses sinkt, dennoch Blut rückwärts gegen das Herz ausweichen kann, so lange der Druck im Aortenanfang ein positiver bleibt.

Positive Klappenwelle oder dicrotische Welle d. h. centrifugale, positive Welle, durch Hemmung des in der Aorta gegen das Herz gerichteten Blutstroms entstanden.
§ 111. Das am Aortenanfang rückwärts ausweichende Blut entfaltet die Semilunarklappen und bringt sie zum Schluss. Der Schluss der Semilunarklappen hält den Rückstrom des Blutes auf und bewirkt im Aortenanfang eine theilweise Wiederherstellung des plötzlich gesunkenen, positiven Drucks.

Aus § 31 ist ersichtlich, dass es von der Menge der abgeflossenen Flüssigkeit abhängt, wie bald auf die Descensionslinie wieder eine Ascensionslinie folgt, und aus Fig. 30 ist ersichtlich, dass die auf die Descensionslinie folgende Ascensionslinie um so früher kommt und um so grösser ist, je früher der Abfluss der Flüssigkeit gehemmt wird. Daraus ist klar, dass aus hydraulischen Gründen der Schluss der Semilunarklappen eine Ascensionslinie d. h. eine centrifugale positive Welle hervorbringen muss.

Ich will diese durch den Klappenschluss bewirkte, positive Welle die **positive Klappenwelle** nennen. Die ihr entsprechende Ascensionslinie ist längst bekannt, an jeder Pulscurve, besonders aber an den sogenannten stark dicrotischen Curven nachweisbar und meist mit dem Namen „dicrotische Erhebung" oder „dicrotische Welle" belegt.

Sie folgt unmittelbar auf die Descensionslinie der ersten und zweiten diastolischen Thalwelle und erscheint in

Fig. 202, Curve 3 bei der 3. Punktgruppe, Curve 5 bei der 17. und Curve 7 bei der 30. Punktgruppe;

Fig. 203, Curve 3 bei der 3. und 4. Punktgruppe, Curve 4 bei dem 2. und 3. Punkt der 10. Gruppe und bei der 11. Gruppe. Curve 7 bei der 31. Punktgruppe.

Fig. 204, Curve 5 bei der 11. Gruppe, Curve 6 bei der 17. Gruppe.

Fig. 205, Curve 4 bei der 7. Gruppe, Curve 5 bei der 14. Gruppe.

Ueber ihre Ursachen und ihre Entstehungsweise sind bis in die jüngste

Zeit die verschiedenartigsten Meinungen und Erklärungen geäussert worden. Ehe ich auf dieselben näher eingehe, will ich auf experimentellem Wege zeigen, wie der Klappenschluss eine positive Welle zu Stande bringt:

Experimenteller Nachweis der positiven Klappenwelle. § 112. In das eine Ende eines 5 Meter langen, elastischen Schlauchs wird eine kurze Glasröhre von gleichem Lumen gesteckt und die Glasröhre durch den aufgelegten Finger verschlossen. Das centrale Ende des Schlauchs wird mit dem Standgefäss der I. Wellenerregungsmethode verbunden und geschlossen, nachdem der Schlauch unter dem Druck einer 0,21 Meter hohen Wassersäule vollständig mit Wasser gefüllt ist. Sowie man nun den Finger abhebt und Wasser ausfliessen lässt, entsteht, wie bereits in § 29 gezeigt wurde, eine negative, nach dem geschlossenen Schlauchende sich fortpflanzende Welle *d* (*Fig. 206*).

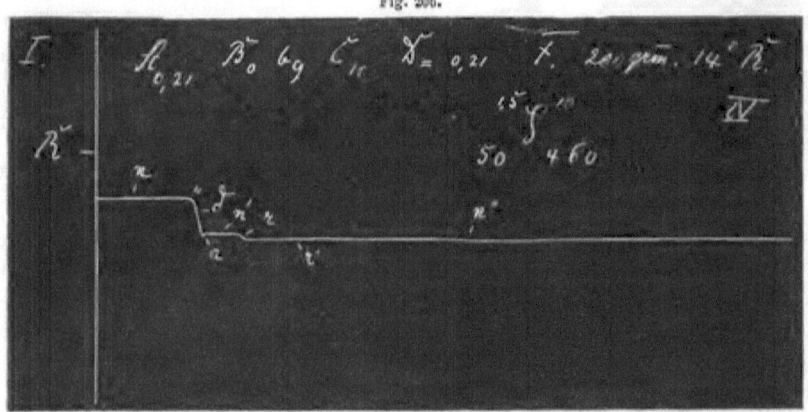

Fig. 206.

Schliesst man aber alsbald wieder, indem man den Finger nur einen Moment lang abhebt, so folgt der negativen Welle *d* sofort die Ascensionslinie *a*, d. h. der negativen Welle folgt die positive Welle *a* (*Fig. 207*). Schliesst man nun die Glasröhre nicht mit dem Finger, sondern mit einer übergebundenen elastischen Membran, so zeigt diese Membran in Folge des im Schlauch vorhandenen, positiven Drucks (D = 1 Meter) eine Hervorwölbung. Diese Hervorwölbung wird mit dem aufgelegten Finger zurückgedrückt. Sowie man nun den Finger plötzlich abhebt, entleert sich ein kleiner Theil des Schlauchinhalts in die sich wiederherstellende Hervorwölbung der Membran; in Folge dieser Entleerung entsteht eine negative, zum anderen Schlauchende fortschreitende Welle *d* (*Fig. 208*); dieser folgt aber alsbald die positive Welle *a*, weil die Entleerung des Schlauchinhalts durch den Widerstand der Membran alsbald gehemmt wird. Ersetzt man nun die Membran durch ein Klappenventil und verfährt man im Uebrigen wie mit der Membran, so erhält man ganz dasselbe Resultat: eine negative centrifugale Welle d, weil ein Theil des Schlauchinhalts in das sich bildende Klappengewölbe abfliesst, und eine alsbald folgende, positive Welle a, weil die sich schliessenden Klappen das Abfliessen des Schlauchinhalts sofort wieder hemmen. Derselbe Vorgang findet

Fig. 207.

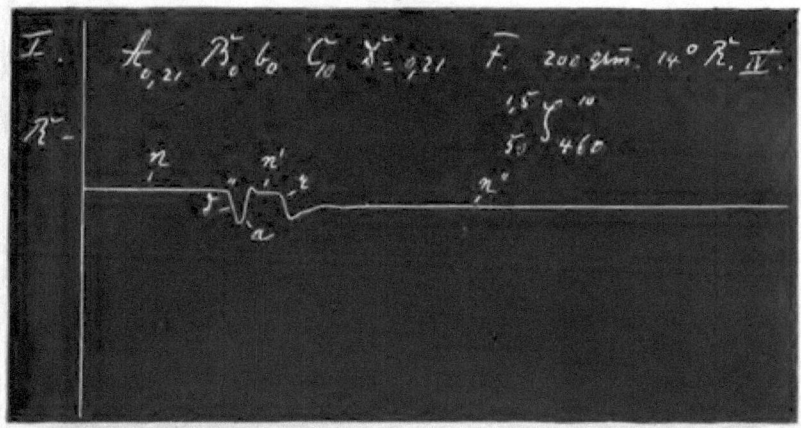

mit Ausnahme eines einzigen Moments offenbar im Aortenanfang statt, sobald die Diastole des Herzventrikels beginnt und hinter den Semilunarklappen den Druck auf Null herabsetzt.

Fig. 208.

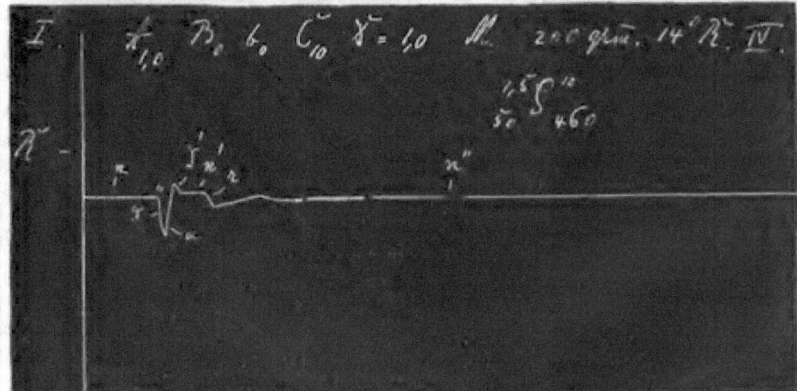

Dieses einzige unterscheidende Moment besteht darin, dass der Aorteninhalt vor Beginn der Ventrikeldiastole nicht in Ruhe sich befindet wie im Schlauch, sondern in centrifugaler, strömender Bewegung. Die centrifugale Bewegung des Aorteninhalts ändert indess so lange Nichts an der Sache, als der Druck im Aortenanfang ein positiver bleibt; unter normalen Verhältnissen sinkt aber der Druck in der Aorta niemals unter Null.

Das Experiment lässt sich übrigens auch in dieser Beziehung leicht vervollständigen, d. h. man kann dem Schlauchinhalt vor dem Versuch eine centrifugale, strömende Bewegung ertheilen und erhält dann dasselbe Resultat. Dies geschieht in folgender Weise: Einem frischen Kalbsherzen werden die art. coron. unterbunden, die Mitralklappe vom Vorhof aus ausgeschnitten und in's ostium atrio-ventriculare sinistr. eine Metallröhre R (4,5 Cm. lang und 14 Mm. weit) eingebunden, welche in zwei Zweige N und P (*Fig. 209*) gabelförmig sich theilt; an den Zweig P wird ein 5 Meter langer, 10 Mm. weiter

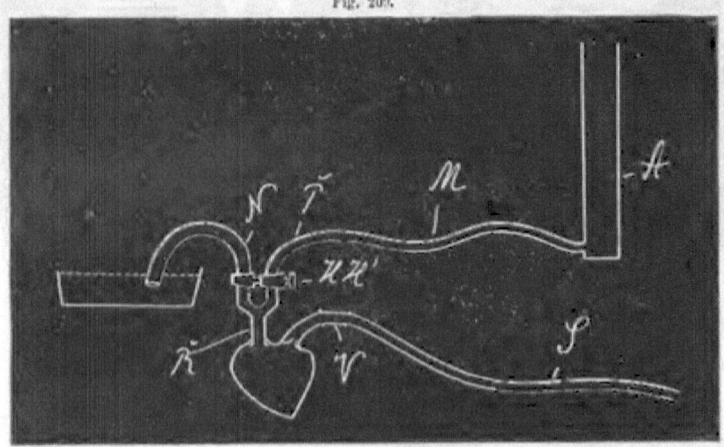

Fig. 209.

Schlauch M angesetzt, welcher mit dem Standgefäss A verbunden ist; an den Zweig N wird ein ganz kurzer, 14 Mm. weiter Schlauch angesetzt, dessen freies, offenes Ende in ein Gefäss mit Wasser taucht. In die kurz abgeschnittene Aorta bindet man die Röhre V (4,5 Cm. lang, 14 Mm. weit) ein, an welche ein 5 Meter langer, 10 Mm. weiter Schlauch S angesetzt wird; letzterer trägt den Sphygmographen in der Stellung $_{410}S_{162}$. In die Röhren N und P ist ein Doppelhahn H H' so eingesetzt, dass eine Umdrehung desselben den Zweig P schliesst und den Zweig N gleichzeitig öffnet, und umgekehrt.

Lässt man nun vom Standgefäss A aus durch den Schlauch M, den vollständig geöffneten Zweig P, den linken Ventrikel und den Schlauch S einen gleichmässigen Flüssigkeitsstrom gehen, so hat man in der Aorta einen positiven Druck und einen centrifugalen Strom. Sowie man nun den Doppelhahn rasch dreht, wird Zweig P geschlossen, der Zufluss in's Herz hört auf, gleichzeitig wird Zweig N geöffnet, der Ventrikelinhalt entleert sich in das Wassergefäss, der Strom aus dem Herzen in die Aorta hört auf, und im Herz-Ventrikel sinkt der Druck auf Null.

Unter diesen Bedingungen, welche die Druckverhältnisse im lebenden Herzen nachahmen, zeichnet der Sphygmograph die Curve *Fig. 210* d. h. zuerst die Thalwelle *d* und alsbald die darauffolgende Welle *a*. Damit ist bewiesen, dass der Klappenschluss auch bei centrifugal strömendem Aorteninhalt nach der Entspannungswelle *d* eine positive Welle *a* producirt, weil er das gegen das Herz ausweichende Blut in seiner Bewegung aufhält.

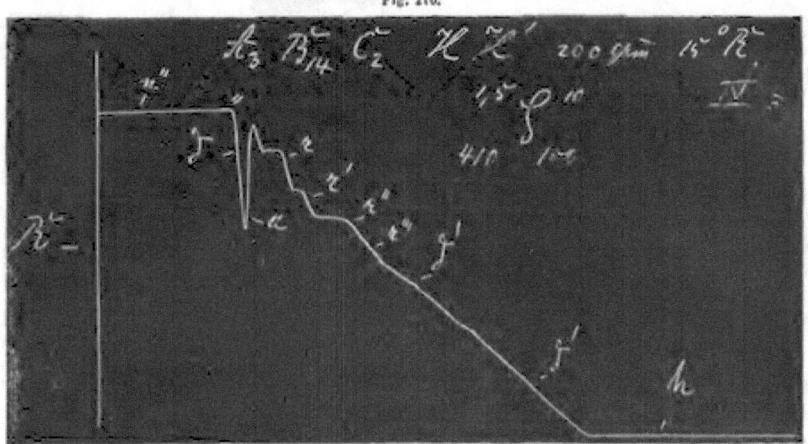

Fig. 210.

Die positive Klappenwelle ist selbstverständlich um so grösser, je grösser der Druck im Aortenanfang in dem Zeitmoment ist, in welchem die Erschlaffung des Herzventrikels oder die Diastole beginnt. Unter sonst gleichen Bedingungen ist dieser Druck offenbar am grössten während des Herz-Aortenstroms, am Ende desselben ist er schon kleiner, und nach Beendigung desselben sinkt er ziemlich rasch in Folge des Beharrungsvermögens des centrifugalen Blutstroms. Demnach ist caet. par. die positive Klappenwelle um so kleiner, je später nach dem Ende des Herz-Aortenstroms die Herzdiastole beginnt.

Weiteres Schicksal der vier central entstehenden Wellen. § 113. In den §§ 105, 109, 110 und 111 wurden vier im Aortenanfang entstehende und von da centrifugal sich fortpflanzende Wellen nachgewiesen, nämlich: die primäre positive Welle, die erste diastolische Thalwelle, die zweite diastolische Thalwelle, die positive Klappenwelle oder die sog. dicrotische Welle. Es fragt sich nun, welches Schicksal haben diese Wellen auf ihrem Weg nach der Peripherie des Arteriensystems? Diese allgemeine Frage löst sich in folgende Specialfragen auf:

1) Mit welcher Geschwindigkeit schreiten diese Wellen durch das Arteriensystem fort?

2) In welcher Weise nehmen sie an Grösse ab?

3) Wo und wie (gleichnamig oder ungleichnamig) werden sie reflectirt?

Fortpflanzungsgeschwindigkeit der Wellen im Arteriensystem. § 114. Ueber die Fortpflanzungsgeschwindigkeit der Wellen im Arteriensystem liegen verschiedene Beobachtungen vor: E. H. Weber (Berichte über die Verhandlungen der kgl. sächs. Gesellschaft der Wissenschaften zu Leipzig. Mathemat. Physische Classe. 1850. Seite 196) fand, dass das Anschlagen der Pulswelle an der art. maxillaris externa da, wo sie an die untere Kinnlade angedrückt werden kann, etwas früher gefühlt wird als an dem über den Fussrücken laufenden Endzweig der art. tibial. antica. Der Unterschied der Zeit beträgt nach seiner Schätzung etwa $1/6$ bis $1/7$ Secunde. Als Weg, welchen die Pulswelle in dieser Zeit durchläuft, fand er 1320 Mm. Daraus ergibt sich eine Fortpflanzungsgeschwindigkeit von 7,92 bis 9,24 Meter in der Secunde.

Landois (l. c. p. 298) fand, dass sich die Pulswelle in der Bahn des Schlagadersystems der unteren Extremität mit einer Geschwindigkeit von 6431 Mm. in 1 Sec. fortpflanzt und im Schlagadergebiet der oberen Extremität mit einer Geschwindigkeit von 5772 Mm. in 1 Sec. Die Wände der Schlagadern der unteren Gliedmassen seien weniger elastisch als die der oberen, und daraus erkläre sich obige Geschwindigkeitsdifferenz.

Isebree Moens (l. c. p. 111) hat auf zwei Arterien eines Erwachsenen Cardiographen befestigt. Bei zwei Versuchen stand einer der Cardiographen auf der art. carotis, der andere auf der art. tibial. postica hinter dem Malleol. int.; bei einem dritten Versuch stand der eine Cardiograph auf der art. radialis und der andere auf der art. tibial. post. Er bestimmte die Zeitdifferenz zwischen zwei Wellengipfeln und fand zwischen carotis und tibial. bei ruhigem Athmen der Versuchsperson 8 und 8,4 M. Pulsgeschwindigkeit, bei angehaltenem Athem und starkem Pressen 7 und 7,3 M. Pulsgeschwindigkeit; zwischen radial. und tibialis bei ruhigem Athmen 8,5 M. und bei starkem Pressen 7,6 M. und zieht daraus den Schluss, dass die Pulsgeschwindigkeit bei Abnahme des Blutdrucks kleiner wird.

Grunmach (Ueber die Fortpflanzungsgeschwindigkeit der Pulswellen. Arch. f. Anat. u. Phys. 1879. Phys. Abth., 5. u. 6. H.) bediente sich der sphygmographischen Methode, liess durch je zwei Lufttrommeln seines Polygraphen die Pulsbewegung an den zu untersuchenden Gefässstellen aufnehmen und durch je zwei mit einem Schreibhebel versehene Lufttrommeln die Pulscurven auf die Kymographiontrommel zeichnen. Die Abstände der Gipfelpunkte der Pulscurven wurden mit Hülfe der gleichzeitig verzeichneten Stimmgabelschwingungen gemessen. Hatte die Versuchsperson einen ausgeprägten Spitzenstoss, so wurde das Zeitintervall zwischen dem höchsten Punkte der Ventrikelelevation und dem Gipfelpunkte der Pulscurven gemessen. Bei einem mittelgrossen (168 Cm.), 21 jährigen Manne mit ausgeprägtem Spitzenstoss wurde in der Bahn vom Anfangstheil der Aorta bis zur art. radial. eine Fortpflanzungsgeschwindigkeit von 5,123 M. in 1 Sec. gefunden und für die Bahn vom Anfangstheil der Aorta bis zur art. pediaea eine solche von 6,620 M. in 1 Sec. bei ruhigem Athmen. Bei angehaltenem Athem und starkem Pressen sank bei derselben Person in der Bahn vom Anfangstheil der Aorta bis zur art. radial. die Fortpflanzungsgeschwindigkeit der Pulswelle von 5,123 M. auf 4,278 M. in 1 Sec. in Folge der Blutdruckerniedrigung.

Ich habe ebenfalls die Fortpflanzungsgeschwindigkeit der Pulswellen auf sphygmographischem Wege bestimmt, indem ich einen Marey'schen Sphygmographen auf die art. rad. sinistr., einen zweiten auf die art. dorsal. ped. sinistr. aufsetzte und beide Curvenreihen mit einer identischen Zeiteintheilung versah. Fig. 202 und 203 wurden auf diese Weise erhalten an einem gesunden, 39 jährigen Mann, welcher 163 Cm. gross war, und bei welchem die Entfernung vom Acromion des Schulterblattes bis zur Untersuchungsstelle der art. rad. 50 Cm. und die Entfernung von der spina sup. il. ant. bis zur Fusssohle 94 Cm. betrug. — An einer Leiche, welche 156 Cm. lang war und vom Acromion bis zur radial. 51 Cm. und von der spina sup. il. ant. bis zur Fusssohle 89 Cm. mass, fand ich die Entfernung von den Semilunarklappen der Aorta bis zur radial. = 83 Cm. und von den Semilunarklappen bis zur art. dorsal. ped. = 147 Cm. Es war also der zweite Sphygmograph 64 Cm. weiter vom Herzen entfernt als der erste.

Dieser Weg von 64 Cm. wurde, wie Fig. 202 und 203 zeigen, von der primären positiven Welle in $0,075''$ zurückgelegt, wenn die Abstände der Anfangspunkte der Ascensionslinien gemessen wurden; der Anfangspunkt der 6. Radialis-Curve fällt zusammen mit dem 3. Punkt der 20. Gruppe und der Anfangspunkt der 6. Pediaea-Curve mit dem ersten Punkt der 21. Gruppe der Anfangspunkt der 8. Radial-Curve mit dem 3. Punkt der 34. Gruppe, der Anfangspunkt der 8. Pediaea-Curve mit dem ersten Punkt der 35. Gruppe. Zwischen beiden Anfangspunkten lag also jedesmal eine Zeit von $3/10 = 0,075''$. Daraus ergibt sich eine Fortpflanzungsgeschwindigkeit von 8,53 Metern in 1 Secunde.

Wurden die Abstände der Gipfelpunkte der Curven gemessen, so ergab sich dasselbe Resultat: der Gipfelpunkt der 6. Radial-Curve fällt zusammen mit dem 3. Punkt der 21. Gruppe, der Gipfelpunkt der 6. Pediaea-Curve mit dem ersten Punkt der 22. Gruppe; die Zeitdifferenz betrug also ebenfalls $0,075''$. Von der ersten diastolischen Thalwelle, also von einer negativen Welle, wurde dieser Weg von 64 Cm. gleichfalls in $0,075''$ zurückgelegt; die negative Welle hatte also auch eine Geschwindigkeit von 8,53 Metern in 1 Secunde: In der 6. Radialis-Curve Fig. 202 fällt nämlich der Anfangspunkt der ersten diastolischen Thalwelle zusammen mit dem dritten Punkt der 22. Gruppe und in der sechsten Pediaea-Curve Fig. 203 mit dem ersten Punkt der 23. Gruppe.

In der achten Radialis-Curve fällt dieser Anfangspunkt zusammen mit dem dritten Punkt der 36. Punktgruppe und in der 8. Pediaea-Curve mit dem ersten

Punkt der 37. Punktgruppe. — Beide Distanzen entsprechen einer Zeit von 0,075 Secunde.

Diese Pulsgeschwindigkeit von 8,53 Metern in der Secunde stimmt fast vollkommen genau mit dem von Moens zwischen art. radial. und pediaea gefundenen Werthe (8,5 M. in der Sec.) überein, differirt aber erheblich von den durch Landois und Grunmach eruirten Werthen.

Landois hat, wie oben erwähnt, für das Schlagadersystem der unteren Extremität einen Mittelwerth von 6,431 Metern in der Secunde gefunden und für das Schlagadersystem der oberen Extremität einen solchen von 5,772 Metern in der Secunde. Die Einzelwerthe aber schwankten für die untere Extremität zwischen 5,934 und 6,741 Metern in der Secunde und für die obere Extremität zwischen 4,808 und 7,462 Metern in der Secunde; Schwankungen, welche nach meiner Meinung fast vollständig auf Rechnung der angewandten Methode kommen und beweisen, dass dieselbe nicht unbedeutende Fehlerquellen enthält.

Grunmach fand für die obere Extremität eine Pulswellengeschwindigkeit von 5,123 Metern in der Secunde und für die untere Extremität eine solche von 6,620 Metern in der Secunde. Dieser seiner Rechnung liegen die Mittelwerthe zu Grunde, welche er an einem mittelgrossen (168 Cm.), 24jährigen Manne für das Zeitintervall zwischen dem Spitzenstoss (höchstem Punkte der Herzventrikelelevation) und dem Pulse (Gipfelpunkt der Pulscurven) der arteria radialis und art. pediaea fand.

Benützt man aber für die Rechnung die Mittelwerthe, welche er an derselben Versuchsperson für das Zeitintervall zwischen dem Pulse der art. carotis und dem Pulse der art. pediaea und zwischen dem Pulse der art. radialis und dem Pulse der art. pediaea fand, so ergeben sich ganz andere Resultate, nämlich für die obere Extremität 8,289 Meter Pulsgeschwindigkeit und für die untere Extremität 10,965 Meter und 12,4 Meter Pulsgeschwindigkeit in der Secunde. Die Rechnung ist folgende:

Zeitintervall zwischen dem Pulse der
art. carotis und dem der art. radial. = 0,076″
„   „   „   „   „ pediaea = 0,114″
„ radialis „   „   „   „   = 0,05″

Die Untersuchungsstelle der art. carot. ist etwa 20 Cm.,
„   „   „ radial. „   „ 83 „
„   „   „ pediaea „ 145 „
vom Aortenanfang entfernt.

Der 63 Cm. lange Weg zwischen carot. und radial. wurde in 0,076 Sec. zurückgelegt; Pulsgeschwindigkeit = 8,289 Meter in 1 Secunde.

Der 125 Cm. lange Weg zwischen carot. und pediaea wurde in 0,114 Sec. zurückgelegt; Pulsgeschwindigkeit = 10,965 Meter.

Der 62 Cm. lange Weg zwischen art. radial. und art. pediaea wurde in 0,05 Secunden zurückgelegt; Pulsgeschwindigkeit = 12,4 Meter.

Aehnliche Resultate ergeben sich auf diesem Wege auch für die anderen erwachsenen Versuchspersonen Grunmachs: Bei einem 167 Cm. grossen, 23 jährigen Manne war die Pulsgeschwindigkeit zwischen carotis und radialis 9,0 Met., zwischen carotis und tibial. post. 11,18 Met. und zwischen radialis und tibial. post. 12,245 Meter in der Secunde.

Bei einem 172 Cm. grossen, 38 jährigen Manne war die Pulsgeschwindigkeit zwischen carotis und radialis 8,873 Met., zwischen carotis und pediaea 10,593 Met., zwischen radialis und pediaea 11,698 Meter.

Bei einem 170 Cm. grossen, 74 jährigen Manne war die Pulsgeschwindigkeit

zwischen carotis und radialis   8,514 Meter,
„   „   „   pediaea 10,776   „
„   radialis und pediaea 12,4   „

Es fragt sich nun, welche Rechnung die richtige sei, diejenige, welche die Zeitintervalle zwischen Spitzenstoss und Puls einer Arterie berücksichtigt, oder diejenige, welche sich auf die Zeitintervalle zwischen den höchsten Punkten zweier Pulscurven stützt.

Ganz richtig ist, streng genommen, nur die Verwerthung der Zeitintervalle zwischen den Anfangspunkten zweier Pulscurven; die Verwerthung der Zeitintervalle zwischen den höchsten Punkten zweier Pulscurven ist nur dann richtig, wenn die Ascensionslinien dieser Curven gleiche Zeit zu ihrer Entstehung beanspruchten, was nicht immer der Fall ist.

Unrichtig aber ist es, die Zeitintervalle zwischen Spitzenstoss und höchstem Punkt einer Pulscurve so in Rechnung zu ziehen, wie es Grunmach gethan hat; denn der Anfangspunkt der Ventrikelelevation entspricht nicht dem Moment, in welchem die Pulswelle in den Aortenanfang eindringt, sondern liegt nach Donders 0,073 Secunden vor diesem Moment (vgl. § 106); Grunmach's Verfahren wäre also nur dann richtig, wenn die Ventrikelelevation zu ihrem Entstehen 0,073 Secunden mehr Zeit nöthig hätte, als die Pulselevation, was sicher nicht der Fall ist; folglich hat Grunmach zu grosse Zeitwerthe in Rechnung gesetzt. Dass letzteres wirklich der Fall war, ergibt sich aus der Anwendung seines Verfahrens auf die Berechnung der Pulsgeschwindigkeit zwischen Aortenanfang und arteria carotis; er fand zwischen Spitzenstoss und Carotispuls ein Zeitintervall von 0,10 Secunde. Der Weg zwischen Aortenanfang und Untersuchungsstelle der carotis beträgt etwa 20 Cm. Demnach hätte die Pulswelle auf diesem Wege nur eine Geschwindigkeit von 2,0 Metern in der Secunde, was offenbar nicht richtig ist.

Ich darf also wohl sagen, dass aus Grunmach's Versuchen für die obere Extremität eine Pulswellengeschwindigkeit von 8 bis 9 Metern und für die untere Extremität eine solche von 10 bis 12 Metern hervorgeht, dass somit die von Moens und mir gefundenen Werthe wohl nicht zu gross sind, und dass schon E. H. Weber, der mit unvollkommenen Apparaten arbeitete, so ziemlich das Richtige getroffen hat.

Damit soll aber keineswegs behauptet sein, dass die Pulsgeschwindigkeit eine unveränderliche Grösse sei. Im Gegentheil wird diese Grösse mit dem Grade der Dehnbarkeit der Gefässe ebenso schwanken wie die Wellengeschwindigkeit in elastischen Schläuchen. Je dehnbarer die Gefässe unter sonst gleichen Bedingungen sind, um so langsamer wird die Pulswelle in ihnen fortschreiten und umgekehrt.

Abnahme und Erlöschen der Wellen im Arteriensystem. § 115. In Abschnitt I. H. wurde gezeigt, dass jede Verästlung eines elastischen Röhrensystems die Verkleinerung und Erschöpfung der fortschreitenden Wellen beschleunigt, mag der Querschnitt des Röhrensystems durch die Verästlung unverändert bleiben, vergrössert oder verkleinert werden; denn bei gleichbleibendem Querschnitt wird die Wandfläche des Röhrensystems durch die Verästlung vergrössert, bei vergrössertem Querschnitt wird die Wandfläche ebenfalls vergrössert, ohne dass die Welle durch die Vergrösserung des Querschnitts an bewegender Kraft gewinnt, und bei verkleinertem Querschnitt wird ein Theil der Welle reflectirt, und dadurch ihre bewegende Kraft vermindert. Das Resultat jeder Verästlung des Röhrensystems ist also, dass die Welle sich in geringerer Entfernung vom Centrum erschöpft als bei unverästelter Röhre.

Diess gilt selbstverständlich auch vom arteriellen Gefässsystem, und so wird es begreiflich, wie die primäre Pulswelle, welche in der unverästelten Arterie viele Meter bis zu ihrer Erschöpfung durchlaufen würde, schon in verhältnissmässig geringer Entfernung vom Herzen sich erschöpfen kann, in Folge der vielfachen Verzweigungen der Arterien. Dass sie sich thatsächlich im Capillarsystem erschöpft, wird durch das Fehlen des Pulses jenseits des Capillarsystems (im Venensystem) bewiesen.

Wie die primäre Pulswelle, so erschöpfen sich selbstverständlich auch die übrigen vom Centrum ausgehenden Wellen.

Reflexion der Wellen im Arteriensystem. § 116. Wenn auch die Thatsache, dass die Pulswelle sich im Capillarsystem erschöpft, von Niemand bestritten wird, so gehen die Ansichten der Autoren doch weit auseinander bei der Frage, ob die Erschöpfung der Pulswelle mit oder ohne Zurückwerfung eines Theils der Pulswelle erfolge.

Landois und Moens z. B. behaupten eine Erschöpfung der Welle ohne Reflexion, weil ja das Arteriensystem gegen die Peripherie hin immer weiter werde, Buisson, Marey, Rive und viele Andere behaupten eine Erschöpfung der Welle mit Reflexion, d. h. sie lassen einen Theil der Welle zum Centrum zurücklaufen und den nicht reflectirten Theil der Welle sich im Capillarsystem erschöpfen, weil an den Theilungsstellen der Arterien und überall, wo der Widerstand ein grösserer werde, Theile der Welle reflectirt werden müssen.

Um die Sache zu entscheiden, muss ich an das in § 49 bis 54 Gesagte erinnern. Daselbst wurde gezeigt, dass in einem elastischen Röhrensystem ein Theil der Welle gleichnamig reflectirt werde an allen Stellen, welche bei gleichbleibendem Querschnitt eine geringere Dehnbarkeit der Gefässzweige bringen, ferner an allen Stellen, welche bei gleichbleibender Dehnbarkeit der Zweige eine Verkleinerung des Querschnitts bringen, und endlich auch an allen Stellen, welche bei zunehmendem Querschnitt eine überwiegend geringere Dehnbarkeit der Zweige besitzen. Nur dann, wenn weder Querschnittsfläche noch Dehnbarkeit der Röhren sich ändern, kommt es zu keiner Wellenreflexion. Wo aber Zunahme der Querschnittsfläche und gleichbleibende oder zunehmende Dehnbarkeit der Zweige vorhanden ist, wird ein Theil der Welle ungleichnamig reflectirt, d. h. die primäre Welle tritt vollständig in die weitere Bahn ein, erzeugt aber bei ihrem Eintritt in dieselbe eine entsprechend grosse, ungleichnamige Reflexwelle.

Auf diesen Punkt haben die Autoren bisher keine Rücksicht genommen, sondern immer nur das Auftreten gleichnamiger Reflexwellen in Rechnung gezogen. Ersichtlich ist daraus, dass nur unter ganz bestimmten Voraussetzungen eine Gefässverästlung keinerlei Reflexwellen verursacht. Dass dieser, ich möchte sagen ideale Zustand des arteriellen Röhrensystems kein habitueller sein kann, ist bei der Contractilität der Arterien, welche unter dem Einfluss des Nervensystems in Folge mannigfaltiger Reize ihr Lumen und ihre Dehnbarkeit so leicht ändern, nach meiner Meinung selbstverständlich. Ich behaupte daher, dass an allen Stellen, wo eine Gefässtheilung oder Gefässverzweigung stattfindet, nur in seltenen Fällen keinerlei Reflexwelle auftritt, dass dagegen in der Regel an solchen Stellen ein Theil der ankommenden Wellen entweder gleichnamig oder ungleichnamig reflectirt werde. Dass Gefässbezirke wie die der Extremitäten solche Schwankungen in höherem Grade und in raschem Wechsel zeigen können, ist in Anbetracht ihrer weniger geschützten Lage leicht begreiflich. Unter dem Einfluss niederer Temperatur z. B. wird die Querschnittssumme der Gefässverzweigungen erheblich kleiner werden und die Dehnbarkeit der Gefässe bedeutend abnehmen, unter dem Einfluss der Wärme dagegen und insbesondere unter dem Einfluss des Fiebers werden Querschnittssumme und Dehnbarkeit der Gefässzweige wachsen.

Ein weiteres Moment, welches in's Auge gefasst werden muss, ist folgendes: Die Verästlung einer Arterie vollzieht sich in ihrer Gesammtheit nicht an einem Punkt oder an einem Querschnitt der Arterie, sondern vertheilt sich auf eine gewisse Länge des Gefässverlaufs; so z. B. findet die Gesammtverästlung der art. radial. nicht in einer einzigen Entfernung von der gewöhnlichen Untersuchungsstelle der radialis statt, sondern successive auf dem ganzen Wege vom Handgelenk bis zu den Fingerspitzen. Wenn also im Verästlungsgebiet der art. radialis gleichnamige oder ungleichnamige Reflexwellen auftreten, so entstehen dieselben nicht alle in einer Entfernung vom Sphygmographen, sondern vertheilt auf eine etwa 20 bis 30 Cm. lange Gefässstrecke: oder, mit anderen Worten, die Reflexgebiete der Arterien haben immer eine grössere oder kleinere Länge.

Was von der primären positiven Welle gesagt wurde, gilt natürlich auch von den drei übrigen central entstehenden Wellen, nämlich von den beiden diastolischen Thalwellen und von der positiven Klappenwelle; ein Theil derselben wird ebenfalls gleichnamig reflectirt, wenn die primäre positive Welle zum Theil gleichnamig reflectirt wird, und ungleichnamig, wenn die primäre positive Welle zum Theil ungleichnamig zurückgeworfen wird.

Verlauf der reflectirten Wellen. § 117. Im § 78 wurde gezeigt, dass eine Wellenbewegung, welche von irgend einer Stelle eines verzweigten Gefässsystems ausgeht, in alle Zweige sich fortpflanzt, welche mit diesem System in Communication stehen, und dass also eine Reflexwelle, welche an irgend einer peripheren Stelle des Arteriensystems auftritt, nicht bloss wieder zum Herzen zurückkehrt, sondern auch in alle übrigen Arterien sich fortpflanzt. Man darf also nicht sagen, eine im Verästlungsgebiet der art. rad. entstehende Reflexwelle laufe gegen das Herz zurück, werde an den geschlossenen Semilunarklappen zurückgeworfen, gelange zum zweitenmal in die art. radialis und müsse hier mittels des Sphygmographen nachgewiesen werden. Von einer solchen Reflexwelle gelangt nur ein sehr kleiner Theil in den Aortenanfang, und wenn er daselbst an den Klappen zurückgeworfen wird, so vertheilt sich diese kleine Reflexwelle wieder in alle Zweige des Arteriensystems; was von ihr wieder in die art. radialis zurückgelangt, ist also nur ein Minimum, welches an dem dort applicirten Sphygmographen fast spurlos vorübergehen wird. Dagegen erhält die art. radialis auch von allen übrigen Zweigen Reflexwellen, theils direct, theils auf dem Umweg durch die Aorta. Diese Wellen vereinigen sich aber, wie in § 78 gezeigt wurde, nicht zu einer einzigen, grösseren Welle, sondern lösen sich in Reihen nacheinander auftretender Reflexwellen auf, die sich von einander nicht deutlich abheben.

In den übrigen Arterien verhält sich die Sache natürlich ebenso. Untersucht man also den Puls einer Arterie, so hat man sich nur um die Reflexwellen zu kümmern, welche im Verästlungsgebiet dieser Arterie aus den vier central entstandenen, primären Wellen hervorgehen und von der reflectirenden Peripherie der untersuchten Arterie gegen den Sphygmographen zurücklaufen; die von andern Arterien kommenden Reflexwellen können nicht weiter in Betracht gezogen werden. Da aber die Verästlung einer Arterie sich nicht bloss auf ihre feinsten Zweige beschränkt, sondern sich theilweise schon früher successive vollzieht, so muss auch zwischen den Reflexwellen der feinsten Arterienzweige und denen der grösseren Zweige unterschieden werden. Letztere Reflexwellen entstehen nicht gleichzeitig und gelangen nach und nach und vereinzelt zum Sphygmographen, erstere aber treten gemeinsam und jedenfalls auch in überwiegender Mehrzahl an den Sphygmographen heran. Es werden daher in der Folge nur die im Gebiet der feinsten Zweige einer Arterie entstehenden Reflexwellen berücksichtigt.

Interferenz der im Arteriensystem auftretenden Wellen. § 118. In § 116 wurde gezeigt, dass im Arteriensystem sowohl gleichnamige als ungleichnamige Reflexwellen auftreten können, und dass nur ausnahmsweise keinerlei Reflexwellen zu Stande kommen. Es fragt sich also, wie und wo werden die in § 105, 109, 110, 111 nachgewiesenen vier central entstehenden und centrifugal verlaufenden Wellen von den an der Peripherie auftretenden Reflexwellen beeinflusst oder, mit anderen Worten, wo finden Veränderungen dieser Wellen durch Interferenz statt, und welches ist ihr Resultat?

In § 67 wurde gezeigt, dass das Interferenzgebiet einer Welle halb so lang ist als die Welle selbst. Es handelt sich also zunächst darum, die Länge der erwähnten vier central entstehenden Wellen zu bestimmen. Die primäre positive Welle reicht nach den in § 58 bis 60 gegebenen Auseinandersetzungen vom Anfangspunkt der Ascensionslinie der primären positiven Welle bis zum Anfangspunkt der Descensionslinie der ersten diastolischen Thalwelle. An der 6. Curve der Fig. 202 fällt der Anfangspunkt der Ascensionslinie der primären Welle zusammen mit dem dritten Punkt der 20. Punktgruppe, und der Endpunkt der Gipfellinie oder der Anfangspunkt der ersten diastolischen Thalwelle mit dem dritten Punkt der 22. Gruppe, also umfasst die positive primäre Welle einen Zeitraum von 0,25 Sec.; bei einer Wellengeschwindigkeit von 8,5 Metern in 1 Sec. berechnet sich hieraus eine Wellenlänge von 2,125 M., also ist das Interferenzgebiet dieser Welle 1,06 M. lang, und der Sphygmograph wird daher Interferenzerscheinungen zwischen ihr und der zugehörigen gleichnamigen oder ungleichnamigen Reflexwelle bis zu einer Entfernung von 1,06 M. vom reflectirenden Arterienende nachweisen. Der Endpunkt der Descensionslinie der vereinigten ersten und zweiten diastolischen Thalwelle fällt in der sechsten Curve der Fig. 202 zusammen mit dem dritten Punkt der 23. Gruppe und liegt somit zeitlich 0,125 Sec. hinter ihrem Anfangspunkt. Die Länge dieser vereinigten Thalwellen beträgt demnach 1,06 M. und ihr Interferenzgebiet für ihre zugehörige Reflexwelle ist 53 Cm. lang. Die Ascensionslinie der positiven Klappenwelle beginnt in der 6. Curve der Fig. 202 beim dritten Punkt der 23. Gruppe und endet beim dritten Punkt der 24. Gruppe, hat also einen Zeitwerth von 0,125 Sec. und demnach eine Länge von

1,06 M. und für die zugehörige Reflexwelle ein Interferenzgebiet von 53 Cm. Länge, vom reflectirenden Arterienende an gerechnet.

Selbstverständlich finden aber Interferenzerscheinungen nicht nur zwischen jeder der vier central entstehenden Wellen und ihrer zugehörigen ersten Reflexwelle statt, sondern auch zwischen jeder dieser vier primären Wellen und den ersten Reflexwellen ihrer Vorgängerinnen, d. h. die vereinigte erste und zweite diastolische Thalwelle trifft nicht allein mit ihrer eigenen ersten Reflexwelle zusammen, sondern auch mit der ersten Reflexwelle ihrer Vorgängerin d. i. der positiven primären Welle, und die positive Klappenwelle trifft nicht nur mit ihrer eigenen ersten Reflexwelle zusammen, sondern auch mit der ersten Reflexwelle der positiven primären Welle und mit der ersten Reflexwelle der ersten und zweiten diastolischen Thalwelle. Es fragt sich also, in welcher Entfernung vom reflectirenden Arterienende befinden sich diese übrigen Interferenzgebiete?

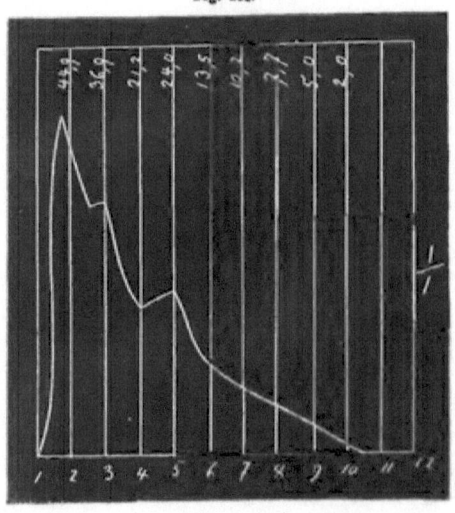

Fig. 211.

Bei der angegebenen Länge der primären Wellen ist das Interferenzgebiet der vereinigten ersten und zweiten diastolischen Thalwelle und der ersten, von der primären positiven Welle herrührenden Reflexwelle 159 Cm. lang, und sein Anfangspunkt ist 0 Cm. sein Endpunkt aber 159 Cm. vom reflectirenden Arterienende entfernt. — Das Interferenzgebiet der positiven Klappenwelle und der ersten, von der primären positiven Welle herrührenden Reflexwelle hat eine Länge von 159 Cm. und ist mit seinem Anfangspunkt 53 Cm. und mit seinem Endpunkt 212 Cm. vom reflectirenden Arterienende entfernt. — Das Interferenzgebiet der ersten positiven Klappenwelle und der ersten, von den vereinigten diastolischen Thalwellen herrührenden Reflexwelle hat eine Länge von 106 Cm. und ist mit seinem Anfangspunkt 0 Cm. und mit seinem Endpunkt 106 Cm. vom reflectirenden Arterienende entfernt. Aendern sich Zeitdauer oder Geschwindigkeit einer dieser Wellen, so ändert sich selbstverständlich auch die Länge des Interferenzgebiets.

Um nun im concreten Fall das Interferenzresultat für eine beliebige Applikationsstelle des Sphygmographen zu erhalten, braucht man nur die Curve der primären Wellen und ebenso die Curve ihrer ersten Reflexwellen graphisch darzustellen und aus beiden Curven die resultirende Interferenzcurve zu construiren: Angenommen, eine an der art. radialis gezeichnete Pulscurve habe die Gestalt der schematisch gezeichneten *Fig. 211*, wenn im Verästlungsgebiet der Arterie keinerlei Wellenreflexion stattfindet. Die mit 1, 2, 3, 4 u. s. w. bezeichneten Punkte der Abscisse seien durch gleiche Zwischenräume von 0,125 Sec. Zeitwerth von einander getrennt, so dass wie in der 6. Curve der Fig. 202 die primäre positive Welle 0,25 Sec., die Descensionslinie der vereinigten ersten und zweiten diastolischen Thalwelle 0,125 Sec. und die Ascensionslinie der positiven Klappenwelle 0,125 Sec. zu ihrem Entstehen brauchen. Wenn nun an der Peripherie der art. radial. die Hälfte jeder ankommenden Welle gleichnamig reflectirt wird, so hat die Curve der reflectirten Wellen die Form und Grösse der *Fig. 212*; wird nur der dritte Theil zurückgeworfen, so hat die Reflexcurve die Gestalt der *Fig. 213*. — Da an den Reflexcurven die spitzen Gipfel der primären Curven erfahrungsgemäss nicht mehr zum Vorschein kommen, so habe ich in Folgendem Reflexcurven mit abgerundeten Gipfeln in Betracht gezogen.

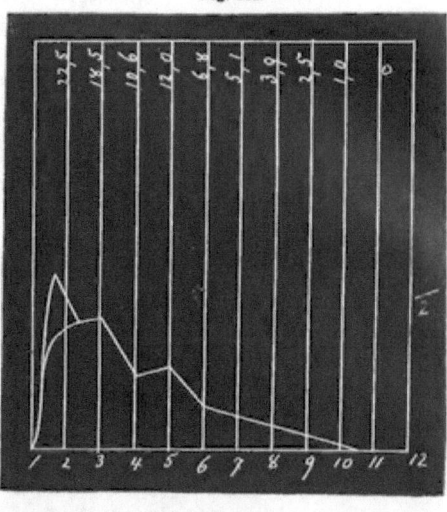

Fig. 212.

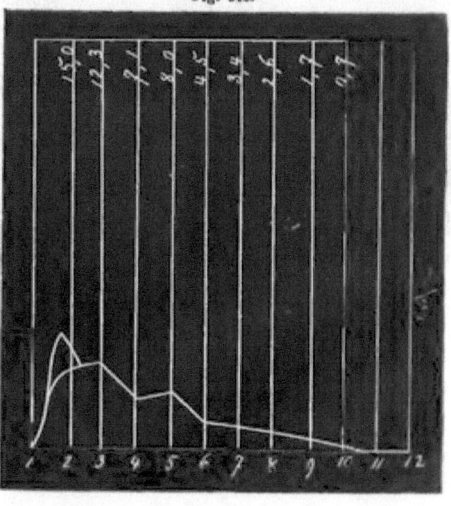

Fig. 213.

Werden die primären Wellen ungleichnamig reflectirt, so bleibt die Gestalt der Reflexcurven dieselbe, ihre Ordinaten aber wechseln das Vorzeichen, und die Curven kommen unter die Abscisse zu liegen wie in *Fig. 214* und *Fig. 215*.

Ist der Sphygmograph 31,25 Cm. von den feinsten Verzweigungen der art. radial. entfernt, so erreicht der Anfangspunkt der Reflexcurve bei einer Wellengeschwindigkeit von 5 Metern in der Sec. den Sphygmographen 0,125

Sec. später als der Anfangspunkt der primären Curve; er fällt also mit dem Punkte 2 der Abscisse (Fig. 215) zusammen, und die ganze Reflexcurve ist gegen die primäre Curve um 0,125 Sec. zurück; beide Curven fallen aber noch grossentheils zeitlich zusammen und verändern sich demnach durch Interferenz. Das Interferenzresultat lässt sich leicht graphisch darstellen, man braucht nur die Ordinatenwerthe der gleichzeitig am Sphygmographen ankommenden Curventheile zu addiren, wenn die Reflexcurve gleichnamig ist, und zu subtrahiren, wenn letztere ungleichnamig ist, und die erhaltenen Werthe auf den Ordinaten abzumessen: die so entstehende neue Curve veranschaulicht das Interferenzresultat. Fig. 214

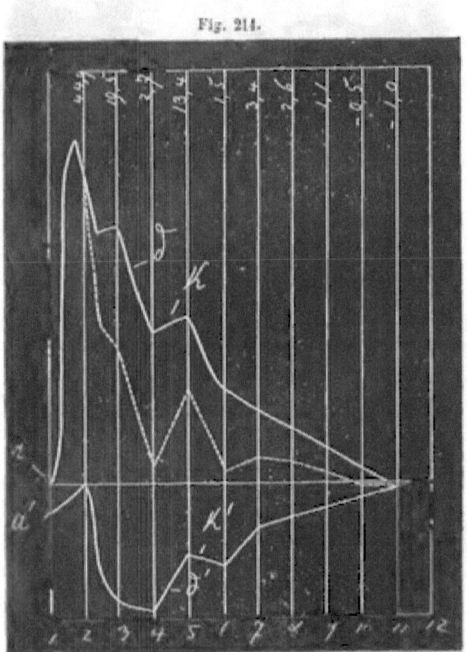

Fig. 214.

und 215 sind auf diese Weise entstanden: die mit gestrichelter Linie gezeichneten Curven sind die neuen durch Interferenz entstandenen Curven.

Ist die Reflexcurve 1/3 der primären Curve und mit letzterer gleichnamig, so ergibt sich als Interferenzresultat die gestrichelte Curve der *Fig. 216*: ist die sonst unveränderte Reflexcurve aber ungleichnamig, so erhält man die gestrichelte Curve der Fig. 215. Ist die Reflexcurve die Hälfte der primären Curve und gleichnamig mit derselben, so ergibt sich *Fig. 217*; ist sie aber ungleichnamig, so ergibt sich Fig. 214.

Je mehr man den Sphygmographen bei gleichbleibender Wellengeschwindigkeit von der Peripherie der art. radialis entfernt, um so mehr entfernt sich der Anfangspunkt der Reflexcurve vom Anfangspunkt der primären Curve; würde sich z. B. der Sphygmograph $3 \times 31{,}25 = 93{,}75$ Cm. centralwärts entfernen, so käme die ganze Reflexcurve $3 \times 0{,}125 = 0{,}375$ Sec. später als die primäre Curve; statt Fig. 214 erhielte man dann *Fig. 218* und statt Fig. 217 die *Fig. 219*.

Wird aber, bei gleichbleibender Entfernung des Sphygmographen vom reflectirenden Arteriengebiet, die Wellengeschwindigkeit eine grössere, so nähert sich der Anfangspunkt der Reflexcurve dem Anfangspunkt der primären Curve.

Der Einfluss der Welleninterferenz auf den Dicrotismus, an schematischen Pulscurven nachgewiesen. § 119. Aus den Curven Fig. 214—217 sieht man auf den ersten Blick, dass die ungleichnamigen Reflexcurven bei einer bestimmten Stellung des Sphygmographen (31,25 Cm. von der Peripherie der Arterie entfernt), bei einer gewissen Wellengeschwindigkeit (5 Meter in der Sec.) und bei einer gewissen Zeitdauer der primären Wellen (Fig. 211) den Dicrotismus bedeutend verstärken, die gleichnamigen Reflexcurven aber denselben bedeutend vermindern.

Diese mächtige Veränderung der primären Curve durch Welleninterferenz ist offenbar dadurch bedingt, dass der Anfangspunkt a' der Reflexwelle gerade 0,125 Sec. hinter dem Anfangspunkt a der primären Curve liegt (Fig. 214 und 217), und dass somit die Descensionslinie d der ersten und zweiten diastolischen Thalwelle noch vollständig zusammenfällt mit der zweiten Hälfte der reflectirten primären positiven Welle, und dass ferner die Ascensionslinie k der primären Klappenwelle vollständig zusammenfällt mit der Reflexwelle d der ersten und zweiten diastolischen Thalwelle.

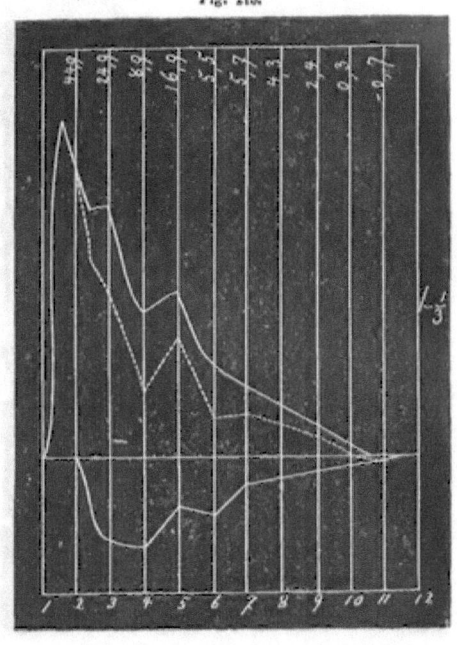

Fig. 215.

Jede Aenderung der oben erwähnten drei Factoren (Stellung des Sphygmographen, Wellengeschwindigkeit, Dauer der primären Wellen) bewirkt eine Verschiebung der Reflexcurve gegen die primäre Curve und folglich auch eine Aenderung des Interferenzresultats. Bei beliebiger Aenderung der genannten drei Factoren entsteht natürlich eine unendliche Zahl von einander verschiedener Interferenzcurven. In der Praxis aber gestaltet sich die Sache wesentlich einfacher, weil die in Betracht kommenden Factoren zwischen ziemlich engen Grenzen schwanken. Die Stellung des Sphygmographen kann man für jede Arterie als constant betrachten; für die art. radialis z. B. kann man annehmen, dass der Sphygmograph 20 Cm. vom reflectirenden Verästlungsgebiet der Arterie entfernt sei. Die Wellengeschwindigkeit kann man zwischen 5 und 10 M. in der Secunde schwanken lassen (§ 114).

Die Dauer der primären positiven Welle ist ebenfalls variabel; als Minimum lässt sich 0,125 Sec. und als Maximum 0,375 Sec. annehmen; die

Dauer der übrigen primären Wellen lässt sich ohne besonderen Fehler als constant annehmen = 0,125 Sec.

Es sollen nun für die verschiedenen Combinationen dieser Grenzwerthe die Interferenzcurven construirt werden:

a. Sphygmograph 20 Cm. vom reflectirenden Arteriengebiet entfernt.

Wellengeschwindigkeit 5 M. in der Sec. Dauer der primären positiven Welle 0,125 Sec.

Der Weg vom Sphygmographen zu den feinsten Arterienzweigen und von da zurück zum Sphygmographen beträgt 40 Cm.; bis die Welle denselben bei einer Geschwindigkeit von 5 M. zurücklegt, vergehen 0,08 Sec. Da auf der Abscisse der schematischen Curven 5 Mm. einen Zeitwerth von 0,125 Sec. haben, so entsprechen 3,2 Mm. der Abscisse der Zeit von 0,08 Sec. Der Anfangspunkt der Reflexcurve liegt also 3,2 Mm. hinter dem Anfangspunkt der primären Curve. Ist die Reflexcurve die Hälfte der primären Curve und mit letzterer gleichnamig, so entsteht als Interferenzresultat die gestrichelte Curve der *Fig. 220*; ist die Reflexcurve aber ungleichnamig, so entsteht als Interferenzresultat die gestrichelte Curve der *Fig. 221*, welche einen starken Dicrotismus aufweist.

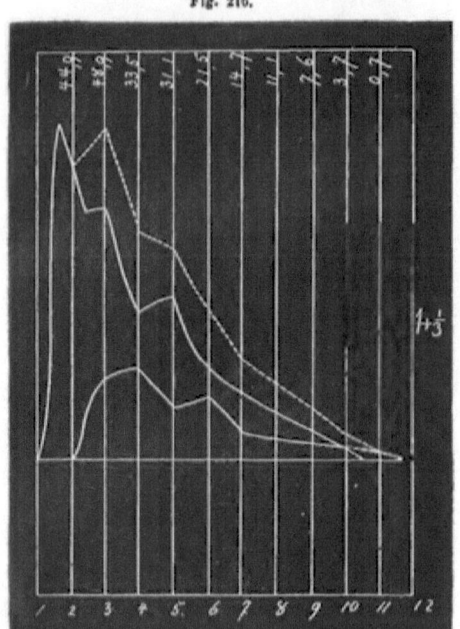

Fig. 216.

b. Sphygmograph 20 Cm. vom reflectirenden Arteriengebiet entfernt, Wellengeschwindigkeit 10 M. in der Secunde, Dauer der primären positiven Welle 0,125 Sec.

Die Reflexcurve liegt jetzt mit ihrem Anfangspunkt nur 1,6 Mm. hinter dem Anfangspunkt der primären Curve. Ist die Reflexcurve mit letzterer gleichnamig, so entsteht die schwach dicrotische, gestrichelte Curve der *Fig. 222*, ist die Reflexcurve aber ungleichnamig, so entsteht als Interferenzresultat die stärker dicrotische, gestrichelte Curve der *Fig. 223*.

c. Sphygmograph 20 Cm. vom reflectirenden Arteriengebiet entfernt, Wellengeschwindigkeit 5 M. in der Sec., Dauer der primären positiven Welle 0,375 Sec.

Der Anfangspunkt der Reflexcurve liegt 3,2 Mm. hinter dem Anfangspunkt der primären Curve. Ist die Reflexcurve mit letzterer gleichnamig, so entsteht als Interferenzresultat die schwach dicrotische, gestrichelte Curve der *Fig. 224;* ist die Reflexcurve aber ungleichnamig, so entsteht die stark dicrotische, gestrichelte Curve der *Fig. 225.*

d. Sphygmograph 20 Cm. vom reflectirenden Arteriengebiet entfernt, Wellengeschwindigkeit 10 M. in der Sec., Dauer der primären positiven Welle 0,375 Sec.

Der Anfangspunkt der Reflexcurve liegt 1,6 Mm. hinter dem Anfangspunkt der primären Curve; ist die Reflexcurve mit letzterer gleichnamig, so entsteht als Interferenzresultat die schwach dicrotische, gestrichelte Curve der *Fig. 226;* ist die Reflexcurve aber ungleichnamig, so entsteht die stärker dicrotische, gestrichelte Curve der *Fig. 227.*

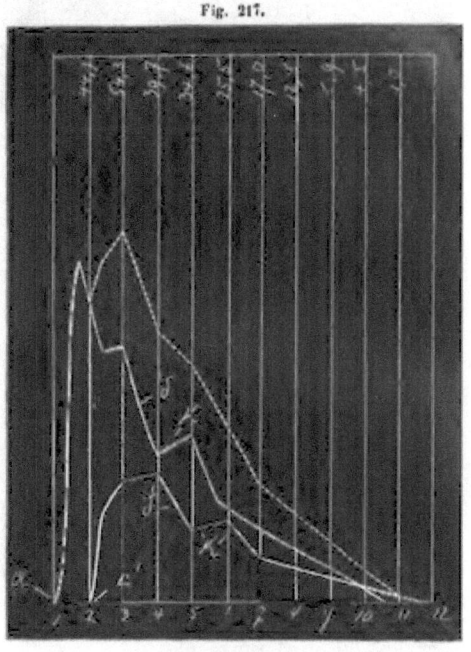

Fig. 217.

Für Werthe, welche zwischen den angegebenen Grenzen liegen, lässt sich hienach die Form der Interferenzcurve leicht bestimmen: Ist z. B. der Sphygmograph 20 Cm. vom reflectirenden Arteriengebiet entfernt, dauert die primäre positive Welle 0,125 Secunde, und wächst die Wellengeschwindigkeit allmälig von 5 M. auf 10 M., so geht bei gleichnamiger Wellenreflexion die Interferenzcurve allmälig von der Form der Fig. 220 zur Form der Fig. 222 über, d. h. die gleichnamige Reflexcurve verliert mehr und mehr von ihrem **verkleinernden** Einfluss auf den Dicrotismus; bei ungleichnamiger Wellenreflexion geht die Interferenzcurve allmälig von der Form der Fig. 221 zur Form der Fig. 223 über, d. h. die ungleichnamige Reflexcurve verliert mehr und mehr von ihrem **vergrössernden** Einfluss auf den Dicrotismus.

Ist der Sphygmograph 20 Cm. vom reflectirenden Arteriengebiet entfernt, beträgt die Wellengeschwindigkeit 5 M., und wächst die Dauer der primären positiven Welle allmälig von 0,125 Sec. auf 0,375 Sec., so geht bei gleichnamiger Wellenreflexion die Interferenzcurve allmälig von der Form der Curve Fig. 220 zur Form der Curve Fig. 224 über und bei ungleichnamiger Wellenreflexion von der Form der Curve Fig. 221 zur Form der Curve Fig. 225.

In allen Fällen wird man finden, dass die gleichnamige Wellenreflexion verkleinernd, die ungleichnamige Wellenreflexion aber vergrössernd auf die dicrotische Welle wirkt. Der Grad dieser verkleinernden und vergrössernden Wirkung hängt davon ab, ob die Reflexcurve mehr oder weniger genau ebenso weit hinter der primären Curve liegt als der Anfangspunkt der positiven Klappenwelle hinter dem Anfangspunkt der ersten diastolischen Thalwelle liegt oder mit anderen Worten, ob die Zeitdifferenz zwischen

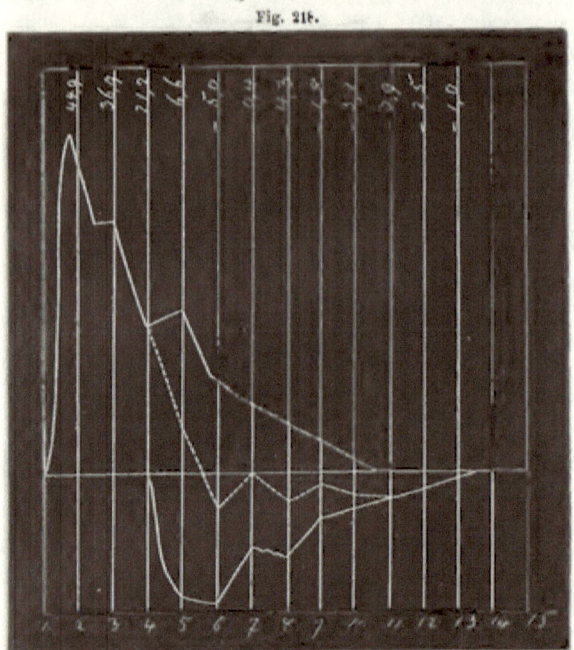

Fig. 218.

Ende der primären positiven Welle und Anfang der positiven Klappenwelle mehr oder weniger genau gleich ist der Zeitdifferenz zwischen Beginn der primären Curve und Beginn der Reflexcurve.

Alle Aenderungen der oben genannten drei Factoren (Entfernung des Sphygmographen von den feinsten Arterienzweigen, Wellengeschwindigkeit, Dauer der primären Wellen), welche die Uebereinstimmung dieser Zeitdifferenzen vergrössern, erhöhen den Einfluss der Wellenreflexion auf die dicrotische Welle, und umgekehrt.

Ursachen des Dicrotismus der Pulscurven. § 120. Nach § 111 ist die sog. dicrotische Welle durch die positive Klappenwelle bedingt, welche mit dem Schluss der Semilunarklappen eng zusammenhängt. Da jede Pulscurve eine positive Klappenwelle haben muss, so ist auch jede Pulscurve dicrotisch. Es liegt nun nahe, die Grösse des Dicrotismus von der Grösse der positiven Klappenwelle abzuleiten und zu sagen: Ist die positive Klappenwelle gross, so muss auch die Pulscurve eine grosse dicrotische Welle haben. Dieser Schluss ist aber nur in dem seltenen Fall (§ 116) richtig, in welchem im Verästlungsgebiet keinerlei Reflexwelle entsteht; in den übrigen Fällen ist er unrichtig, weil dann eine grosse positive Klappenwelle durch Welleninterferenz verkleinert und eine kleine positive Klappenwelle durch Interferenz vergrössert werden kann.

II. Physiologischer Theil. 185

Wären Interferenzerscheinungen für den Grad des Dicrotismus nicht massgebend, so würde man bei Leuten mit starkem Semilunarklappenton auch eine starke positive Klappenwelle und somit auch eine stark dicrotische Pulscurve erhalten und bei Leuten mit schwachen zweiten Herztönen müsste der Dicrotismus schwach ausgeprägt sein. Die Erfahrung lehrt aber das Gegentheil; gesunde, kräftige Leute mit starken Herztönen haben sehr oft schwach dicrotische Pulscurven, fiebernde Kranke mit schwacher Herzkraft haben nicht selten hochgradig dicrotische Pulscurven. Bedingt ist diese Erscheinung durch Welleninterferenz: Im Fieber, welches die Leistungsfähigkeit des gesammten Nervensystems und der Muskeln herabsetzt, sind jedenfalls die feinsten arteriellen Zweige erweitert und dehnbarer, weil der Einfluss der vasomotorischen Nerven auf die Muskelelemente der Gefässe und der Tonus der Muskelfasern geschwächt sind. Erweiterung der Gefässe und Zunahme ihrer Dehnbarkeit haben aber das Auftreten ungleichnamiger Reflexwellen zur Folge, und diese rufen, wie in § 119 gezeigt ist, auf dem Wege der Welleninterferenz eine

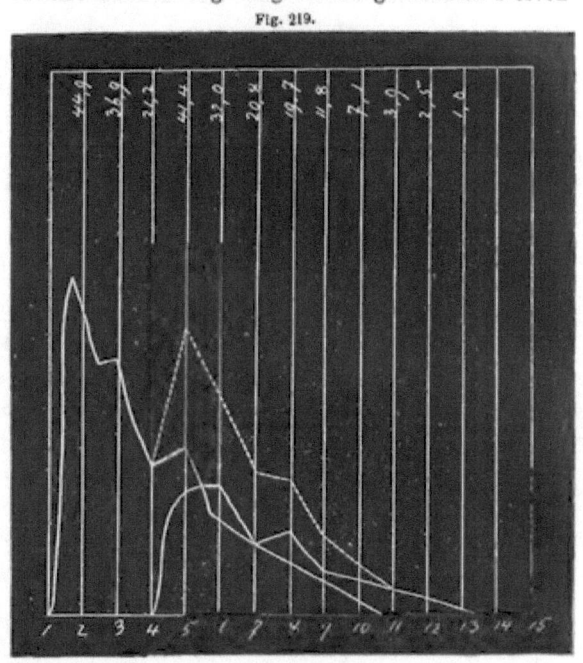

Fig. 219.

Vergrösserung des Dicrotismus hervor. Sind aber die Gefässe normal innervirt, haben sie kräftige Muskelfasern, so sind sie enger, ihre Dehnbarkeit ist geringer, und es kommt nicht zu ungleichnamigen, sondern zu gleichnamigen Reflexwellen, welche den Dicrotismus verkleinern (§ 119).

Hieraus ergibt sich der Satz: Die dicrotische Welle der Pulscurven ist bedingt durch die positive Klappenwelle, ihre graduelle Entwicklung aber ist nicht allein von der Grösse dieser Welle abhängig, sondern auch von Welleninterferenz.

Da die positive Klappenwelle unter sonst gleichen Bedingungen am grössten ist, wenn die Herzdiastole noch vor Beendigung des Herz-Aortenstroms beginnt (§ 112), so wird eine kurze Herzsystole, welche den Inhalt des Ventrikels nicht vollständig in die Aorta entleert, den Dicrotismus der Pulscurven vergrössern, und umgekehrt wird eine Herzsystole, welche den Herz-Aortenstrom überdauert, den Dicrotismus verkleinern.

Da eine ungleichnamige Wellenreflexion den Dicrotismus verstärkt (§ 119), so wird man stark dicrotische Pulscurven gewöhnlich bei geringem arteriellen Blutdruck finden: denn die ungleichnamige Wellenreflexion hat zur Voraussetzung eine Erweiterung der feinsten, arteriellen Gefässe; letztere aber bewirkt ein Sinken des Blutdrucks. Zunahme des Dicrotismus und Abnahme des arteriellen Blutdrucks haben somit eine gemeinsame Ursache und gehen neben einander her ohne directen ursächlichen Zusammenhang.

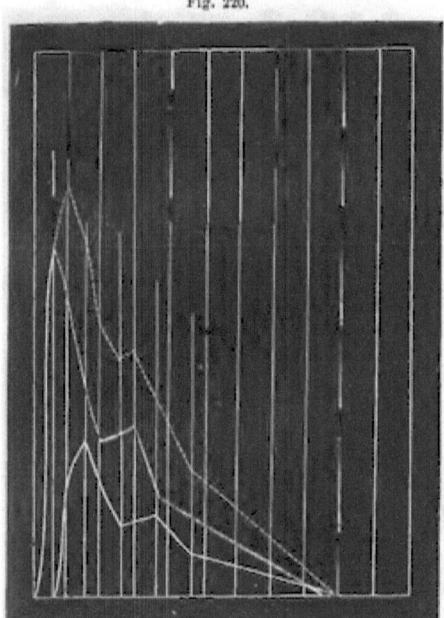

Fig. 220.

Die Abnahme des arteriellen Blutdrucks ist nur dann von erhöhtem Dicrotismus begleitet, wenn sie durch Erweiterung der feinsten Arterien bedingt ist; sinkt aber der Blutdruck aus anderen Gründen, z. B. in Folge abnehmender Pulsfrequenz, so ist damit nicht nothwendig eine Zunahme des Dicrotismus verknüpft.

Ist aber die Entfernung des Sphygmographen vom reflectirenden Arteriengebiet der Art, dass eine Abnahme der Wellengeschwindigkeit den Einfluss der Welleninterferenz auf den Dicrotismus erhöht (§ 119), so wirkt jede Abnahme des Blutdrucks begünstigend auf den Dicrotismus, weil die Wellengeschwindigkeit mit der Abnahme des Blutdrucks kleiner wird, wie Moens und Grunmach gefunden haben (vgl. § 114).

Da eine ungleichnamige Wellenreflexion den Dicrotismus verstärkt, so wirken auch alle jene Momente fördernd auf denselben, welche den Tonus der feinsten Arterien herabsetzen, welche das vasomotorische Nervensystem schwächen oder lähmen, und welche die Dehnbarkeit der feinsten Arterien vergrössern, und umgekehrt muss jede Elasticitätsabnahme dieser Gefässe den Dicrotismus verkleinern.

So wird es verständlich, warum eine kurze primäre Pulswelle, eine verminderte Spannung im arteriellen System, und normale Elasticität der Arterienwandung, welche schon Landois (a. a. O. § 77) als den pulsus dicrotus begünstigende Factoren bezeichnete, in der That den Dicrotismus der Pulscurven erhöhen.

Theorien über die Entstehung der dicrotischen Welle oder des doppelschlägigen Pulses. Kritik dieser Theorien.

§ 121. Eine Zusammenstellung der verschiedenen Theorien über die Entstehung des doppelschlägigen Pulses hat Landois gegeben (die Lehre vom Arterienpuls 1872 S. 205 u. ff.). Ich verweise auf diese Zusammenstellung hinsichtlich derjenigen Theorien, welche den doppelschlägigen Puls für ein Kunstprodukt des Sphygmographen erklären oder eine Doppelsystole des Ventrikels oder die Contraction des Vorhofs als seine Ursache ansehen; denn die Unhaltbarkeit dieser Theorien liegt auf der Hand und ist längst erwiesen. Die übrigen, eine abermalige kritische Besprechung erheischenden Erklärungen lassen sich in drei Klassen bringen.

Fig. 221.

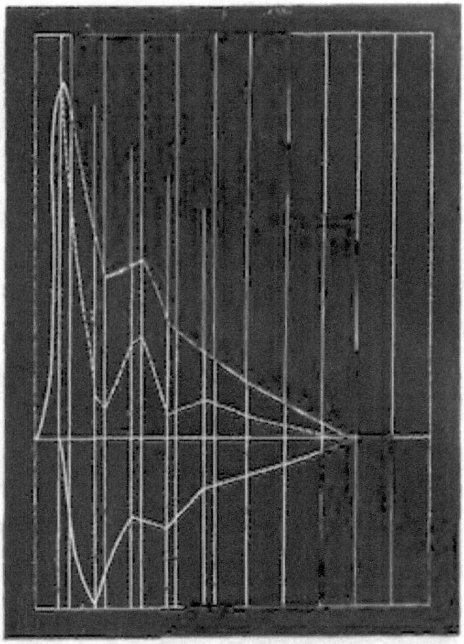

I. Klasse. Sie umfasst diejenigen Anschauungen, welche in der dicrotischen Welle einen directen Abkömmling der primären positiven Welle erblicken.

Hierher gehört die Ansicht von Beau, welcher in der dicrotischen Welle die reflectirte primäre Welle erblickt; letztere werde an der Theilungsstelle der aorta abdominalis in die iliacae comm. reflectirt.

Hierher gehört ferner die Ansicht von Marey, welcher glaubt, dass die primäre positive Welle an der Peripherie des Arteriensystems ein Hinderniss finde, von da gegen den Aortenanfang zurückkehre, denselben aber von den Semilunarklappen verschlossen finde, daselbst abermals zurückgeworfen werde und dann als dicrotische Welle auf der Zeichnung erscheine.

Auch Rive's Ansicht gehört hierher. Er nimmt an, dass Rückstosswellen überall auftreten, wo sich ein aussergewöhnlicher Widerstand finde, so bei jeder Gefässtheilung und bei jeder Gefässabzweigung, auch wenn das Strombett dadurch weiter werde. In Folge dessen werde die Abstiegslinie der Curve weniger steil, und es könne ein Moment eintreten, in welchem die von der Peripherie zurückgeworfenen positiven Wellen das Uebergewicht erhielten über die negative, von der Verkleinerung der primären Welle herrührende Welle, daraus müsse dann eine zweite Erhebung der Curve resultiren, und auf diese Weise sei der Dicrotismus zu erklären. — Onimus und Viry sehen gleichfalls in der dicrotischen Welle nur die von der Peripherie reflectirte primäre Welle.

Bei Beurtheilung dieser Anschauungen verweise ich zunächst auf § 78, 116 und 117, wo gezeigt wurde, dass die zum Herzen zurückgelangenden Reflexwellen sich nicht zu einer einzigen, grösseren Welle vereinigen, sondern sich in Reihen aufeinander folgender Reflexwellen auflösen, die sich nicht deutlich von einander abheben, dass also die dicrotische Welle nicht als eine zum Herzen und von da zum Sphygmographen gelangte Reflexwelle aufgefasst werden kann. Ferner verweise ich auf § 128, wo nachgewiesen ist, dass die Anfangspunkte der primären positiven Welle und der dicrotischen Welle an gleichzeitig gezeichneten Pulscurven verschiedener Arterien eines Individuums gleich weit von einander entfernt sind.

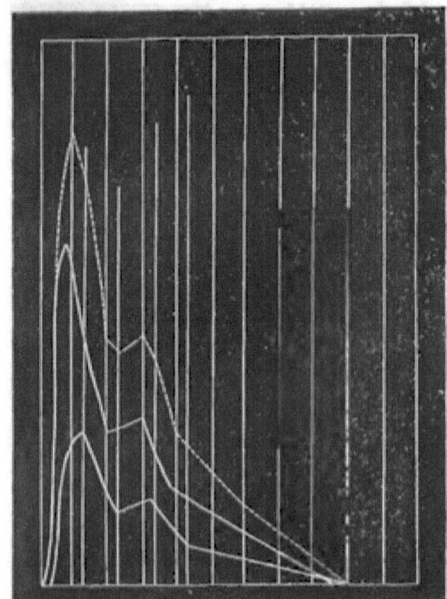

Fig. 222.

Wäre die dicrotische Welle eine von der Peripherie zum Herzen zurückgeworfene, von da centrifugal verlaufende und nun am Sphygmographen erscheinende Reflexwelle, so müsste ihr Anfangspunkt um so weiter hinter der primären positiven Welle liegen, je weiter vom Herzen entfernt der Sphygmograph zeichnete. In § 114 wurde z. B. gezeigt, dass der auf die art. dorsal. ped. aufgesetzte Sphygmograph 64 Cm. weiter vom Aortenanfang entfernt ist als der auf die art. radialis aufgesetzte, und dass die Welle 0,075 Sec. braucht, um diesen Weg einmal zu durchlaufen. Wäre nun die dicrotische Welle der Radialiscurve die an der Peripherie der art. radialis entstandene, zum Herzen zurückgeworfene und von da wieder zur art. radial. gelangte Reflexwelle, so müsste sie $2 \times 0,075 = 0,15$ Sec. früher hinter der primären positiven Radialiswelle kommen als die in analoger Weise entstandene, dicrotische Welle der Pediäa-Curve hinter der primären positiven Welle dieser Curve erscheint. Dies ist aber, wie gesagt, nicht der Fall.

Wollte man aber annehmen, die dicrotische Welle der Radialis-Curve sei zwar nicht die an der Peripherie der art. radial. entstandene und von den

Semilunarklappen wieder zur art. radial. zurückgekehrte Welle, aber eine allen Arterien gemeinsame und von der Peripherie des gesammten Arteriensystems zum Herzen zurückgeworfene und von da wieder centrifugal verlaufende Welle, so müsste gezeigt werden, dass die von der Peripherie stammenden Reflexwellen trotz der sehr verschiedenen Entfernung der reflectirenden Arteriengebiete doch so gleichzeitig am Aortenanfang eintreffen, um eine so prägnante Welle wie die dicrotische Welle ist, produciren zu können. Letzteren Nachweis halte ich aber nach dem in § 117 Gesagten für unmöglich. Daraus folgt, dass die dicrotische Welle unter keinerlei Umständen als Reflexwelle der primären positiven Welle aufgefasst werden kann.

2. Klasse. Sie umfasst diejenigen Theorien, welche die primäre positive Welle in der Peripherie des Arteriensystems erlöschen und unabhängig von der primären positiven Welle und unabhängig vom Schluss der Semilunarklappen eine zweite positive Welle im Arteriensystem entstehen lassen; das Blut werde gegen die bereits geschlossenen Semilunarklappen gedrängt und pralle hier ab; dadurch entstehe an den Semilunarklappen eine positive Welle, welche gegen die Peripherie verlaufe und in der Pulscurve als dicrotische Erhebung erscheine.

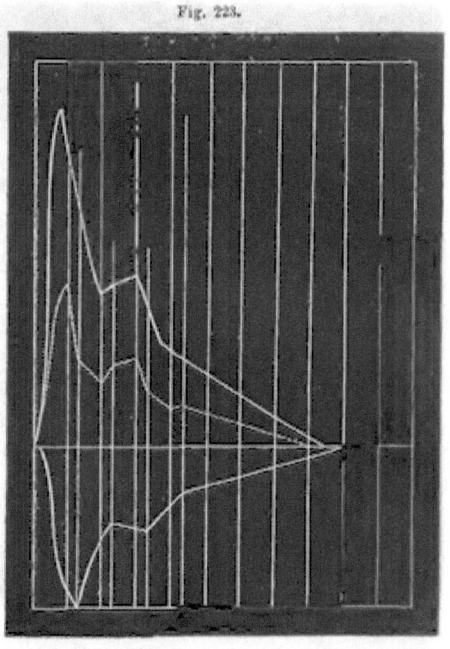

Fig. 223.

Eine solche Theorie hat Landois aufgestellt; er sagt a. a. O. Seite 188:

„Nachdem durch die Systole des Ventrikels in dem Arteriensystem durch „das eingetriebene Blut eine positive Welle erregt ist, welche alle Arterien „schnell, von der Aorta an peristaltisch fortschreitend, ausdehnt bis zu den „feinsten Arterienzweigen, in denen diese primäre Welle erlischt — so ziehen „sich nun, sobald mit vollendetem Schluss der Semilunarklappen kein Blut „mehr nachströmen kann, die Arterien wieder zusammen. Durch die Elasti„cität und die active Contraction wird nun auf die Blutsäule ein Gegendruck „ausgeübt. Das Blut wird zum Ausweichen gezwungen. Nach der Peripherie „hinströmend findet es nirgends ein Hinderniss, gegen das Centrum aber wei„chend, prallt es von den bereits geschlossenen Semilunarklappen zurück. Durch

„diesen Anprall des Blutes wird eine neue positive Welle erzeugt, welche
„nun wieder peripherisch in die Arterienröhren hin fortschreitet und in den
„letzten feinen Zweigen dieser letzteren erlischt."

Hierher gehört auch die Theorie von Isebree Moens; er sagt a. a. O.
S. 136 ff.: „Die dicrotische Erhebung ist nicht von Reflection bedingt; sie ist
„die erste Schliessungswelle des das arterielle Gefässsystem bildenden Zweig-
„röhrensystems. Das arterielle Gefässsystem ist ein Zweigröhrensystem, dessen
„Endzweige in die Capillarien übergehen. Unter dem Einfluss der schnell auf
„einander folgenden Contractionen des Herzens, der Elasticität der Gefässwände
„und des Widerstands im „Capillarsystem entsteht „im arteriellen System eine „continuirliche Strombewe-„gung. Unabhängig davon „erzeugt aber jede Systole „eine Pulswelle (die pri-„märe Erhebung), die mit „der den Wellen eigenen „Fortpflanzungsgeschwin-„digkeit im Gefässsystem „fortschreitet. Das Ein-„pressen des Blutes bei „jeder Systole entspricht „genau dem Oeffnen und „sofortigen Schliessen des „Einflusskrahnes bei einem „System von elastischen „Zweigröhren, wie ich im „VII. Kapitel beschrieben. „Dabei entstand, wie wir

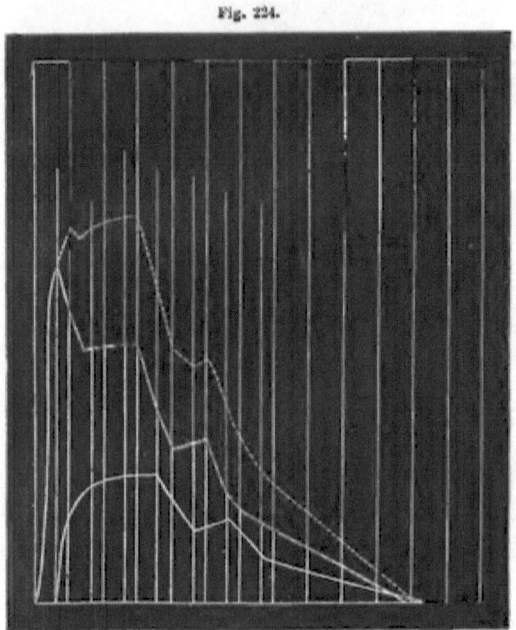

Fig. 224.

„gesehen, eine Reihe von Schliessungswellen. Auch im Gefässsystem müssen
„diese bei jeder Herzsystole entstehen. Durch die Systole und die damit ver-
„bundene primäre Pulserhebung erhalten — abgesehen von der continuirlichen
„Strombewegung — alle Bluttheilchen des arteriellen Systems beinahe gleich-
„zeitig eine fortschreitende Bewegung. Zufolge der Inertion hält diese Be-
„wegung kurze Zeit an. Dieselbe verkleinert den Inhalt der Röhre und ver-
„mindert demnach die Tension der Wand. Diess tritt um so deutlicher her-
„vor, je mehr man sich dem Herzen nähert; in der Aorta adscendens verringert
„sich der Inhalt am meisten, denn durch die jetzt verschlossenen Semilunar-
„klappen fliesst kein neues Blut in die Aorta adscendens. Hier entsteht dem-
„nach der niedrigste Druck, und also wirkt in der Aorta, nahe dem Herzen

„gleichsam eine Adspiration. Unter dem Einfluss derselben nimmt die Geschwin-
„digkeit der Bluttheilchen ab und wird, abgesehen von der continuirlichen
„Stromgeschwindigkeit, Null. Aber hierbei bleibt es nicht. Unter dem Ein-
„fluss derselben Adspiration kehrt das Blut nach dem Centrum zurück und
„wenn diese rückschreitende Bewegung durch die Ueberfüllung und den da-
„durch wachsenden Druck der Gefässwand vernichtet ist, entsteht an den valv.
„semil. die erste Schliessungswelle, die dicrotische Erhebung."

Zu diesen Theorien habe ich Folgendes zu bemerken: Schon im § 101 wurde
gezeigt, dass Landois unter „Rückstosswellen" dieselben Curventheile versteht,
welche Moens „Schliessungswellen" nennt. Wenn nun Landois in der dicrotischen
Welle die erste „Rückstoss-
welle" erblickt und Moens
die erste „Schliessungswelle", so stimmen sie, was
Moens anerkennt, in der
graphischen Deutung der
dicrotischen Welle über-
ein, obwohl Moens seine
„Schliessungswellen" in
ganz anderer Weise ent-
stehen lässt, als Landois
seine „Rückstosswellen".

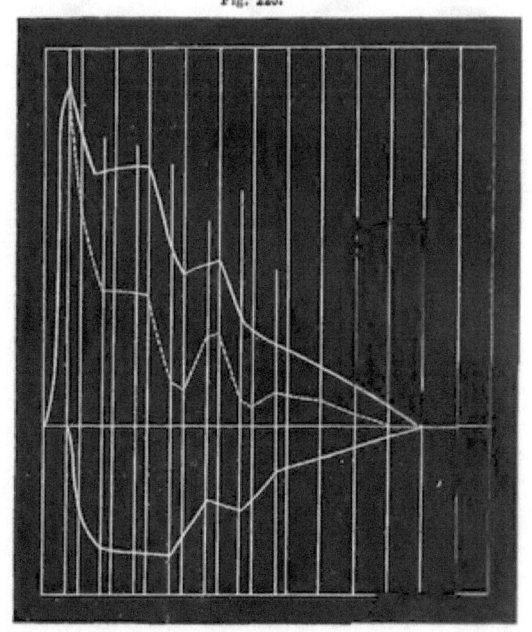

Fig. 225.

Da nun aber, wie ich
in § 100 und 101 gezeigt
habe, die mit den Na-
men „Schliessungswellen"
und „Rückstosswellen" von
Moens und Landois be-
zeichneten Curventheile
nicht das sind, wofür sie
von diesen Autoren ge-
halten werden, sondern lediglich Producte mehrerer fortschreitenden Wellen,
so fragt es sich 1) ob die dicrotische Welle der Pulscurve vielleicht ebenfalls
ein solches Product mehrerer von der primären Welle abstammenden Reflexwellen sei, 2) oder ob sie eine der Moens'schen Erklärung entsprechende neue
Welle sei, 3) oder ob sie eine der Landois'schen Erklärung entsprechende neue
Welle sei?

Die erste Frage muss ich verneinen; denn die ihr zu Grunde liegende
Anschauung ist identisch mit den in der ersten Klasse erwähnten und bereits
widerlegten Theorien.

Die zweite Frage muss ich ebenfalls verneinen, weil nach erfolgtem Klappenschluss im Aortenanfang ebenso wie im verschlossenen centralen Schlauchende durch einen von der Peripherie erfolgenden Rückstrom eine neue positive Welle nicht entstehen kann. Der Strom, welcher gegen das bereits geschlossene centrale Röhrenende verläuft, beginnt entweder am peripheren Röhrenende oder gleichzeitig auf allen Querschnitten der Gefässbahn. Im ersten Fall ist der Strom mit einer fortschreitenden Welle verknüpft, welche bei ihrer Ankunft am centralen geschlossenen Röhrenende zurückgeworfen wird; es entsteht also daselbst keine neue positive Welle, sondern nur eine positive Reflexwelle.

Im zweiten Fall ist der Strom frei von fortschreitender Wellenbewegung und am geschlossenen centralen Röhrenende entsteht durch seinen Anprall eine neue positive Welle. Dies ist aber nur dann möglich, wenn das centrale Schlauchende gerade im Beginn des Stroms oder nach Beginn desselben geschlossen wurde (§ 98 b); denn erfolgte der Schluss vor Beginn des Rückstroms, so erfuhr der erste centrifugale Strom noch eine Unterbrechung am centralen Röhrenende, dann konnte der erste Strom nicht auf allen Querschnitten gleichzeitig zur Ruhe kommen, und dann konnte der zweite Strom nicht auf allen Querschnitten gleichzeitig beginnen. In der Aorta kommt bekanntlich der erste Strom nicht auf allen Querschnitten gleichzeitig zur Ruhe, sondern wird am Aortenanfang zuerst unterbrochen und dauert in den peripher gelegenen Gefässpartien auch nach Beginn der Herzdiastole noch fort. Demnach kann ein zweiter Strom nicht gleichzeitig auf allen Querschnitten der Gefässbahn beginnen und folglich kann am geschlossenen centralen Ende derselben eine neue positive Welle nicht entstehen.

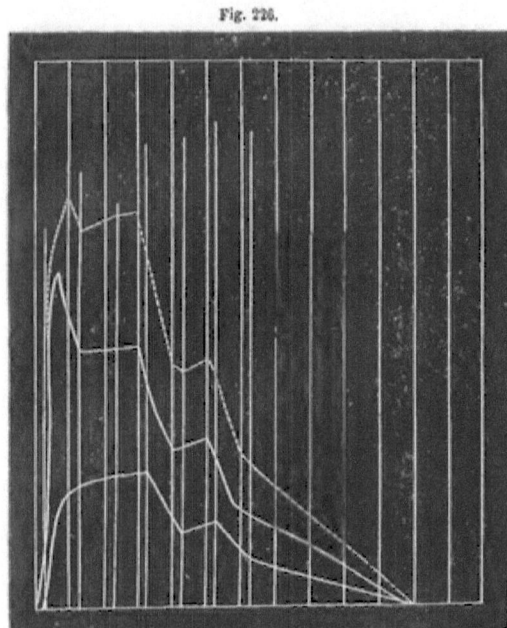

Fig. 226.

Vorausgesetzt also, dass es im Arteriensystem wirklich zu einem von den peripheren Gefässbezirken zur Aorta verlaufenden Blutstrom kommen könnte, so wäre derselbe mit einer centripetal verlaufenden positiven Welle verknüpft, welche an den geschlossenen Aortaklappen zurückgeworfen und wieder centrifugal weiter laufen würde. Diese den Rückstrom begleitende, centrifugal verlaufende positive Welle wäre nichts anderes als eine positive, erste Reflexwelle, hervorgegangen aus der primären, durch Unterbrechung des ersten Stroms entstandenen centrifugalen Thalwelle (erste diastolische Thalwelle).

Wenn nämlich das Blut in der Peripherie des Arteriensystems vollständig freien Abfluss hätte, dann würde die erste diastolische Thalwelle weder theilweise gleichnamig noch theilweise ungleichnamig, wie es wirklich der Fall ist, an der Peripherie reflectirt, sondern vollständig ungleichnamig; sie würde den ersten Strom daselbst beenden und als positive, erste Reflexwelle den Rückstrom einleiten, gegen die geschlossenen Aortaklappen verlaufen, daselbst vollständig gleichnamig zurückgeworfen werden und als positive, zweite Reflexwelle wieder gegen die Peripherie verlaufen. Diese positive, zweite Reflexwelle könnte aber wegen der ungleichen Entfernungen der zahlreichen peripheren Gefässbezirke keine prägnante positive Welle darstellen, sondern müsste in eine Reihe kleinerer Wellen aufgelöst werden, wie diess für die Reflexwellen der

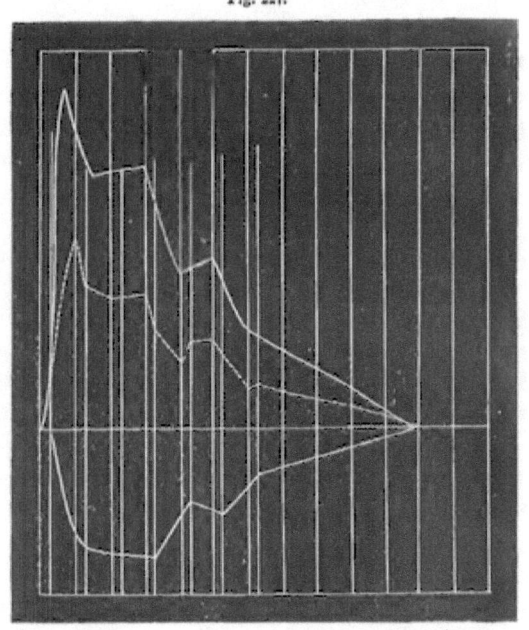

Fig. 227.

primären, positiven Welle schon dargelegt wurde. — Und demnach könnte also auch ein von der Peripherie gegen die Aorta verlaufender Blutstrom die sog. dicrotische Welle nicht hervorbringen.

Die dritte Frage muss ich ebenfalls verneinen. Landois nimmt, wie gesagt, ebenfalls einen centripetalen, nach erfolgtem Klappenschluss zu Stande kommenden Blutstrom an, dessen Anprall an den geschlossenen Klappen eine neue positive Welle, die sog. dicrotische Welle erzeuge.

Dieser Annahme liegt folgende von Landois a. a. O. S. 110 entwickelte, unhaltbare Auffassung über die Ursache der „Rückstosswellen" zu Grunde:

„Wenn die Flüssigkeit das elastische Rohr in den höchsten Grad der Aus„dehnung versetzt hat, und es wird nun plötzlich das Einströmen derselben

„unterbrochen, so streben die elastischen Wandungen sich wieder zusammen-
„zuziehen und das Lumen der Röhre wieder zu verengern. Diese der aus-
„dehnenden Kraft der Flüssigkeit entgegengesetzte Bewegung beginnt am offenen
„Ende der Röhre, weil hier das sofort abfliessende Wasser am allerwenigsten
„Widerstand bereitet. Die Contraction der elastischen Röhrenwandung bringt
„das Wasser zum Ausweichen: an der Peripherie kann es ungehindert aus-
„fliessen, gegen die centrale Verschlussstelle aber geworfen prallt es hier ab.
„Durch das Anprallen wird eine positive Welle erregt und diese läuft nun
„ihrerseits wieder von der Verschlussstelle an durch das ganze Rohr bis zum
„Ende desselben."

Diese Auffassung ist eine irrige. Wenn man durch einen elastischen, am peripheren Ende offenen Schlauch einen gleichmässigen Flüssigkeitsstrom gehen lässt und denselben nun plötzlich unterbricht, so beginnt die Contractionsbewegung der elastischen Schlauchwand nicht am offenen Ende der Röhre, sondern im Gegentheil an der Stelle, an welcher der Strom unterbrochen wurde, wie in § 35 nachgewiesen ist.

Die Contraction der Röhrenwandung bringt ferner das Wasser nicht zum Ausweichen, die Röhrenwand contrahirt sich nicht primär sondern secundär an der Stelle, wo der Wasserdruck sinkt. Das Sinken des Wasserdrucks ist das Primäre und erfolgt in Folge des abgeschnittenen Wasserzuflusses und in Folge des Beharrungsvermögens des centrifugal strömenden Wassers. Endlich kann am vollständig offenen peripheren Schlauchende eine Contraction der Röhrenwand schon desshalb nicht erfolgen, weil daselbst der Druck im Schlauch auch während des Ausströmens der Flüssigkeit constant Null ist und somit eine Ausdehnung der Röhre daselbst während des ganzen Versuchs nicht zu Stande kommt (§ 33). Am peripheren Schlauchende findet nur dann eine Druckschwankung statt, wenn es entweder ganz verschlossen oder verengt ist, oder wenn eine starre Röhre in dasselbe eingesteckt ist. Landois sagt aber ausdrücklich Seite 109 und 110, dass das Wasser aus dem Ende des 116 Cm. langen, 7 Mm. im Lichten haltenden Cautschuk-Ansatzrohrs frei abfloss.

Diese, wie man sieht, in dreifacher Beziehung unhaltbare Landois'sche Erklärung liegt nun offenbar seiner (Seite 188) gegebenen Auseinandersetzung über die Entstehung der Rückstosselevation (dicrotische Welle) der Pulscurve zu Grunde. Letztere Auseinandersetzung muss daher ebenfalls als nicht zutreffend bezeichnet werden. Die Elasticität der Arterien hält das Blut während der Diastole des Ventrikels unter positivem Druck und zwingt es überall dorthin auszuweichen, wo momentan oder dauernd eine Widerstandsabnahme stattfindet. Sollte das Blut in Folge der Arterienelasticität gegen die bereits geschlossenen Semilunarklappen ausweichen, so müsste hinter den Semilunarklappen, also im Ventrikel, auf irgend eine Weise eine Druckminderung entstehen: eine solche findet aber nach erfolgtem Klappenschluss offenbar nicht mehr statt. Also kann die Elasticität der Arterien das Blut nach dem Schluss der Klappen nicht mehr zum Ausweichen gegen dieselben bringen. — Es erübrigt somit nur noch zu prüfen, ob nicht die „active Contraction" der Arterien herbeiführe, was die Elasticität nicht zu Stande bringt.

Unter activer Contraction der Arterien ist die Contraction ihrer Muskelelemente gemeint. Stellt man sich dieselbe als eine continuirliche gleichmässige vor, so resultirt aus ihr nur eine Modificirung der Elasticität der Arterienwandungen. Die von einer continuirlichen, gleichmässigen Muskelcontraction beeinflusste Elasticität der Arterien vermag selbstverständlich ebenso wenig wie die einfache Arterienelasticität das erwähnte Ausweichen des Bluts nach erfolgtem Klappenschluss zu bewirken. Nimmt man aber eine Contractionsschwankung der Muskelelemente an und zwar eine momentane Contractionssteigerung, so wäre ein Ausweichen des Bluts gegen die geschlossenen, nicht contractilen Semilunarklappen denkbar. Wenn aber dadurch die dicrotische Welle der Pulscurve erklärt werden sollte, dann müsste man annehmen, dass nach jeder Herzsystole eine solche Contractionssteigerung pünktlich eintrete, also gewissermassen reflectorisch auf die Pulswelle erfolge, eine Annahme, welche Landois gewiss als eine unzulässige erklären wird.

Demnach halte ich die Landois'sche Erklärung der dicrotischen Welle für eine unrichtige.

3. Klasse. Sie umfasst diejenigen Theorien, welche die primäre positive Welle in der Peripherie des Arteriensystems erlöschen und unabhängig von der primären positiven Welle, aber abhängig von dem sich vollziehenden Schluss der Semilunarklappen eine zweite positive Welle im Arteriensystem entstehen lassen, welche an den sich schliessenden Semilunarklappen entstehe, von da centrifugal das Arteriensystem durchlaufe und in der Pulscurve als dicrotische Erhebung erscheine.

Hierher gehört die Theorie von Buisson; ferner die Theorie von Naumann. Derselbe sagt (Zeitschrift f. rat. Medicin 1863 XVIII. 3. S. 202):

„Sobald die Ausdehnung der Schlagadern ihren höchsten Grad erreicht „hat, also am Ende der Systole, beginnt ihre zusammenziehende Kraft zu „wirken; es wird das Blut zum Theil nach dem Herzen zurückgeworfen und „zwar bis der Schluss der Aortenklappen erfolgt ist. Sofort mit Aufhören der „Herzkraft lässt daher auch die Spannung der Gefässe, sowohl durch das „Strömen des Blutes nach den Haargefässen als auch durch jenes Zurück„stauen des Blutes nach dem Herzen zu, schnell nach. So entsteht das erste „diastolische Moment, das bis zum Schluss der Aortenklappen andauert und „im Manometer als erste Senkungslinie sich darstellt. Das zweite Moment „wird gebildet von einer durch das Anprallen des Blutes an die Aor„tenklappen erzeugten Welle, die nach dem peripherischen Theil des

„Gefässsystems zurückgeworfen wird und sich am Manometer als diastolische „Steigung der Flüssigkeit kund gibt."

Diese Theorien entsprechen, wenn man von dem behaupteten Erlöschen der primären Welle absieht, am meisten von allen dem wirklichen Sachverhalt. Ueber die Buisson'sche kann ich nicht genau urtheilen, weil mir seine Abhandlung nicht zugänglich war und weil die Referate, welche ich da und dort über dieselbe fand, nicht mit einander übereinstimmen. Die von Naumann aufgestellte Theorie aber stimmt nahezu vollständig mit dem überein, was ich in § 111 über das Zustandekommen der positiven Klappenwelle oder der dicrotischen Welle gesagt habe.

Wenn diese Theorie bisher nicht als richtig anerkannt wurde, so ist nach meinem Ermessen nur der Umstand schuld, dass der experimentelle Nachweis ihrer Richtigkeit von Naumann nicht geliefert wurde.

Die „erste secundäre Welle" Wolff's ist selten eine Elasticitätserhebung, noch eine selbstständige Welle, sondern ein kleiner Rest der Gipfellinie der primären positiven Welle.

§ 122. An der Pulscurve Fig. 204 sieht man bei d unmittelbar vor der Descensionslinie der ersten diastolischen Thalwelle eine kleine Erhebung, über deren Entstehung verschiedene Meinungen geäussert wurden. Wolff nennt sie den rechten Schenkel der ersten Incisur, später auch „erste secundäre Welle" und schreibt ihre Entstehung der Arterienarbeit zu; die Arterie ziehe sich beim Maximum ihrer Ausdehnung, dem Gipfelpunkt der Curve, sofort und etwa bis zur Hälfte zusammen, halte dann einen Augenblick inne, um sich nochmals kräftig zu verengen. (Allgem. Zeitschrift f. Psychiatrie Bd. 25, S. 743.) Durch dieses kurze Innehalten entstehe die erste secundäre Welle.

Dass diese Erklärung wenig Beweiskraft hat, wird wohl jeder zugeben: man braucht nur zu fragen: warum hält denn die sich zusammenziehende Arterie einen Augenblick inne? Und wenn die „erste sec. Welle" fehlt, wie es bei manchen Pulscurven der Fall ist, dann kann man fragen, warum hat denn die Arterie diesmal nicht innegehalten? und die Wolff'sche Erklärung gibt keine Antwort. Von manchen Seiten wurde die fragliche Erhebung als Kunstprodukt, als Nachschwingung des Sphygmographen erklärt. Landois nennt sie an der Radialiscurve pag. 176 und 332 „erste Elasticitätserhebung"; an den Pulscurven der art. carotis, subclavia und axillaris aber pag. 316, 326 und 327 schreibt er sie einer positiven Welle zu, welche durch den klappenden Schluss der Semilunarklappen in der Aortenwurzel erregt, sich in die Carotis noch ziemlich ungeschwächt fortpflanze. An der normalen Radialiscurve tritt dieselbe nach Landois pag. 335 gewöhnlich nicht mehr in die Erscheinung, es sei vielmehr nothwendig, dass der Radialispuls gross und stark sei, damit sich diese Erhebung von der Aortenwurzel aus bis in die Radialis fortpflanzen könne. Consequenter Weise deutet er an der Pulscurve der art. pediaea die betr. Erhebung ebenfalls nicht als Welle, sondern als Elasticitätserhebung.

Warum die fragliche Erhebung von Landois an den Curven verschiedener Arterien verschieden gedeutet wird, ist mir nicht klar geworden. Wenn sie an der Radialiscurve eine Elasticitätserhebung ist, dann könnte sie wohl auch an der Carotiscurve so aufzufassen sein. Wo liegt ferner der Beweis, dass die positive, von der Aorta ausgehende Welle, welche nach Landois die fragliche Erhebung der Carotis bewirkt, in der That bis zur Radialis und Pediaea nicht vordringt?

Darin finde ich einen Widerspruch, dessen Lösung ich nicht versuchen will; denn nach meinen Untersuchungen ist die Wolff'sche „erste secundäre Welle" weder eine Elasticitätselevation, noch eine selbständige positive Welle. Sie ist nichts anderes als der Rest der Gipfellinie der primären, positiven Welle (§ 105) und kommt auf folgende Weise zu Stande:

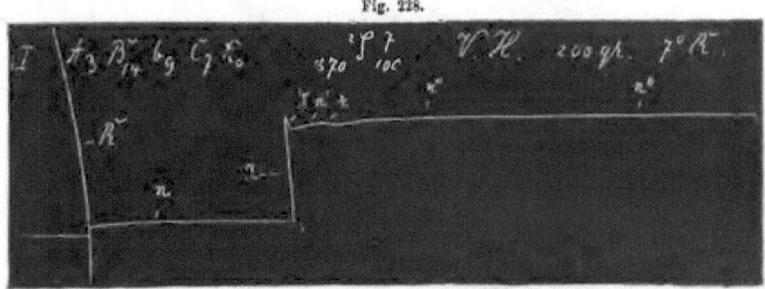

Fig. 228.

Wenn man in einen elastischen Schlauch nach der ersten Methode (§ 22) Flüssigkeit unter constantem Druck eintreten lässt, so erhält man *Fig. 228*; unterbricht man während des Versuchs den Zufluss, so tritt die Descensionslinie d' auf (*Fig. 229*). Je früher man nun den Zufluss unterbricht, oder mit

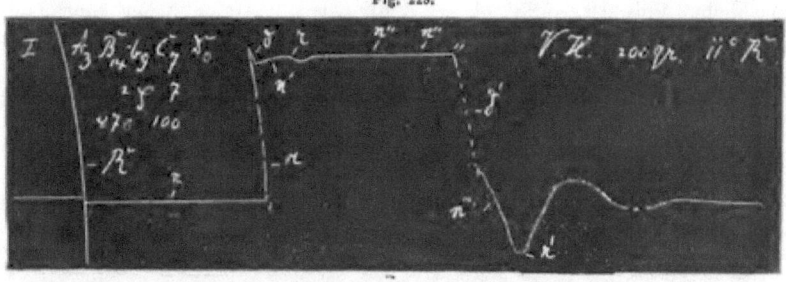

Fig. 229.

anderen Worten, je kürzer man die Dauer der Systole macht, um so näher rückt die Descensionslinie d' an die Descensionslinie d heran (*Fig. 230* und *231*). Bei genügend kurzer Systole fallen beide Descensionslinien mit einander zusammen (*Fig. 232*). Die Linie d' schneidet also von der Gipfellinie n' ein um so grösseres Stück ab, je kürzer die Dauer der Systole ist. Der Rest der Gipfellinie ist eine kleine Erhebung (Fig. 231).

Fig. 230.

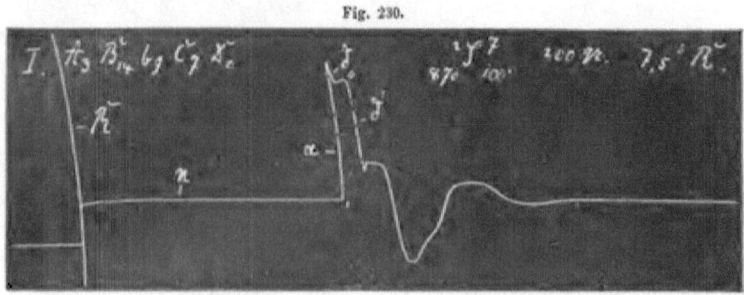

Hierin liegt die einfache Erklärung für die Entstehung der „ersten sec. Welle" der menschlichen Pulscurve. Der rechte Schenkel der Wolff'schen ersten Incisur ist nichts anderes als dieser Rest der Gipfellinie.

Fig. 231.

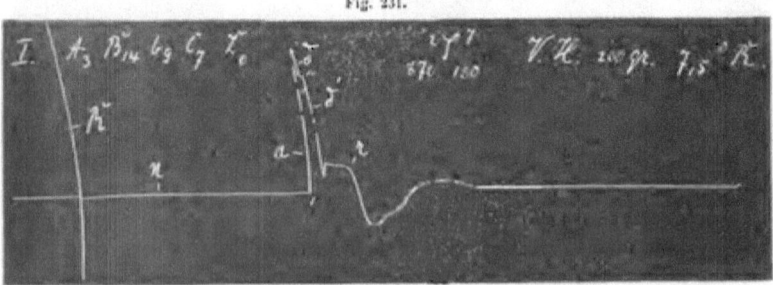

Es lässt sich aber nicht bloss zeigen, dass die „erste sec. Welle" der menschlichen Pulscurve in der eben beschriebenen Weise entstehen könne, sondern auch, dass sie so entstehen müsse: Die Herzsystole wirft eine gewisse

Fig. 232.

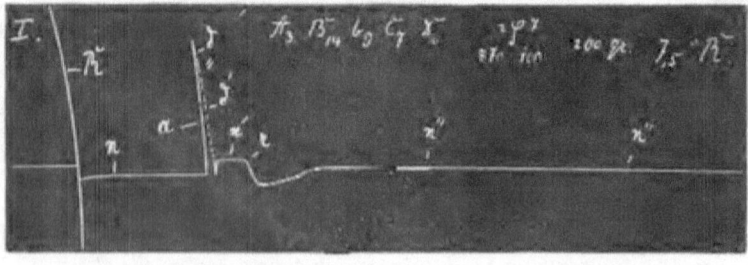

Menge Bluts in die Aorta; in Folge dessen entsteht die primäre Pulswelle; wäre der Blutzufluss vom Herzen zur Aorta ein constanter, so müsste der Druck im

Arteriensystem ein entsprechend hoher sein, und der Sphygmograph müsste alsbald nach der primären Ascensionslinie eine hochgelegene, mehr oder weniger ansteigende und allmälig in die Horizontale übergehende Gipfellinie n' zeichnen. Nun ist aber der Zufluss vom Herzen in die Aorta kein constanter, sondern wird verhältnissmässig bald unterbrochen; in Folge dessen muss auch die Linie n' bald unterbrochen werden von der Descensionslinie der ersten diastolischen Thalwelle; dadurch aber entsteht das zu erklärende Curvenbild.

Man sieht daraus sofort, dass die „erste secundäre Welle" mit dem Schluss der Semilunarklappen gar nichts zu thun hat; denn es unterbricht, wie oben gezeigt wurde, nicht der Klappenschluss den Blutzufluss zur Aorta oder die Herzsystole, sondern der Klappenschluss ist erst eine Folge der beginnenden Herzdiastole und die Descensionslinie d'' der ersten diastolischen Thalwelle kann daher dem Klappenschluss nicht folgen, sondern muss ihm vorausgehen.

In einer neueren Arbeit („der erste Wellengipfel in dem absteigenden Schenkel der Pulscurve." Pflüger's Archiv f. Physiologie 20. Bd. 10.—12. Heft 1879) hat Moens die erste secundäre Welle Wolff's für eine positive Welle erklärt, welche am Beginn der Aorta durch den Rückfluss des Blutes gegen das Herz erzeugt werde und sich nach der Peripherie der Schlagadern fortpflanze. — Dass durch den Rückfluss des Blutes gegen das Herz keine positive Welle, sondern eine negative Welle, die ich zweite diastolische Thalwelle genannt habe, erzeugt wird, habe ich in § 110 bereits nachgewiesen. Eine positive Welle wird erst durch Hemmung dieses Rückflusses durch die sich schliessenden Semilunarklappen erzeugt. (Vgl. § 111.)

Diese Welle, welche ich positive Klappenwelle genannt und als identisch mit der dicrotischen Welle erklärt habe, hat Moens ohne Zweifel gemeint und als Ursache des ersten Wellengipfels in dem absteigenden Schenkel der Pulscurve erklären wollen. Moens ist nach den Auseinandersetzungen, welche ich in diesem Paragraph gegeben habe, im Irrthum; und die Gründe, auf welche er seine Ansicht stützt, sind nicht stichhaltig. Er sucht aus den Arbeiten von Donders, Rive und Landois zu beweisen, dass die Zeit, während welcher das Blut aus dem Herzen in die Aorta einströme, 0,1 Sec. betrage, misst auf einer Carotiscurve diese Zeit ab und erklärt die in der Curve zunächst folgende Ascensionslinie als den graphischen Ausdruck der oben erwähnten positiven Welle. Der Weg, auf welchem er 0,1 Sec. für das Einströmen des Bluts in die Aorta findet, ist folgender: Die Zeit der Herzsystole theilt er in zwei Abschnitte; während des ersten contrahire sich der Muskel, während des zweiten verharre er in Contraction. Die Contractionsbewegung der Muskelfasern dauere nach Landois 0,173 Sec., die Dauer des Verharrens in der Contraction betrage nach Landois 0,085 Sec. Nur während des ersten Zeitabschnitts könne das Blut in die Aorta getrieben werden und zwar erst dann, wenn die Semilunarklappen eröffnet seien. Vom Beginn der Muskelcontraction bis zur Eröffnung der Semilunarklappen vergehen nach Landois 0,085 Sec., folglich blieben vom ersten Abschnitt der Herzsystole noch 0,088 Sec. (0,173 — 0,085 = 0,088) für die Blutbewegung übrig. — Dabei ist aber zu bedenken, dass Landois seine oben angegebenen Werthe aus einer mit dem Marey'schen Sphygmographen gezeichneten Herzstosscurve ableitet und nur die steil ansteigende Linie dieser Curve für die Contractionsbewegung der Muskelfasern in Anspruch nimmt. Ein Blick auf diese Herzstosscurve zeigt aber, dass die steil ansteigende Linie derselben mit grosser Geschwindigkeit gezeichnet ist, dass die Curve somit ohne Zweifel einen künstlichen Gipfel hat und dass das obere Ende dieser Linie somit keineswegs dem Ende der Contractionsbewegung entspricht. Aus dieser Herzstosscurve lässt sich die Dauer der Contractionsbewegung des Muskels sicher nicht ablesen und damit ist eine Hauptstütze für die Moens'sche Ansicht gefallen. — Am Schluss seiner Arbeit erwähnt Moens noch, dass bei abortiven Herzschlägen der fragliche Wellengipfel nur sehr klein sei. Nun aber gibt es Pulscurven, an welchen dieser „Wellengipfel" vollständig fehlt, obwohl man es keineswegs mit einem abortiven Herzschlag zu thun hatte. Diese Fälle sind durch die Moens'sche Theorie nicht zu erklären, während sie sich nach meinen obigen Darlegungen ganz leicht erklären lassen. (Vgl. auch § 123 und 124.)

Fig. 233.

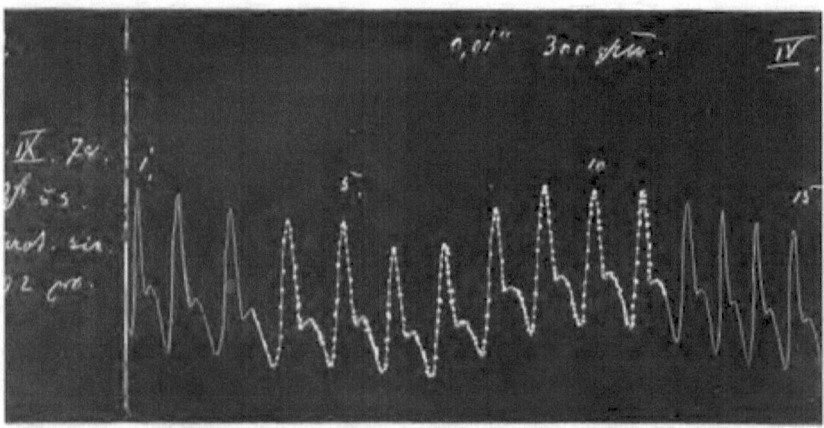

Die sog. „erste secundäre Welle" kann verschwinden, wenn die Herzsystole von kurzer Dauer ist.

§ 123. Man begreift nun auch leicht, dass in manchen Pulscurven wie *Fig. 233* (vgl. Landois pag. 217 Fig. 61 A u. B und Wolff, Characteristik des Arterienpulses pag. 55 und 67 Fig. 59 und Fig. 85) die sog. „erste, secundäre Welle" ganz fehlen kann; sie fehlt dann, wenn wegen kurzer Dauer der Herzsystole die erste Descensionslinie *d* der Pulscurve mit der Descensionslinie *d' d"* der ersten und zweiten diastolischen Thalwelle zusammenfällt.

II. Physiologischer Theil.

Die sog. „erste, secundäre Welle" kann verschwinden, wenn der Sphygmograph einen grossen, künstlichen Curvengipfel zeichnet

§ 124. Aus § 14 ist ersichtlich, dass der auf einen elastischen Schlauch aufgesetzte Sphygmograph zu gross zeichnet oder nachschwingt, wenn die Zeichennadel die Maximalgeschwindigkeit von 73 Mm. in der Secunde erlangt hat. Er muss also auch an der Arterie zu gross zeichnen, wenn er die erwähnte Maximalgeschwindigkeit überschreitet. Dass solche Ueberschreitungen vorkommen, ist aus den Pulscurven Fig. 204 und Fig. 233 ersichtlich. Die Ascensionslinien der vierten und fünften Curve der Fig. 204 sind mit einer Maximalgeschwindigkeit von 112 Mm. in 1 Sec. (2,8 Mm. in 0,025″) gezeichnet, und die Ascensionslinien der Pulscurven der Fig. 233 mit einer Maximalgeschwindigkeit von 240 Mm. in 1 Secunde

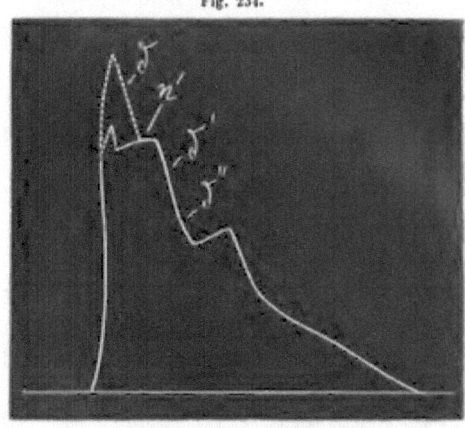

Fig. 234.

(2,4 Mm. in 0,01″); also muss auf die primäre Ascensionslinie eine künstliche Descensionslinie folgen. Da nun aber Pulscurven wie die in Fig. 204 gezeichneten zu den normalen gehören, so kann man sagen: an den sogen. normalen Pulscurven folgt eine kleine Descensionslinie als Kunstprodukt auf die zu gross gezeichnete Ascensionslinie, oder mit anderen Worten: sie haben einen künstlichen Curvengipfel. Je grösser nun dieser künstliche Gipfel wird, um so mehr Zeit beansprucht er und einen um so grösseren Theil verschlingt er von der folgenden Gipfellinie n′ (*Fig. 234*). Ist die Herzsystole gerade in dem Moment be-

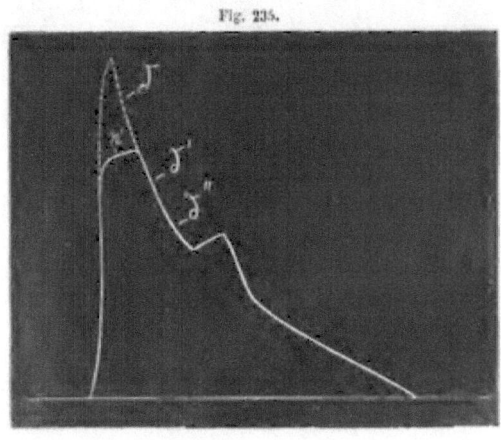

Fig. 235.

endet, in welchem die künstliche Descensionslinie d vollendet ist, so hat der künstliche Curvengipfel die Gipfellinie n′ vollständig verschlungen, und die Descensionslinie d geht ohne Aufenthalt in die Descensionslinie d′ d″ der ersten und zweiten diastolischen Thalwelle über, *Fig. 235*. (Fig. 234 und 235 sind schematische Curven, in welchen der künstliche Curvengipfel durch gestrichelte Linien dargestellt ist.) Die „erste, secundäre Welle" kann also nicht bloss bei einer kurzen Systole verschwinden, sondern auch bei einem grossen künstlichen Curvengipfel.

Im Ganzen ist es ziemlich gleichgiltig, ob an einer Curve die primäre Ascensionslinie etwas zu gross gezeichnet ist oder nicht und ob auf die Ascensionslinie noch eine kleine künstliche Descensionslinie folgt oder nicht, wenn man sie nur als Artefact kennt und nicht gleich an eine Erlahmung der Arteriencontraction denkt, wenn sie fehlt.

Physiologische Bedeutung der einzelnen Pulscurventheile. § 125. Aus dem bisher Gesagten ergibt sich hinsichtlich der physiologischen Bedeutung der einzelnen Pulscurventheile folgendes Resultat: Vom Anfangspunkt der primären Ascensionslinie a (*Fig. 236* schematisch) bis zum Endpunkt der Gipfellinie n' oder, was dasselbe ist, bis zum Anfangspunkt der Descensionslinie d' dauert der Herz-Aortenstrom oder das Einströmen des Bluts aus dem Herzen in die Aorta.

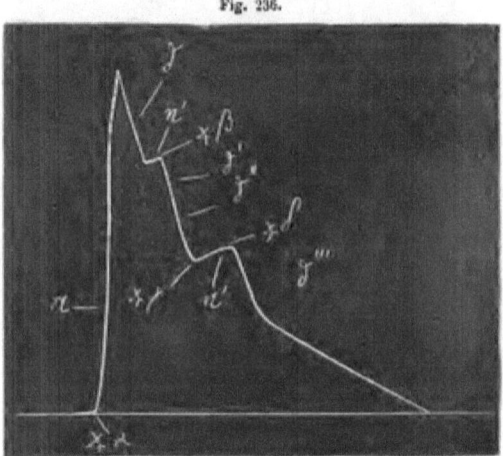

Fig. 236.

Die Spitze des $\angle \beta$ entspricht genau dem Ende des Herz-Aortenstroms. Wenn der Ventrikelinhalt in demselben Moment erschöpft ist, in welchem die Herzdiastole beginnt, oder wenn letztere vor vollständiger Entleerung des Ventrikels erfolgt, so entspricht die Spitze des $\angle \beta$ auch zugleich dem Ende der Herzsystole oder dem Anfang der Herzdiastole. Man kann also sagen: Der Gipfelpunkt der sog. „ersten secundären Welle" entspricht dem Ende des Blutstroms aus dem Herzen zur Aorta.

Der Schluss der Semilunarklappen hat zur Folge die Ascensionslinie a' der positiven Klappenwelle oder der sog. dicrotischen Welle: er unterbricht also die Descensionslinie d'' der zweiten diastolischen Thalwelle und fällt somit genau zusammen mit der Spitze des einspringenden Winkels γ. Daraus folgt der Satz: Der Anfangspunkt der Ascensionslinie der positiven Klappenwelle oder der sog. dicrotischen Welle entspricht genau dem Schluss der Semilunarklappen.

Demnach kommt der Klappenschluss oder der zweite Aortenton um den

Zeitwerth der Descensionslinie d'' d''' später als das Ende des Herz-Aortenstroms. Ist letzteres gleichzeitig mit dem Ende der Herzsystole, so folgt, dass der Methode, die Dauer der Herzsystole nach dem zweiten Aortenton zu bestimmen, in solchen Fällen ein Fehler von etwa 0,0917 Sec. anhaftet; denn so gross ist der Zeitwerth der Linie d' d'' (§ 127).

Das Ende der Ascensionslinie a' der sog. dicrotischen Welle oder die Spitze des ⦟ d hat nach dem Gesagten keine besondere physiologische Bedeutung.

Dauer des Blutzuflusses aus dem Herzen in die Aorta. § 126. Die Zeit, während welcher Blut aus dem Herzen in die Aorta einströmt, konnte bisher nur auf einem grossen Umwege bestimmt werden: Donders und Rive bestimmten die Zeitdistanz der beiden Herztöne, dann die Zeit, welche zwischen erstem Herzton und Eröffnung der Semilunarklappen liegt, aus der Differenz zwischen erstem Herzton und Anfangspunkt der Carotiscurve mit Berücksichtigung der Zeit, welche die Welle von den Semilunarklappen bis zur Carotis ungefähr nöthig hat; sie konnten also den Beginn des Herz-Aortenstroms nur auf einem Umweg finden und nahmen Ende des Herz-Aortenstroms und zweiten Herzton als gleichzeitig an, eine Annahme, welche einen Fehler bis zu 0,0917'' in sich schliessen kann (§ 125). Landois bediente sich der cardiographischen Methode und hatte dabei ebenfalls erst die Zeit zu bestimmen, welche zwischen Beginn der Ventrikelcontraction und Eröffnung der Semilunarklappen liegt.

Die sphygmographischen Curven allein zur Bestimmung der Dauer des Herzaortenstroms zu benutzen, war nicht möglich, solange man nicht wusste, welcher Punkt der Pulscurve dem Ende dieses Stroms entspricht. — Dieser Punkt aber lässt sich genau angeben, wie ich in § 125 gezeigt habe, und damit ist für die Bestimmung der Dauer des Herzaortenstroms eine Methode gewonnen, welche unabhängig ist von den Herztönen, unabhängig von der Zeitdifferenz zwischen Beginn der Ventrikelcontraction und der Eröffnung der Semilunarklappen, und unabhängig von der Geschwindigkeit, mit welcher die Welle sich vom Aortenanfang bis zur untersuchten Arterienstelle fortpflanzt. In letzterer Beziehung nimmt meine Methode nur an, dass die erste diastolische Thalwelle sich mit derselben Geschwindigkeit im Arteriensystem fortpflanze wie die primäre positive Welle, eine Annahme, welche jedenfalls nur einen sehr kleinen Fehler in sich schliessen kann.

Kurz es lässt sich aus der Pulscurve allein die Zeit ablesen, während welcher das Blut in die Aorta einströmt. Man braucht nur die Zeit zu bestimmen, welche zwischen Anfangspunkt der Ascensionslinie a und Endpunkt der Gipfellinie n' oder Anfangspunkt der Descensionslinie d'' der ersten diastolischen Thalwelle liegt (Fig. 236).

Nun war aber die Auswerthung solcher Curventheile bisher ebenfalls ziemlich umständlich; sie musste von der Abscisse aus geschehen und setzte eine erhebliche Vergrösserung der Curve durch Aufzeichnung auf die Platte eines schwingenden Pendels voraus, wie dies Landois gethan hat. Ueber diese Schwierigkeiten bin ich dadurch hinweggekommen, dass ich die sphygmographischen Curven direct und während ihres Entstehens mit einer Zeiteintheilung auf electrischem Wege versah. Sowie der Sphygmograph die Curvenreihe gezeichnet hat, ist auch die Zeiteintheilung derselben fertig, und man kann dann die Werthe einfach ablesen.

Beispiele: Fig 204 zeigt 13 Radialiscurven eines 21jährigen Mannes. Vom Anfang der vierten Curve bis zum Ende der neunten Curve vergehen $\frac{37 \times 5 + 2}{40} = \frac{187''}{40}$; es treffen also auf eine der sechs Curven $\frac{31}{40} = 0{,}775''$, was einer Pulsfrequenz von 77,4 Schlägen in der Minute entspricht.

Vom Anfangspunkt der primären Ascensionslinie bis zum Anfangspunkt der Descensionslinie der ersten diastolischen Thalwelle vergehen in der fünften Curve $\frac{10}{40} = 0{,}25$ Sec. und ebenso viele in der neunten Curve. Das Einströmen des Blutes in die Aorta dauerte also 0,25 Sec. In der sechsten und achten Curve dauerte es $\frac{9}{40} = 0{,}225$ Sec., im Mittel also 0,237 Sec.

Landois hat (S. 306) 0,227 Sec. berechnet.

Fig. 237.

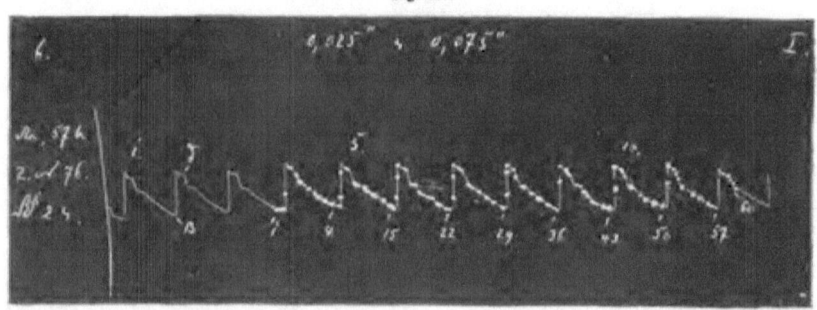

Fig. 237 zeigt zwölf Radialiscurven eines 57jährigen Mannes. Vom Anfang der sechsten bis zum Ende der neunten vergehen $\frac{28 \times 5}{40} = \frac{140}{40}$ Sec., es treffen also auf eine der vier Curven $\frac{35}{40} = 0{,}875''$, was einer Pulsfrequenz von 68,6 Schlägen in der Minute entspricht.

Vom Anfangspunkt der primären Ascensionslinie bis zum Anfangspunkt der Descensionslinie der ersten diastolischen Thalwelle vergehen in der sechsten Curve $\frac{10}{40} = 0{,}25$ Sec. und in der achten Curve $\frac{9}{40} = 0{,}225$ Sec. Das Einströmen des Blutes dauerte also im Mittel ebenfalls 0,237 Secunden.

II. Physiologischer Theil.

Zeitintervall zwischen Ende des Herz-Aortenstroms u. Schluss der Semilunarklappen

§ 127. Aus den Curven der Fig. 204 ist ersichtlich, dass Anfangspunkt der Descensionslinie der ersten diastolischen Thalwelle und Anfangspunkt der Ascensionslinie der positiven Klappenwelle ziemlich weit auseinanderliegen, dass also zwischen Ende des Herz-Aortenstroms und Schluss der Semilunarklappen ein messbares Zeitintervall liegt.

An der fünften Curve beträgt dieses Zeitintervall $\frac{3}{40}$ = 0,075 Sec., an der sechsten Curve $\frac{4}{40}$ = 0,1 Sec., an der achten Curve $\frac{4}{40}$ = 0,1 Sec., im Mittel also 0,0917 Secunden.

In Fig. 237, fünfte Curve beträgt dieses Zeitintervall $\frac{3}{40}$ = 0,075 Sec., an der sechsten Curve $\frac{3}{40}$ = 0,075 Sec., an der siebenten Curve $\frac{3}{40}$ = 0,075 Sec., im Durchschnitt also 0,075 Secunden.

Diese Werthe sind verhältnissmässig gross und zeigen mit aller Bestimmtheit, dass Ende des Herz-Aortenstroms und Semilunarklappenschluss nicht synchron sind. Da die Semilunarklappen zu ihrem Schluss immer eine gewisse Zeit brauchen, und da die Herzdiastole, bei deren Beginn der Herz-Aortenstrom auf alle Fälle beendet ist, den Klappenschluss erst einleitet, so ist es begreiflich, dass zwischen Ende des Blutstroms und Klappenschluss eine messbare Zeit vergeht. Ist letztere aber wider Erwarten lang, so muss man sich erinnern, dass Ende des Herz-Aortenstroms und Anfang der Herzdiastole nicht nothwendig zusammenfallen müssen, sondern dass der Ventrikelinhalt schon vor Beginn der Herzdiastole vollständig in die Aorta entleert sein kann (§ 108).

Gleichzeitig gezeichnete Pulscurven verschiedener Arterien eines Individuums ergeben übereinstimmende Werthe für die Dauer des Herz-Aortenstroms und für das Zeitintervall zwischen Ende dieses Stroms und Semilunarklappenschluss.

§ 128. Fig. 202 und Fig. 203 sind zwei gleichzeitig gezeichnete und mit identischer Zeiteintheilung versehene Curvenreihen desselben Individuums, eines 39jährigen Mannes. Die eine Reihe ist an der linken art. radialis, die andere an der linken art. dorsal. pedis gezeichnet. An der sechsten Radialcurve fällt der Anfang der primären Ascensionslinie zusammen mit dem dritten Punkt der 20. Gruppe, und der Anfang der ersten diastolischen Thalwelle mit dem 3. Punkt der 22. Gruppe; also hat das Einströmen des Blutes in die Aorta $\frac{10}{40}$ = 0,25 Sec. gedauert.

An der sechsten Pediaea-Curve fällt der Anfang der primären Ascensionslinie zusammen mit dem ersten Punkt der 21. Gruppe, und der Anfang der ersten diastolischen Thalwelle mit dem 1. Punkt der 23. Gruppe; es ergibt sich also für die Dauer des Herz-Aortenstroms derselbe Werth von $\frac{10}{40}$ = 0,25 Sec.

An der sechsten Radialcurve fällt der Klappenschluss zusammen mit dem

3. Punkt der 23. Gruppe, kommt also $\frac{15}{40}$ = 0,375 Sec. nach dem Beginn der primären Ascensionslinie. An der sechsten Pediaea-Curve fällt der Klappenschluss zusammen mit dem ersten Punkt der 24. Gruppe, kommt also hier ebenfalls $\frac{15}{40}$ = 0,375 Sec. nach dem Beginn der primären Ascensionslinie. Daraus folgt: Aus der Curve der art. dorsal. pedis ergeben sich dieselben Werthe für die Dauer des Herz-Aortenstroms und für das Zeitintervall zwischen Ende dieses Stroms und Semilunarklappenschluss wie aus der Curve der art. radial., wenn die Curven von einem und demselben Individuum und von demselben Herzschlag herrühren.

Dies muss nach der Natur der Sache offenbar auch der Fall sein, und der Umstand, dass es wirklich der Fall ist, beweist, dass die Punkte, welche für jede Pulscurve als Anfangspunkt der ersten diastolischen Thalwelle oder Endpunkt des Herz-Aortenstroms und als Anfangspunkt der positiven Klappenwelle oder Moment des Klappenschlusses bezeichnet wurden, richtig bezeichnet sind.

www.ingramcontent.com/pod-product-compliance
Lightning Source LLC
Chambersburg PA
CBHW020815230426
43666CB00007B/1023